Le ravitaillement de Dakar de 1914 à 1945

Mor NDAO

Le ravitaillement de Dakar de 1914 à 1945

L'Harmattan-Sénégal

5-7, rue de l'École-Polytechnique ; 75005 Paris

http://www.librairieharmattan.com
diffusion.harmattan@wanadoo.fr
harmattan1@wanadoo.fr

ISBN : 978-2-296-09418-5
EAN : 9782296094185

DÉDICACE

A la mémoire de ma chère Mère, LISSA
Pour votre générosité et vos largesses,
Pour votre droiture et votre humilité,
Je vous dédie ce travail.
Que la Terre de Darou Salam vous soit légère.

REMERCIEMENTS

Mes remerciements vont à l'endroit de tous les collègues qui ont participé à la réalisation de ce travail. Je tiens à remercier particulièrement MM. Babacar Fall et Ibrahima Thioub pour leur disponibilité, leur générosité, leurs conseils et orientations pertinents.

Ma pensée reconnaissante se reporte au Pr. Iba Der Thiam qui, par son ouverture d'esprit, sa disponibilité et son souci de perfection bien connu, m'a apporté la garantie de son savoir et de sa notoriété scientifique. Qu'il trouve ici l'expression de ma grande gratitude.

Cheikh Kaling, avec rigueur, a contribué à la mise au point des épreuves et aux fastidieux réglages finaux. Ma reconnaissance va à l'endroit des collègues qui ont bien voulu, de manière désintéressée, relire ce travail : Moussa Fall et le doyen Mamadou Diouf.

Je rends hommage aux instituteurs qui m'ont appris à lire et à écrire, particulièrement Amadou Diagne. Toute ma reconnaissance à l'inspecteur de l'enseignement, feu Salif Dione qui a participé à mon encadrement.

Mes vifs remerciements à toute ma famille pour leur soutien de tous les jours, à mes enfants Mohamed et Sine.

Toute ma pensée pieuse à mes proches et chers aujourd'hui disparus : Abdoulaye Mbaye Sall, Mamadou Lamine Ndao, Babacar Sadio, Déguène Mboup, Amath Sall, Alpha Mbodji.

A tous ceux-ci et aux autres qui, de près ou de loin, m'ont apporté leur soutien, j'exprime ma profonde reconnaissance.

GLOSSAIRE

AEF : Afrique Equatoriale Française

ANS : Archives Nationales du Sénégal

ANSOM : Archives Nationales Section Outre Mer

AOF : Afrique Occidentale Française

BE : Bureau Economique

CDD : Circonscription de Dakar et Dépendances

CFAO : Compagnie Française d'Afrique Occidentale

CLEC : Comité Local des Echanges Commerciaux

FCCD : Fonds de la Chambre de Commerce de Dakar

FCDD : Fonds de la Circonscription de Dakar et Dépendances

FCDD : Fonds de la Délégation de Dakar et Dépendances

FIDES : Fonds d'Investissement pour le Développement Economique et Social

JO : Journal Officiel

JOAOF: Journal Officiel de l'AOF

JOS : Journal Officiel du Sénégal

NOSOCO : Nouvelle Société Commerciale

RFHOM : Revue Française d'Histoire d'Outre Mer

SCIMPEX : Syndicat des Commerçants Importateurs et Exportateurs

SCOA : Société Commerciale de l'Ouest Africain

SOCOSAC : Société Coloniale de l'Ouest du Sac

USCD : Union des Syndicats Confédérés de Dakar

INTRODUCTION

Sous l'impulsion des premières générations d'historiens nationalistes, l'historiographie africaine contemporaine s'est attelée, longtemps durant, à la réécriture et à la réhabilitation de l'histoire africaine. Récemment, à l'échelle du continent, des études novatrices ont été menées sur l'histoire des villes africaines. S'il est admis que beaucoup d'études ont été faites sur Dakar, il reste que dans l'ensemble, en dépit de la diversité des thèmes étudiés, ceux-ci prêtent peu d'attention aux questions de subsistance. Dans ce contexte, la question du ravitaillement est un défi lancé à la recherche historique car le problème spécifique de l'approvisionnement en vivres n'a pas encore fait l'objet d'une attention particulière.

Dès lors, il y a un vide à combler. Aussi l'absence de travaux axés sur les questions de subsistance des villes sénégalaises justifie-t-elle notre choix. Celui-ci est d'autant plus justifié que l'étude du ravitaillement d'une ville coloniale comme Dakar mérite intérêt à plus d'un titre. En effet, elle nous permet d'appréhender le monde de la production, de la distribution et de la consommation. Il s'y ajoute que Dakar représente un symbole et un pilier majeur dans le projet impérial français en Afrique noire car « l'Afrique Occidentale doit se concevoir et se définir à Dakar ; c'est localement, sur place qu'elle doit s'administrer »[1].

Ce statut privilégié confère à la ville des avantages indéniables : elle devait être approvisionnée convenablement. En effet, toute pénurie engendre des souffrances, des troubles et des désordres ; souffrances pour les populations, surtout les plus démunies ; troubles et menaces pour les institutions, les autorités et pour la base même de la vie urbaine. C'est un fait en tout cas que le commerce des vivres, notamment les céréales, déterminant dans l'approvisionnement des villes, revêt un caractère spéculatif et aléatoire. En réalité, les sécheresses, les invasions acridiennes et les troubles politiques (guerres, conflits) peuvent faire surgir brusquement le problème du ravitaillement. Ceci dit, il importe de saisir les protagonistes aux intérêts souvent divergents, voire contradictoires.

D'une part, les pouvoirs publics préoccupés par la constitution de stocks pour faire face avec le maximum de sécurité aux cas de crise alimentaire ; par ailleurs, ils devaient veiller à un approvisionnement correct de la ville par une régulation du marché et une modération des prix. D'autre part, les commerçants et les traitants, maîtres du marché qui jouent sur les stocks (rétention), attendent les moments propices (soudure, pénurie) pour favoriser la

[1] ANS 1Q 390 /77 : Conférence Economique sur le Ravitaillement. Discours du Gouverneur Général Boisson, Dakar, septembre 1942.

spéculation ; enfin la masse urbaine qui est souvent torturée dans sa vie quotidienne par la cherté des grains.

Notre approche consiste, d'une part, à évaluer les besoins alimentaires de la ville. Ce qui suppose au préalable, la maîtrise de deux séries de données. La première concerne la population, l'évolution de ses effectifs et leur répartition entre Européens et Africains. La démographie détermine les consommations alimentaires : à davantage d'hommes, il faut davantage de nourriture. La seconde série, qui a trait à la consommation moyenne par personne et par jour est fondamentale pour l'établissement des quantités de vivres nécessaires à l'alimentation de Dakar (bilan alimentaire).Toutefois, il ne s'agit que d'ordres de grandeur. Les rations-types ne représentent qu'une valeur indicative car à l'heure des consommations, les rations ne semblent pas aussi copieuses qu'au moment des calculs. D'autre part, on essayera, à la suite du traitement informatique des données, d'établir chaque fois que la possibilité sera offerte, des tableaux, graphiques schémas, figures et cartes pour éclairer notre propos.

Le choix de la période (1914 – 1945) est essentiellement fondé sur le fait que l'étude de cette séquence historique implique non seulement des enjeux théoriques et méthodologiques, mais révèle aussi une dimension de gestion politique et sociale liée à la question du ravitaillement. La séquence chronologique en question aborde ainsi une thématique cruciale qui touche aussi bien l'histoire économique, sociale, politique que culturelle des populations de la capitale de l'AOF qui se singularisent par leur diversité, leur nombre et la disparité de leur niveau de vie. La période étudiée permet ainsi de focaliser l'attention sur le développement d'une cité érigée en Circonscription de Dakar et Dépendances à partir de 1924, cité dont le développement a connu une croissance considérable que la Grande Guerre (1914 -1918) d'abord, puis la grande dépression des années trente et le second conflit mondial mettent au contact de difficultés auxquelles les populations et les autorités coloniales tentent d'apporter des réponses. D'une manière générale, trois grandes périodes se dégagent.

La période allant de 1914 à 1930 voit la ville se moderniser. La Grande Guerre (1914 -1918) met au jour l'ampleur d'une crise alimentaire liée à des facteurs multiples et, qui plus est, de plus en plus complexes. En effet, l'état de guerre, l'insécurité des océans, la hausse considérable du fret maritime étalent l'ampleur de la pénurie. Si l'on y ajoute le recul des cultures vivrières lié au développement de la culture de l'arachide, on peut comprendre aisément la profondeur de la crise alimentaire d'une colonie (le Sénégal) et d'une ville.(Dakar) dont le système économique se trouve, au fil du temps, en proie à une grande extraversion. Portant, une fois la guerre dépassée, le ravitaillement de la ville, à partir des années 1920, question de routine, devient une structure de la vie quotidienne et ne pose pas de problèmes particuliers aux autorités et aux populations locales. Cette période offre l'occasion d'examiner d'abord l'évolution organique de la ville et des infrastructures de base pour bien mettre en exergue d'une part les besoins des populations en matière de ravitaillement et, d'autre part, la localisation de ce dernier ainsi que le rôle joué par le commerce.

La période 1931-1938 est marquée par la grande dépression des années trente qui introduit des dysfonctionnements qui fragilisent le tissu urbain et les populations qui le meublent. Moment d'alerte, la crise économique des années trente étale la complexité et les nécessités de l'approvisionnement d'une grande ville au rapide galop démographique.

La troisième séquence chronologique est rythmée par le second conflit mondial (1939-1945) qui marque le point culminant de la pénurie avec l'institutionnalisation des mesures de rationnement et une réduction drastique des consommations alimentaires. Elle est aussi rythmée par une série de crises marquée notamment par la tentative manquée du général De Gaulle de rallier la capitale de l'AOF à la France Libre. L'échec des Gaullistes à Dakar amplifie la crise du ravitaillement. En vérité, l'insécurité des voies maritimes, le blocus de la Royal Navy sur Dakar, l'isolement des colonies dans le cocon de l'économie impériale rendirent hypothétique toute suppléance du marché mondial. La réflexion s'étend aussi sur le choix et les options de Vichy en matière de politique alimentaire, ses mécanismes, ses conséquences, l'arrivée des militaires et marchandises américains, etc.

Le cadrage historique ainsi dégagé offre l'occasion de réfléchir sur le mode et les conditions de vie des populations, la vie quotidienne dans un contexte de pénurie, de surenchère et de marché noir, source de frustration. En définitive, l'étude du ravitaillement de la ville de Dakar de 1914 à 1945 éclaire, dans sa globalité les conditions d'approvisionnement de la capitale de l'AOF, l'histoire alimentaire du Sénégal, le mouvement saisonnier des prix, l'histoire sanitaire et démographique, la vie quotidienne, les modes et conditions de vie. Ce faisant, elle ouvre des perspectives sur les questions de substances, cet aspect important de la vie matérielle, rarement abordé par l'historiographie africaine

PREMIERE PARTIE

DE LA GRANDE GUERRE
A LA VEILLE DE LA CRISE ECONOMIQUE
DES ANNEES TRENTE (1914-1929) :

LE DEVELOPPEMENT DE LA VILLE
ET DES INFRASTRUCTURES

CHAPITRE I

LE DÉVELOPPEMENT ORGANIQUE DE LA VILLE

L'émergence de la deuxième génération de villes sénégalaises dont Dakar faisait partie est liée à un nouveau contexte marqué par les progrès du commerce, l'abolition de l'esclavage, la révolution des transports et la grande poussée impérialiste. Au vrai, les difficultés de ravitaillement et d'avitaillement à Gorée, la volonté affichée des autorités coloniales de posséder une position stratégique furent autant de facteurs décisifs dans l'occupation du site de Dakar.

Le déclassement de Gorée, puis des autres villes rivales, va renforcer la fonction polarisatrice même si la ville s'est enfermée dans une longue immobilité. Erigée comme capitale de l'AOF à l'orée du siècle, Dakar régnait sur un vaste territoire, à la tête de huit colonies, contribuant du coup à son rayonnement. En réalité, le rayonnement et la puissance d'une capitale sont déterminés par le niveau de centralisation et l'étendue de l'Etat. Dakar n'a pas dérogé à la règle. L'essor de la capitale de l'AOF s'accompagna d'une modification du cadre urbain avec la mise en place d'infrastructures qui modernisèrent davantage la ville.

I- L'IMPACT DU RAVITAILLEMENT DANS LA FONDATION DE DAKAR

A l'orée du XIXe siècle, la présence française dans la presqu'île du Cap-Vert n'était effective que sur l'île de Gorée. Pourtant, dès le XVIIe siècle, les autorités avaient déjà perçu la nécessité d'étendre leur domination territoriale. Raison pour laquelle des accords – du reste controversés – furent conclus en 1787 entre le Chevalier de Boufflers et le Damel du Cayor. L'idée d'occuper la presqu'île du Cap Vert se précisa au XIXe siècle à la faveur d'un nouveau contexte marqué par la fin de la traite et surtout l'abolition de l'esclavage, l'expansion de la culture de l'arachide, la révolution des transports ainsi que la grande poussée impérialiste. Ces nouvelles données s'accommodaient mal avec les contraintes imposées par le site de Gorée.

En fait, incontestablement, l'exiguïté de Gorée gênait le libre destin de la cité insulaire ; le cadre imposé par la nature limitait toute possibilité d'expansion. Or, les privilèges de position constituent des éléments fondamentaux à la prospérité des villes. Ainsi la position géographique favorable[2] (baie d'accès facile, position privilégiée sur l'Océan Atlantique entre

2 En effet, située à un carrefour déterminant des relations internationales, Dakar, plaque tournante dans l'espace atlantique bénéficie d'une position avantageuse à la

l'Europe et l'Amérique) va déraciner les activités économiques de Gorée pour les implanter à Dakar. Dès que les négociants Français abandonnèrent l'île, elle déclina progressivement au point d'être réduite, à la longue, à une annexe de la nouvelle cité victorieuse.

On se gardera bien cependant d'oublier que les problèmes d'avitaillement et de ravitaillement rencontrés au niveau de l'île furent des facteurs décisifs dans l'installation française à Dakar. En réalité, l'étroitesse de Gorée engendrait des difficultés de ravitaillement réelles. Dans une étude consacrée aux villes du Sénégal au XIXe siècle, Pasquier R a montré avec un luxe de détails, l'impact du ravitaillement dans l'installation française à Dakar. A Gorée, il n'y a pas de place pour bâtir encore moins pour s'adonner aux activités agricoles (élevage, agriculture). Tributaire du continent pour son ravitaillement en eau douce, bois à brûler, matériaux de construction, viandes, légumes, mil, riz, l'île était obligée, avant de s'approvisionner, de payer des redevances aux chefs traditionnels de la côte[3]. Dans ces conditions, les difficultés d'approvisionnement occasionnées par l'étroitesse de l'île poussèrent les insulaires Européens à s'éloigner de ce cadre exigu imposé par la nature.

---

proue occidentale du continent africain ; la ville est à 6297 km de New York, à 4500 km du Havre, 4630 km de Londres, 6667 du cap et 5185 km de Rio de Janeiro.

3 Pasquier R 1957, «Villes du Sénégal au XIXe siècle », RFHOM, pp. 387-426, p.394.

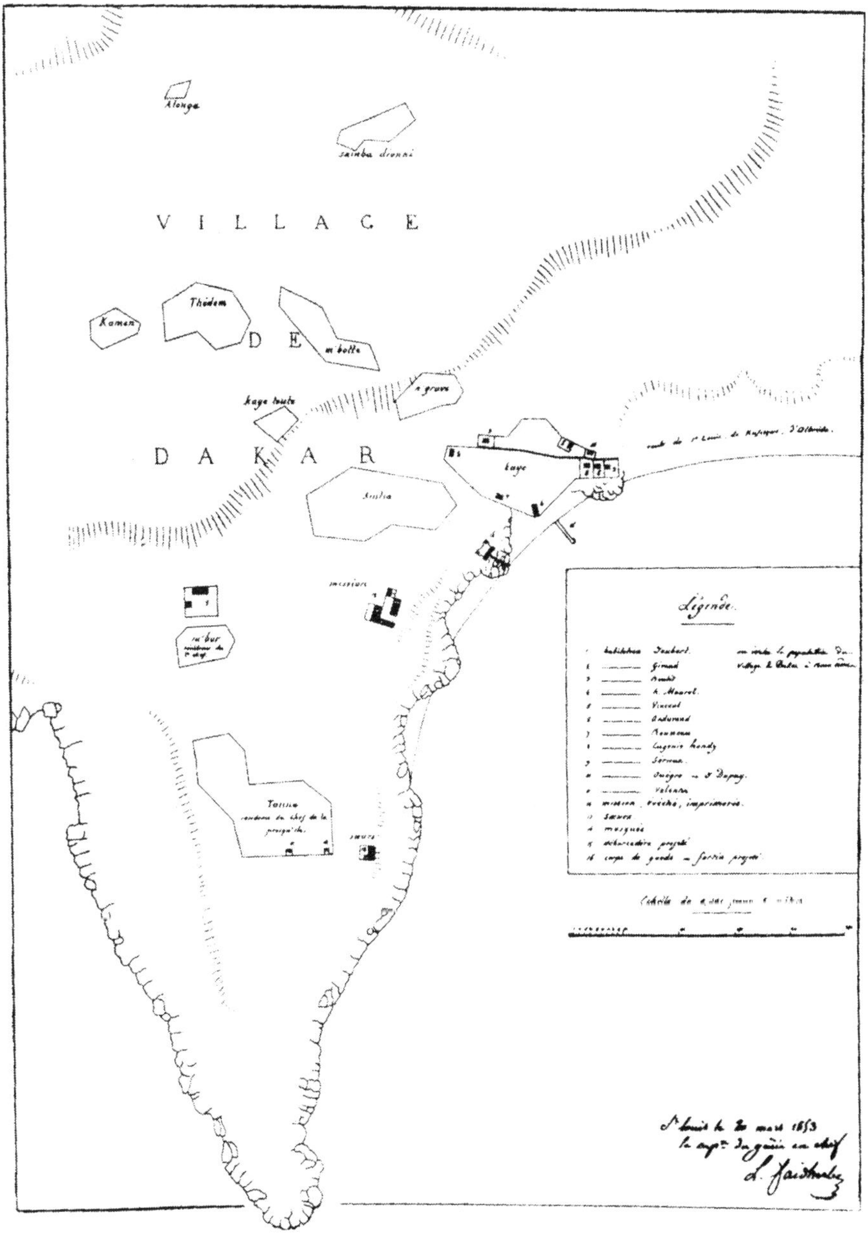

Carte 1 : Carte de la presqu'île du Cap-Vert dessinée par Faidherbe en 1853.

Dans les faits, l'idée de mettre en valeur le Cap Vert afin de faire face aux nécessités du ravitaillement a préoccupé très tôt les autorités françaises. Déjà, en 1816, une société coloniale fut fondée afin de mettre sur pied des établissements agricoles dans la presqu'île du Cap vert. La Société Coloniale Africaine s'adonna l'année suivante à une expérience agricole qui se termina par la mort et la désolation. Cet échec devait mettre un terme aux tentatives agricoles initiées dans la presqu'île du Cap-Vert. Si les autorités françaises avaient jeté leur dévolu sur la grande terre du Cap Vert notamment Dakar, c'est que celle-ci regorgeait de potentialités agricoles indéniables. Il suffit, pour s'en rendre compte, de parcourir ce témoignage de l'Abbé Boilat : « Le terrain des Mamelles et presque tout celui du centre de la presqu'île paraissent reposer sur des laves argileuses et en décomposition. Il est fertile et forme les champs de la population. Près de Dakar, le terrain est arrosé par un grand nombre de ruisseaux ; pendant la saison des pluies, la végétation y est prodigieuse. Outre les mils de toute espèce, les légumes d'Europe y viennent parfaitement. C'est Dakar qui fournit tous les légumes à Gorée »[4] .

Toutefois, le site de Dakar, favorable aux activités agricoles, l'était aussi pour le ravitaillement. En effet, avec sa baie d'accès facile, sa position géostratégique de premier ordre, il était permis de penser, dans l'avenir, à la construction d'un appontement pour permettre aux bâtiments de la Marine Militaire et des navires marchands de relâcher et de s'approvisionner. Ces navires sur les routes des Indes Orientales et de l'Amérique pourraient ainsi « s'avitailler » facilement en charbon, en vivres et en eau. La baie d'accès facile offrait aussi l'opportunité pour la création d'un grand entrepôt de commerce dans la côte d'Afrique à partir duquel pourrait s'effectuer la redistribution des produits vivriers et manufacturés vers l'hinterland sénégalais et les autres colonies. Tirant les résultats de ce constat, la compagnie des Messageries Impériales ne tarda pas à porter son dévolu sur l'anse Dakar. Dès lors, l'année 1857 marque le début des travaux du port avec la construction dans l'anse Bernard Dakar d'un parc à charbon destiné au ravitaillement des paquebots qui reliaient, pour le compte de la compagnie, deux fois par semaine, la métropole à l'Amérique. Le 04 novembre 1866, eut lieu la première escale à Dakar d'un navire de la Compagnie des Messageries Impériales. La fonction d'escale dévolue à Dakar venait d'être réalisée.

De toute évidence, la première fonction assignée à Dakar ou plus précisément à son port a été une « station service »[5], un port d'escale dans le ravitaillement en eau, en vivres et en combustibles. En définitive, grâce à ses atouts naturels et ses opportunités en ravitaillement et en avitaillement. Dakar devait, au bout du compte, recueillir l'héritage commercial de Gorée avant de

4 Boilat A., *Esquisses sénégalaises*, Paris, Karthala,, 1992, p.42.

5 Delmas R, « Dakar, station service de l'Atlantique », *Journal de la Marine Marchande*, Paris, 1953.

capturer le trafic des îles du Cap-Vert et devenir ainsi l'escale obligée de l'Atlantique vers l'Amérique du Sud et le Cap.

II - DU VILLAGE INDIGÈNE À LA VILLE MÉTROPOLE

Après l'installation et l'occupation des Français, Dakar s'était ensevelie dans un long immobilisme. Tout visiteur, observateur ne pouvait s'empêcher d'évoquer la léthargie et la stagnation qui caractérisaient le nouvel établissement. Vers 1874, lorsque Pierre Loti débarquait à Dakar, il fut frappé par le calme et la désolation : « Dakar, une sorte de ville coloniale ébauchée sur du sable et des roches rouges. Un point de relâche improvisé pour les paquebots à cette pointe occidentale de l'Afrique qui s'appelle le Cap Vert. De grands baobabs plantés ça et là sur des dunes désolées. Des nuées d'aigles pêcheurs et de vautours planant sur le pays »[6].

Un coup d'œil sur les rapports administratifs de l'époque témoigne de cette inertie. Témoin, les rapports mensuels du colonel Canard, commandant de l'Arrondissement de Gorée pendant la décennie 1870-1880. En décembre 1875, il notait : « tout est calme, trop calme ; sauf la vente de la goutte qui va très bien, le commerce y est presque nul »[7]. En Avril 1880, le colonel Canard évoquait le même constat : « Dakar : toujours le même calme, trop calme, commerce presque nul »[8]. Quelques décennies plus tard, le constat dressé par Pierre Loti ne semblait guère évoluer. « Calme » est le même mot qui revient sans cesse dans la presse de l'époque. Jean d'Oxoby, dans un article intitulé « Dakar métropole » rapporté par *Le Petit Sénégalais* du 20 avril 1913, constate le calme plat, semblable à une sous-préfecture métropolitaine »[9]. Il ajoute : « Dakar n'assure pas sa fonction d'escale. La nuit, tout est calme. La police veille. Pas de cafés ouverts , pas de gens attardés , pas de bruit dans les rues , pas d'histoire : mais le repos le plus complet »[10].

La même impression se dégage durant la Grande Guerre. Calme, inertie sont les expressions qui reviennent sans cesse dans la presse. *L'AOF* du Jeudi 10 février 1916 assimilait Dakar à une ville morte en dépit de la fréquentation progressive des navires et des « grandes firmes maritimes abandonnant la voie de Suez infestée de sous-marins et les escales des Canaries »[11]. En effet, « à part de très nombreux bureaux de tabacs, il y a des magasins fermés, ou désachalandés, rues désertes, absence complète de guides, d'interprètes et

---

6 Loti P, *Roman d'un spahi*, p.183.
7 cf. Charpy C, *La fondation de Dakar*, Paris, Larose.
8 Ibidem.
9 *Le Petit Sénégalais* du 20 avril 1913.
10 Ibidem.
11 . *L'AOF* du Jeudi 10 février 1916.

surtout de moyens de transport, tel est le bilan d'une escale que l'on espérait gaie et jolie, parce que française »[12]. L'ascension de Dakar ne s'opéra qu'à la suite du déclassement des villes rivales : Saint-Louis, Rufisque et Kaolack.

Capitale de la colonie du Sénégal, Saint-Louis, jusqu'à l'orée du XXe siècle, restait la première ville de la colonie. Cependant, la crise du commerce de la gomme, l'essor de la culture arachidière, l'accès de son port rendu difficile à cause de l'obstacle de la barre furent autant de facteurs limitants qui entraînent Saint-Louis dans la voie de la décadence. Inquiète de son avenir, Saint-Louis résiste et essaie de s'opposer à l'inéluctable dès lors que la capitale de l'AOF, transférée à Dakar en 1902, fait de celle-ci une concurrente redoutable. En définitive, la position géographique de Dakar avec une baie d'accès facile, la situation privilégiée sur l'Océan. Atlantique entre l'Europe et l'Amérique, les impératifs de la conquête liés à la grande poussée impérialiste vont déraciner la capitale de l'AOF de Saint-Louis pour la replanter à Dakar.

Dans *La Dépêche Coloniale* du 02 décembre 1925, Maurice Delafosse notait, dans un article intitulé « plaidoyer en faveur de la ville de Saint-Louis » : « on peut estimer raisonnablement que c'est Dakar et nulle autre localité de la colonie, qui a ravi à Saint-Louis ses antiques privilèges »[13]. Finalement, la construction du Thiès-Kayes qui captura le trafic du fleuve devait, à la longue, enfoncer davantage Saint-Louis dans la régression. Déjà, dans un article intitulé « La mort de Saint-Louis » signé par Paul Bancal, conseiller colonial du Sénégal, paru dans *L'AOF* en date du 15 Avril 1926, l'auteur présageait, non sans amertume que « Saint-Louis qui fut hospitalière aux premiers français va mourir »[14]. L'ascension de Dakar au détriment de Saint-Louis est confirmée dans l'œuvre d'Abdoulaye Sadji, *Nini, mulâtresse du Sénégal.* Ainsi, « dès Dakar, Nini commence à se sentir dans un monde nouveau : grands magasins illuminés, restaurants éclairés au néon, foules et grouillements de voitures, tout la change déjà de cette petite ville de Saint-Louis, si archaïque et si pleine de concours »[15]

Quant à Rufisque, citée comme comptoir depuis la fin du XVIe siècle, aboutissement des pistes qui, du Cayor, du Baol, du Saloum et du Sine, y drainent les produits locaux et surtout l'arachide, elle a été, jusqu'à la veille des années trente, une redoutable concurrente de Dakar. En vérité, « le port de Rufisque est un désastre pour Dakar »[16]. Pour s'en rendre compte, il suffira de confronter les activités portuaires et les recettes effectuées dans les bureaux percepteurs de Dakar et de Rufisque. En 1912, la port de Rufisque avait

---

12 Ibidem.

13 *La Dépêche Coloniale* du 2 décembre 1925.

14 *L'AOF* No 1840du JEUDI 15 avril 1926.

15 Sadji A, *Nini, mulâtresse du Sénégal*, Paris, 1988, p.250.

16 *L'AOF* du 21 Janvier 1928.

expédié 84.535 t d'arachide contre 4558 t pour celui de Dakar[17]. La même année, les recettes effectuées par le bureau percepteur de Rufisque, avec 2 606 663,20 F dépassaient celles de Dakar qui s'élevaient à 2 312 700, 40 F[18]. Toutefois, la grande dépression des années trente propulse le port de Dakar qui déclasse celui de Rufisque[19]. Du coup, traitants et commerçants rufisquois se dirigèrent vers des horizons qui, comme Dakar, semblaient être plus propices à leurs activités marchandes.

La concurrence de Kaolack fut moins sérieuse à cause de plusieurs facteurs limitants drainés par la ville : l'existence de bancs mouvants de sable ou vase et la mauvaise navigabilité du cours d'eau, Le Saloum.

Le déclassement des villes rivales fit de Dakar une ville métropole dont le rayonnement dépassait le cadre sénégalais pour s'étendre aux niveaux continental et international. La ville fut le point de convergence de nombreux itinéraires de migrants venus de l'ouest africain, du continent européen et du Levant. Dès lors, la capitale de l'AOF connut un développement spectaculaire et lorsque le géographe américain Whittlesey[20] avançait en 1941, qu'au sens occidental, Dakar est la seule ville d'Afrique noire, nul doute qu'il s'agissait de propos qui reflétaient une situation bien réelle.

III- LA PREMIÈRE GUERRE MONDIALE ET SES RÉPERCUSSIONS SUR L'APPROVISIONNEMENT DE LA VILLE

La première guerre mondiale n'a pas été sans effet dans une ville comme Dakar capitale de l'AOF et dont la vie économique dépendait en grande partie de ses relations avec la métropole. Les difficultés de communication s'accentuant du fait de la guerre sous marine créèrent les conditions d'un marasme dans le commerce et dans les affaires. La conséquence majeure de la guerre fut la perturbation de l'économie africaine. A la chute des cours des produits de base et à l'inflation notée au niveau des produits d'importation, répond une pénurie généralisée.

---

17 ANS 2 G 12/8 : Sénégal. Rapport d'ensemble 1912.

18 ANS 2 G 12/8 : Sénégal. Rapport d'ensemble 1912.

19 Dudbresson A, *L'espace Dakar - Rufisque en devenir : de l'héritage urbain à la croissance industrielle*, Paris, ORSTOM T.D No 106, 1979, p. 27.

20 Whittlesey D, «Dakar and the other Cape Verde settlements ». *Geographical Review*, T XXXI, 1941, p. 609- 638.

A- Le fléchissement des transactions

Les difficultés du transport maritime liées à l'état de guerre, la crise de communication occasionnée par les réquisitions des navires et par l'élévation considérable du taux des frets résultant des besoins de transport, les risques de la navigation à cause de la guerre sous marine, contribuèrent grandement au fléchissement des transactions. Cette chute fut perceptible au niveau des transactions de l'AOF avec l'extérieur marquées par une diminution assez sensible. L'évolution du mouvement commercial de l'AOF de 1909 à 1915 traduit, on ne peut plus clairement, l'ampleur du fléchissement des transactions. La crise maritime est venue, sinon détruire, du moins diminuer le trafic. Les risques de navigation ont fait hausser le taux du fret à un chiffre très élevé, soit 400 F la tonne.

Graphique 1 : Mouvement commercial de l'AOF de 1909 à 1919 (Frs).

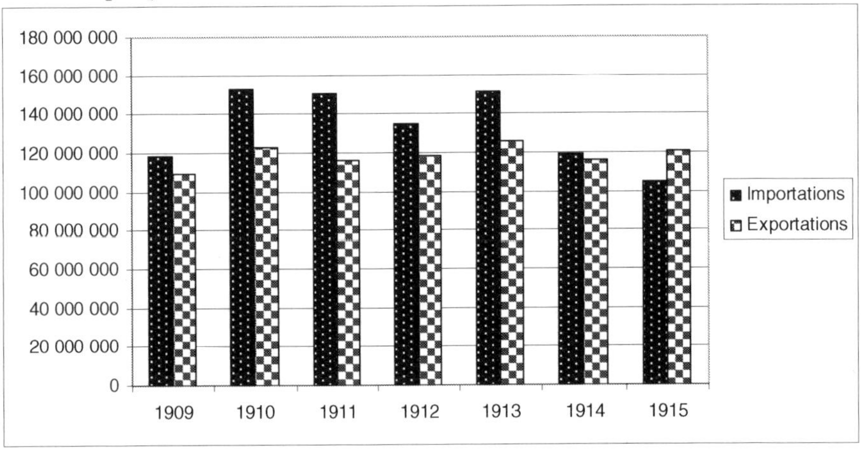

Source : ANS, 2G 15/19, AOF : Note sur la situation économique

Si le mouvement commercial de l'AOF égalait 225 483 917 F en 1915 (dont 104 785 125 F à l'importation et 120 698 792 F à l'exportation), il faudra noter que dans son ensemble, il restait, en valeur absolue, inférieur de 10 055 085 F au chiffre atteint en 1914. C'est le chiffre le plus bas enregistré durant toute notre période. Le fléchissement des transactions de l'AOF était aussi perceptible au niveau du mouvement commercial du Sénégal. Le commerce général de la colonie, qui était de 160 516 041 F en 1914 (soit 80 068 653 F pour les importations et 80.447.388 F pour les exploitations)[21] connut une chute pour atteindre 152 059 021 F, soit une diminution de l'ordre de 55,2 %.

21 ANS 2 G 15/19 : AOF Note sur la situation économique.

Le fléchissement fut notable au niveau des importations qui tombèrent à 71 264 220 F, soit une diminution de 11, 4 %.

Un autre moyen subtil de cerner la chute des transactions est de suivre la valeur de certains produits alimentaires importés par l'AOF en 1914 et 1915. En fait, les importations de riz en grains passèrent de 13.034.681 F en 1914 à 5 805 476 F, soit une diminution de 7 229 205 F[22] en valeur absolue. D'ailleurs, les milieux officiels s'inquiétèrent de la « faiblesse des envois de riz effectués par la métropole »[23]. S'agissant de la farine de froment, la même tendance s'était dégagée, mais à une échelle bien moindre. Ainsi, les importations, qui étaient de l'ordre de 2 212 745 F en 1914, tombèrent à 1 896 571 F l'année suivante, soit un fléchissement de 316 174 F. Il en est de même pour les sucres dont les importations passèrent de 3 552 080 F à 2 739 820 F, d'où une chute de 812 260 F[24].

La chute des transactions trouve son explication au niveau de l'élévation des cours des produits et des mesures restrictives de sortie prises dans la métropole, rendant ainsi difficile la constitution de stocks. En 1914, les importations provenant de la métropole s'élevaient à 42 225 015 F contre 33 131 881 en 1915, soit une diminution de 2 093 134 F. Aux carences de la suppléance métropolitaine devait s'ajouter la suspension des expéditions d'Amérique au cours des derniers mois de 1914 en raison de l'insécurité de l'Atlantique. Enfin, il faut mentionner la fermeture de marchés surtout ceux de l'Allemagne et de Belgique où s'approvisionnait la colonie en marchandises diverses. D'une manière générale, l'état de guerre a ralenti considérablement les transactions, engendrant du coup des perturbations économiques généralisées auxquelles les autorités coloniales devaient faire face.

B- L'administration coloniale devant la pénurie : mesures prises et remèdes proposés

A la loi du 19 Octobre 1915 soumettant les obligations militaires, s'ajoutèrent des mesures relatives au ravitaillement de la métropole et des colonies. Ces mesures s'articulaient autour des autorisations et interdictions d'exportation de denrées et articles divers ainsi que la prohibition des exportations de grains. Au même moment, furent érigées des mesures protectionnistes car les prohibitions édictées à la Métropole pour divers produits intéressant la Défense Nationale ont été rendues applicables en AOF par décrets en date du 9 Novembre 1914 promulgués dans la colonie par arrêté du Gouverneur Général du 1er Décembre 1914[25].

22 Idem.
23 Idem.
24 ANS 2 G 15/19 : AOF Note sur la situation économique
25 Idem.

1- Les mesures économiques et administratives

Le dirigisme et l'interventionnisme de l'État colonial pendant la guerre qui relayèrent le libéralisme d'avant, se matérialisent par le contrôle des prix, les réquisitions de produits agricoles, la spécialisation agricole forcée, le renforcement des maisons d'import-export ainsi que le recrutement de la main d'œuvre. Dans les colonies françaises, la métropole, en proie à un déficit céréalier chronique (30 millions de quintaux de blé) dut recourir à l'effort de guerre (contribution en nature, argent) et à une exploitation excessive des colonies pour ravitailler les troupes. Au déficit chronique des finances publiques, répond l'arrêt de tous les grands projets.

Dès 1916, la France créa un Service d'Utilisation des Produits Coloniaux avant de mettre en place un Ministère du Ravitaillement chargé de collecter la production dans les colonies et qui, en 1917, décida de réquisitionner toute la production agricole de l'AOF.[26] Pour développer les échanges, les puissances coloniales procédèrent à la construction de routes carrossables et l'introduction de moteurs à combustion interne.

Face à la pénurie générée par l'état de guerre, l'autorité coloniale se vit amenée à prendre des mesures économiques et administratives afin d'éloigner de la ville le spectre de la famine. D'où une masse importante d'actes administratifs, de lois, d'arrêtés et de décrets parmi lesquels il était difficile d'évaluer ceux qui étaient efficaces ou inutiles. Toutefois, si le pouvoir colonial n'y tenait la main en privilégiant la capitale de l'AOF, Dakar connaîtrait davantage de pannes, de pénuries et de chertés. L'une des premières mesures prises fut la mise sur pied d'une commission pour le ravitaillement des colonies. Cette structure, composée de sénateurs et de députés des colonies et des divers fonctionnaires fut constituée pour étudier la question du ravitaillement des colonies pendant la durée des hostilités et le concours qu'ils pouvaient accorder pour le ravitaillement de la métropole[27].

Au second niveau de ces mesures, se trouvaient les produits vivriers qui étaient frappés de prohibition ou sujets à des restrictions de sortie. Il fut dès lors interdit, dans le souci de ménager les stocks, toute sortie de mil de la ville sans autorisation, même à l'intérieur du Sénégal. Pour faire face à la pénurie de vivres, le gouverneur général décida de faire appel à la main d'oeuvre militaire indigène afin de promouvoir la production céréalière et d'oléagineux. Dans ces conditions, la main d'œuvre militaire fut largement mise à contribution. Ainsi, 800 tirailleurs furent mobilisés pour cultiver 250 ha (mil et arachide) aux abords

---

26 Mbokolo E, *Afrique Noire. Histoire et Civilisations*. Tome II, Hatier AUPELF 1994, p.340.

27 *Le Petit Sénégalais* No 283 du 31 octobre 1984.

de Ouakam, Thiaroye, Hann et de la Médina[28]. Trois cents dabas furent achetés à Kayes et remis aux tirailleurs. Toutefois, cette initiative se solda par un échec au regard des « rendements médiocres »[3] constatés par les autorités coloniales. La pénurie de légumes poussa l'administration locale à procéder au défrichement des bordures des dépressions inondées en hivernage. Ces terrains furent mis en état de recevoir les cultures maraîchères afin de promouvoir la production locale.

Mais comme la pénurie persistait, l'administration se distingua par son interventionnisme afin de procurer à la population indigène du mil à un prix raisonnable. Ainsi, sur la demande du maire de Dakar, un stock de 195 t de petit mil initialement destiné à la cavalerie française fut bradé à la population, afin de remédier à la rareté et à la cherté de cette denrée de première nécessité à Dakar[29]. D'autre part, l'administration eut recours aux autres colonies voisines afin de faire face aux nécessités du ravitaillement de la métropole et des populations locales. Le Soudan fut largement sollicité. Un stock de 230 t de petit mil provenant de cette colonie fut livré à la population au prix de 25 F le quintal pour le petit mil et 22 F pour le gros mil[30].

Toutefois, ces mesures prises semblaient inefficaces au regard de la persistance des difficultés d'approvisionnement si l'on se réfère à ce document administratif qui note qu' « à l'heure actuelle, on entend par ravitaillement le transit du blé que les voiliers commencent à nous apporter d'Australie ». Dans ces conditions, les autorités coloniales furent obligées de franchir un nouveau palier dans la gamme des mesures prises avec l'instauration des cartes de rationnement. Aussi, la cession de mil consentie à la population indigène de Dakar et de sa banlieue au cours du troisième trimestre de 1917, donna-t-elle lieu à la délivrance de plus de 2500 cartes de distribution pour Dakar et 350 pour la banlieue[3]. Les dernières années de la guerre furent rythmées par des sérieuses pénuries même si les difficultés d'approvisionnement furent dans bien des cas, à mettre à l'actif des prélèvements et des réquisitions effectuées en vue de ravitailler la métropole.

---

28 ANS 2 G 17/24 : Sénégal .Territoire d'administration Rapport d'ensemble 1917.
29 ANS 2 G 17/24 : Sénégal .Territoire d'administration Rapport d'ensemble 1917.
30 Ibidem.

2- Le ravitaillement de la métropole

L'état de guerre et l'insécurité des océans soumis à la guerre sous-marine créèrent les conditions d'une pénurie généralisée au niveau de la métropole. Dès lors les colonies furent mises à contribution afin de faire face aux nécessités du ravitaillement de la France. Les nouvelles dispositions administratives plaçaient Dakar comme un pôle qui devait centraliser les envois à la métropole (mils, poissons, bœufs, etc.). Dans une correspondance en date du 13 juillet 1915, le gouverneur général rappela au Délégué de Dakar « qu'aucune autre des affaires dont il pourrait avoir à s'occuper n'avait plus d'importance que celle du ravitaillement de la Métropole par des envois de produits en bon état et d'un prix de revient aussi bas que possible en France »[31].

Ces instructions semblaient bien reçues au regard des premiers envois de mil qui arrivèrent à Dakar dès le 19 juillet 1915. D'ailleurs en 1916, il a été expédié 9 726 t de mil vers la France contre 10 728 t l'année précédente. Pendant le premier trimestre de 1917, il a été reçu de la Casamance, de Saint-Louis (en provenance de Podor, de la Mauritanie et du Haut Sénégal Niger) et des cercles de la voie ferrée 1 010,5 t de gros mil, 558,6 t de petit mil et 62,5 t de paddy[2]. Pendant la même période, il a été expédié en France 942,5 t de gros mil 145,9 t de petit mil et 62,5 t de paddy[32].

Au second trimestre, les envois en France, pour les besoins de la Défense Nationale s'élevaient à 411,6 t de mil, 30 t de paddy et 10 t de poisson séché. Au troisième trimestre, l'administration coloniale a procédé à l'expédition vers la métropole pour les troupes noires de 10 t de poisson salé, 13 t de colas, 10 t d'arachides et 250 kg de « laalo »[33]. S'agissant de la viande de boucherie, l'usine de Lyndiane s'était occupée des envois vers la métropole. L'initiative d'implantation de la conserverie de Lyndiane[5] en 1912 (situé à 14 km en aval de Kaolack sur le bras de mer Le Saloum) revenait au vétérinaire Camille Pierre qui va s'associer à un partenaire industriel De Chenaud et à Paul Brocard, administrateur du cercle du Sine Saloum.

Inaugurée en Décembre 1914, l'usine était destinée à suppléer aux importations de viande en provenance d'Amérique tout en assurant une production destinée à l'exportation vers la métropole. Les exportations de viande en 1915 tournaient autour d'une moyenne mensuelle de 100 t. Ainsi, grâce à l'usine, la colonie a pu expédier 1 186 392 kg de viande frigorifiée en 1915 contre 1 432 961 kg l'année suivante[1]. Pour la même période, les conserves de viande exportées vers la métropole s'élevaient à 383 883 kg en

31 ANS 2 G 16/27

32 Idem.

33 « Laalo » : mot wolof désignant un produit (feuilles de baobab pilées) conditionné et ajouté au couscous pour le rendre plus facile à consommer.

1916 contre 1 800 kg l'année précédente[2]. Le nombre de bœufs sur pied expédiés s'élevait à 970 en 1915 contre 779 en 1916[34].

Toutefois, l'usine fut limitée dans sa production par des difficultés de faire parvenir sur place les troupeaux disséminés sur tous les territoires de l'AOF. Il s'y ajoute « les distances considérables à faire parcourir à des bestiaux dans un pays où l'eau est rare, où la végétation est absente huit mois sur douze »[35]. C'est la raison pour laquelle l'usine, destinée initialement à la production des conserves et de viande congelée, va s'investir dans la conservation du poisson, mais sans succès. La peste bovine qui frappa le cheptel en 1917, les défaillances techniques auxquelles s'ajouta en 1918 la rupture du contrat avec le ministre du Ravitaillement devaient mettre fin à la malheureuse expérience de l'usine de Lyndiane.

En définitive, les réquisitions, l'effort de guerre économique vont générer de sérieuses difficultés économiques et dans bien des cas, les problèmes de ravitaillement furent moins l'indice d'une pénurie virtuelle que la manifestation des prélèvements effectués sur les potentialités locales afin de ravitailler la métropole. Pourtant, la population européenne semblait bien se tirer d'affaire si l'on se réfère au rapport administratif qui, à la fin de l'année 1917, reconnaissait que « jusqu'à présent, le ravitaillement de la population européenne s'est fait d'une façon aussi satisfaisante que possible »[36] contrairement à la population indigène.

C- Les indigènes devant la pénurie

Les indigènes ont péniblement subi les contrecoups de la première guerre mondiale. En effet, le recrutement et les opérations militaires ont provoqué d'énormes conséquences sociales (maladies, disettes, épidémies). Dans certaines régions, la période de la Grande Guerre fut dénommée « le temps de la mort ». A la ponction démographique, s'ajoutent les calamités : famine, pauvreté, épidémies. La peste devint endémique au Sénégal au moment où la maladie du sommeil gagna du terrain tandis que la grippe espagnole frappa à la porte du continent à partir de 1918. Des régions entières furent désertées alors que dans d'autres, des révoltes éclatent (Haut Sénégal Niger, nord Dahomey, Touaregs de la bande saharienne, Bélédougou au Soudan et une partie de la Côte d'Ivoire).

Dans ce contexte, le marasme dans les affaires et la chute du prix de l'arachide poussèrent les paysans à se désengager de cette culture. Dès lors, les exportations diminuèrent de 50 % en passant de 300 000 t en 1915 à 124 000 t

34 ANS 2 G 16/4 Sénégal. Rapport d'ensemble 1916.
35 Idem.
36 ANS 2 G 17/24 : Sénégal. Territoire d'administration Rapport d'ensemble 1917.

en 1916, « chiffre le plus bas enregistré depuis dix ans »[37]. Ainsi, les troubles dans l'industrie européenne et dans les relations maritimes avaient fait fléchir les prix offerts aux agriculteurs pour leurs produits et réduire leurs facilités d'achat, occasionnant un ralentissement de l'écoulement des stocks, la fermeture de nombreux comptoirs de détail, la diminution de la circulation de numéraire et la réduction de la population qui devait consommer ces stocks.

Le désengagement des paysans de la culture arachidière s'accompagna d'une intensification de la culture du mil et des niébés à cause du coût élevé du riz. En effet, les difficultés de transport entre l'Indochine et la métropole ont raréfié le riz et son prix s'est élevé lourdement, poussant les indigènes vers la consommation du mil. En 1916, le Sine Saloum avait produit 100 000 t de mil contre 85 000 t pour le Baol. Outre le retour aux cultures vivrières, les populations locales furent amenées à développer ou à accroître la production de cueillette.

Toutefois, l'enrôlement forcé désarticula toute l'économie de la colonie en général et réduisit plus particulièrement et sensiblement la capacité productive du pays. Dans les régions agricoles comme le Sine Saloum, les paysans vont vendre leurs semences pour rejoindre les colonies voisines comme la Guinée Portugaise et la Gambie. Ailleurs, les populations se réfugièrent dans la brousse. Les conséquences furent désastreuses au niveau des activités agricoles où l'on enregistrait une chute notable de la production qui se répercuta au niveau du commerce local[38]. A Dakar, l'incorporation à outrance entraîna un manque de main d'œuvre qui occasionna une pénurie de vivres frais (maraîchage, élevage local)[39].

Le corollaire à la pénurie fut une forte tension au niveau des prix provoquant, au sein de la population locale, « des lamentations sur la mobilisation qui a brouillé toutes les cartes »[40]. Alors qu'à la fin de 1917, les prix avaient triplé, au mois de février 1919, une hausse notable est observée au niveau du prix du riz dont le quintal passait de 45 F à 60 F[41]. La pénurie et la paupérisation des ménages aboutirent à la généralisation des pratiques de gages[42].

Sur le plan social, de nombreuses grèves rythmèrent toute la période de la guerre. Ainsi, la destruction des cases indigènes à cause de la peste et l'isolement des malades provoquèrent des émeutes et une grave mutinerie de la part des indigènes qui envahirent en mai 1914 la mairie et attaquèrent des

---

37 ANS 2 G 16/4 : Sénégal. Rapport d'ensemble 1916.
38 Idem.
39 L'AOF du 28 Janvier 1916.
40 Ibidem.
41 2 G 17/24 : Sénégal .Territoire d'administration. Rapport d'ensemble 1917.
42 L'AOF No 890 du 28 Mars 1916.

gendarmes et agents du service d'hygiène.[43] La conséquence immédiate fut une perturbation sensible dans l'approvisionnement de la ville. En effet, « les indigènes font la grève du marché : on ne peut plus s'approvisionner en légumes ; les Lébous maltraitent les femmes qui viennent vendre en ville des provisions fraîches ; les plus influents d'entre eux menacent de 25 F et 50 F d'amende celles qui les désobéiraient »[44].

L'appel à la grève générale et au boycott général se concrétisèrent par la première grève au Sénégal avec le boycott des maraîchers, poissonniers et vendeurs de Dakar du 21 mai au 25 mai 1914[7]. La forte tension observée au niveau des prix réchauffa le front social. Le 10 décembre 1917, les charbonniers de la Société italienne « Le Sénégal » observèrent un mouvement de grève en protestation contre la cherté de la vie. A la même période, les ouvriers peintres de l'entreprise Bouquereau et les menuisiers de l'entreprise Leblanc enchaînèrent une grève de deux jours et une grève générale des ouvriers de toutes les professions fut même envisagée le 1er janvier 1918.

Au total, la situation engendrée par la guerre, la rupture avec la métropole, l'isolement de la colonie dans le cocon impérial engendrèrent des pénuries, des chertés et des pannes qui d'ailleurs se prolongèrent bien au-delà du premier conflit mondial.

IV- LA RESTRUCTURATION ADMINISTRATIVE DE 1924 ET SES INCIDENCES

L'année 1924 marque une étape décisive dans l'histoire de la ville. En fait, elle consacre la création d'une « enclave » autonome distincte de la colonie du Sénégal et soustraite de la gestion du gouverneur du Sénégal. La restructuration administrative s'accompagne d'une modification du cadre urbain avec la mise en place d'infrastructures qui modernisèrent davantage la ville.

A- La réforme administrative et la modernisation des de la ville

1- Le contenu de la réforme

Après le transfert en 1902 de la capitale de l'AOF de Saint-Louis à Dakar, celle-ci se trouva à la tête d'une immense fédération de 4 439 000 km^2 comprenant les territoires du Sénégal, de la Mauritanie, de la Guinée, du Niger, de la Côte d'Ivoire, puis de la Haute-Volta, du Dahomey et du Soudan. Capitale fédérale et politique, pôle économique et place militaire, Dakar est promue commune de plein exercice depuis le 17 juin 1887 après Gorée, Saint-Louis et

43 Ibidem.
44 Ibidem.

Rufisque. En 1911, la banlieue dakaroise fut soustraite du cercle de Thiès pour constituer la circonscription de Dakar. A partir des années vingt, Dakar devint une entité autonome soustraite de la colonie du Sénégal.

Créé par le décret du 21 octobre 1921, le « Territoire de Dakar et Dépendances » est organisé sous le nom de Circonscription de Dakar et Dépendances, limité à Dakar et banlieue puis élargie à toute la presqu'île y compris Rufisque. Le décret du 27 novembre 1924 organise la Circonscription de Dakar et Dépendances constituée des communes de Gorée et de Dakar et de la banlieue de Dakar. Ainsi, du 27 novembre 1924 au 17 mai 1946, la Circonscription, placée sous l'autorité directe du gouverneur général, était administrée par un gouverneur des colonies portant le titre d'Administrateur de la Circonscription de Dakar et Dépendances. Du 1er juillet 1946 au 4 août 1958, la Circonscription de Dakar et Dépendances devint la Délégation de Dakar placée sous l'autorité directe du gouverneur du Sénégal. La création de cette enclave administrative s'accompagna de la modernisation du nouveau territoire.

2- La modernisation de la ville

La modernisation est indispensable à la prospérité des villes. Toute ville incapable de se transformer, de se moderniser est rapidement déclassée et par là, écartée de la concurrence par d'autres villes qui se modernisent. En réalité, l'essor de toute cité urbaine suppose au préalable une certaine modernité : assainissement, goudronnage des rues pour les adapter à la circulation des automobiles, bitumage des chaussées, éclairage public, numérotation des maisons, aménagement de places publiques… Dakar n'a pas dérogé à la règle.

Déjà en 1862, le chef de bataillon du Génie, Pinet Laprade avait établi le plan de lotissement de la ville, sévèrement critiqué par les Goréens et Saint-Louisiens qui y virent l'œuvre d'un mégalomane, craignant la ruine de leurs établissements après l'édification de cette future ville. L'ascension de Dakar fut consacrée à l'orée du XXe siècle lorsqu'elle devient la capitale de l'AOF et bénéficia de l'essentiel des investissements d'infrastructures dans la fédération. Un vaste programme d'assainissement et de modernisation fut entrepris par l'autorité coloniale. Ce fut l'époque du lotissement et de l'établissement du cadastre à Dakar-ville dont la brusque expansion rendait nécessaire une connaissance plus exacte de l'état de la propriété. En 1909, furent terminés les travaux des égouts de Dakar auxquels s'ajoutèrent les comblements des ravins intérieurs de la ville et la construction de collecteurs d'eaux pluviales.

A cette date, débuta l'éclairage des abords du port. Les grands travaux réalisés à partir des années 1920 suite au vaste programme d'investissement sous l'impulsion du ministre des colonies A. Sarraut modifièrent sensiblement le visage de la ville. Le vaste programme d'investissement public s'attela au développement du goudronnage des principales artères de la ville munies de trottoirs. A l'époque, 767 voitures automobilisables furent mises en circulation[45]. Au même moment, les forages de puits permirent la régularité de la distribution et le refoulement à Dakar d'un débit de 8000 m³, faisant passer le nombre d'abonnés de 1230 en 1926 à 1309 en 1927, soit une augmentation de 6 %.

L'assainissement se poursuit avec l'approfondissement, le curage et l'aménagement du marigot de la Gueule Tapée qui longeait et traversait la Médina. Les excavations furent comblées, un système de drainage organisé alors que le tout-à-l'égout fut prolongé jusqu'à l'extrémité ouest de l'agglomération. A l'orée des années trente, les grands travaux de modernisation réalisés modifièrent sensiblement l'allure de la ville qui faisait figure d'une véritable métropole. Centre militaire administratif et économique, Dakar constituait un véritable pôle d'attraction des populations des régions avoisinantes. A l'époque, s'était déjà dessinée une nouvelle structure urbaine.

B- La structure urbaine

La structure urbaine laisse apparaître trois secteurs : d'abord le Plateau au centre ville occupé par la population européenne, ensuite la Médina et ses prolongements (quartiers indigènes ou ville noire) et enfin les villages traditionnels. La ville de Dakar se singularise par un centre européen juxtaposé aux quartiers indigènes rejetés à l'extérieur de ce centre.

1- La ville blanche : le Plateau

Il s'agit de la ville européenne occupant le noyau originel. Son développement s'est d'abord bâti autour du port avant de s'étendre sur le Plateau , à l'extrémité sud-est de la presqu'île du Cap-Vert et dans la partie méridionale de la plaine basse. Pour le nouveau conquérant, la préoccupation demeurait la production d'un espace réservé pour le logement d'un groupe particulier, symbole du pouvoir et de la puissance. Espace privilégié, faisant fonction de modèle, la ville blanche est le symbole d'un idéal de la pensée coloniale et reflète sa dimension élitiste. Les sites en altitude sont recherchés car mieux ventilés et plus confortables pour les Européens peu habitués aux climats tropicaux.

A Dakar, le quartier européen est loti selon une trame orthogonale suivant un plan mieux élaboré que celui de 1862, axé sur des avenues qui partent en étoile sur plusieurs places rondes. Le quartier européen est parsemé de rues aux noms républicains (Blanchot, Tolbiac, Carnot, Félix Faure, Jules Ferry,...). La ville blanche, dans les faits, n'est pas aussi homogène que cela

---

45 ANS 2 G 28/7 : CDD. Affaires économiques. Rapport Economique annuel 1928.

peut paraître. En réalité, deux ensembles, reflet de deux catégories sociales, se dégagent au sein de la population européenne.

On distingue d'une part un noyau originel constitué par l'espace occupé par les fonctionnaires, militaires et civils : c'est le quartier administratif aux splendides villas et à l'ambiance feutrée. L'autre ensemble est constitué par l'espace productif et économique occupé par les commerçants et artisans (coiffeurs, etc.), ouvriers souvent méprisés par les employés de l'administration[46]. Assainie et aménagée selon une logique occidentale, la ville blanche se particularise par la concentration des activités économiques et administratives, des habitations des couches les plus fortunées.

2- *La ville indigène : la Médina*

La Médina fut créée au Nord de Dakar par décision des autorités coloniales, suite à l'épidémie de peste qui frappa la ville en 1914. Dans les faits, l'idée et la nécessité de réorganiser l'espace urbain en fonction des thèses hygiénistes préoccupèrent les autorités coloniales dès le XIXe siècle où fut élaboré tout un discours sur le microbe. Déjà en 1867, se fit jour l'idée chez certains fonctionnaires de débarrasser de la ville nouvelle les Africains considérés comme responsables des épidémies[47] qui, à l'époque, frappaient la ville à coups redoublés. D'ailleurs l'installation des Européens à Dakar en 1858 s'accompagna du déguerpissement de certains villages lébous. Ainsi, l'administration coloniale, préoccupée par les problèmes sanitaires, jugea d'exclure de l'espace urbain les éléments indigènes jugés responsables de l'insalubrité et peu soucieux du respect des règles d'hygiène. C'est pourquoi lorsque la peste se déclara en 1914 le prétexte fut invoqué pour ériger rapidement un cordon sanitaire autour des zones touchées par l'épidémie. Le 24 juillet 1914, le gouverneur général approuva ces recommandations et un terrain sablonneux fut choisi pour reloger les déguerpis.

Dans ces conditions, le discours technique sur l'espace occupé se substitua au discours politique sur la ségrégation sans pour autant remettre en cause les mêmes fins. Dès lors, « l'espace habité remplaça la personne comme support d'une politique »[48]. Le nombre de personnes installées dans la Médina et sur les lotissements du Tound (en provenance des quartiers de Dakar centre, notamment Gouy Salane, Tiérigne, Gouy Mariama, Diecko, Ngaraf) fut évalué à 450 personnes avec 1500 cases[49]. En 1916, la Médina comptait 193 baraques, cuisines et poulaillers compris. Réceptacle du flot migratoire, la Médina se

46 Sinou A, *Comptoirs et villes coloniales*, Paris, Karthala 1993, p. 302.
47 Idem, p. 232.
48 Idem, p. 234.
49 ANS 2 G 28/7 CDD. Affaires économiques. Rapport Economique annuel 1928.

développa et déborda de ses limites originelles pour donner plusieurs quartiers : Gueule Tapée, Alminko, Fass Paillote, Baye Gaïndé, Colobane.

3- Les villages traditionnels

La banlieue était surtout composée de villages traditionnels comme Ouakam et Ngor situés plus au Nord et dominés par les Mamelles. Le long de la côte septentrionale, dominaient Yoff et Cambérène alors que vers l'Est, apparaissaient d'autres villages côtiers comme Hann et Thiaroye. Dénués d'infrastructures, les villages traditionnels ont maintenu une certaine distance vis-à-vis de l'administration qui reconnaît que « si le régime municipal peut assez rapidement s'adapter à la zone de la Médina dont les habitants, par un contact incessant avec la ville européenne, doivent se plier dans une certaine mesure aux habitudes métropolitaines, son fonctionnement paraît plus difficile dans les agglomérations de pêcheurs et de cultivateurs de la presqu'île qui demeurent encore très attachés aux coutumes indigènes et dont les rapports avec Dakar sont un peu lâches »[50].

Avec le développement de la ville, l'élément lébou va perdre le bénéfice du nombre à partir de 1921. Très attachés à la terre, les Lébous vont poser des revendications sur beaucoup de terrains urbains. A partir des années trente, l'âpreté des problèmes fonciers vont rythmer les relations entre les Lébous et l'administration. Les villages lébous se particularisent par leur résistance aux influences occidentales et la permanence de l'agriculture, de la pêche et dans une moindre mesure de l'élevage. Dans ces communautés villageoises, le régime alimentaire, qui n'a pas subi d'influences majeures, se singularise par la monotonie du quotidien. Au sanglé de la journée, s'ajoute le couscous du soir souvent reconduit le matin pour le petit déjeuner.

V- Le développement des infrastructures de base

L'ossature des voies de communication et leur polarisation vers Dakar furent modelées pendant la période coloniale. Construites à l'origine pour les besoins stratégiques, les infrastructures ferroviaire, portuaire et routière ne tardèrent guère à jouer un rôle économique fondamental. La convergence des voies vers Dakar va renforcer sa fonction polarisatrice en favorisant en tout point de l'hinterland sénégalais et même au-delà, la relation directe avec la capitale de l'AOF.

---

50 ANS 2 G 28/7 Affaires économiques. Rapport Economique annuel 1928.

A- L'agrandissement du port et le développement du trafic portuaire

Le développement et l'importance de Dakar sont sans conteste liés à l'existence d'un port bien situé, qui apparaît non seulement comme un port de ravitaillement en houille pour les navires qui y font escale, mais aussi et surtout comme port de transit et de chargement.

1- L'agrandissement du port

Le port fut le moteur de l'essor de la ville car aux origines, Dakar devait tout à son port. L'année 1857, date de l'installation française à Dakar, constitue une étape décisive dans l'évolution ultérieure de la ville. En effet, elle marque les premiers jalons dans l'équipement d'un futur port avec la création par la Compagnie des Messageries Impériales d'un dépôt de charbon dans l'anse Dakar. En 1863, fut ficelé le projet d'une deuxième jetée. La fonction d'escale inter atlantique débuta lorsque le 4 novembre 1866, pour la première fois, un paquebot poste des Messageries Impériales, en partance pour le Brésil, fit escale à Dakar. L'année suivante, on procéda à l'agrandissement du port.

Figure 1 Une vue du port de Dakar en 1867

Vers la fin du XIXe siècle, se précise le projet d'édification d'un véritable port de guerre qui prend forme en 1898 avec la création officielle d'une base navale à Dakar. Toutefois, le rôle militaire du port de Dakar n'a pas handicapé son développement car il a « contribué à la formation d'un capital de démarrage, fourni à son activité un débouché immédiat, tracé un cadre d'exploitation capable d'assimiler pendant plus d'un demi-siècle les extensions successives »[51].

Cependant, jusqu'à l'orée du XXe siècle, Dakar n'était rien d'autre qu'un port d'escale sans aucune influence économique dans l'arrière-pays. A l'époque, la concurrence de Rufisque et de Saint-Louis était redoutable. Vingt ans durant, de 1900 à 1920, il y a une spécialisation des ports de Dakar et de Rufisque. Tandis que le port de Rufisque se réservait les exportations, celui de Dakar se spécialisait dans l'importation. La première guerre mondiale allait décider de la prépondérance du port de Dakar qui devint le premier port d'importation devant Rufisque et Saint-Louis. Le rôle joué durant la guerre devait décider, à la fin des hostilités, de la réalisation de grands projets axés sur l'agrandissement du port.

Dès lors, un budget consistant dégagé va permettre la réalisation d'importants travaux entre 1926 et 1933. Ainsi, au début des années trente, l'ancienne escale, « station service de l'Atlantique »[52] faisait figure d'un véritable port, poumon de la traite arachidière, un centre nerveux polarisant et les importations des produits manufacturés, et les exportations des produits locaux vers la métropole. Du coup, le trafic portuaire connut un véritable coup de fouet.

2- Le développement du trafic portuaire

A l'origine, les objectifs assignés au port revêtaient surtout un caractère stratégique et militaire. Mais bientôt le rôle économique supplanta l'aspect stratégique et militaire du port. Il contribua efficacement au ravitaillement de la sous région grâce aux importations sans cesse croissantes. En sens inverse, il se distingua dans l'exportation des produits coloniaux vers la métropole. L'accroissement du trafic portuaire est perceptible à travers l'évolution du mouvement commercial de la colonie. L'intérêt du mouvement commercial de la colonie réside dans le fait qu'il est un indicateur de l'ampleur du trafic au niveau du port de Dakar où s'effectuait l'essentiel des échanges.

---

51 Chappex J.C, *Le port de Dakar*. Thèse de la FSEJ Université de Dakar 1967, p. 13.

52 Delmas R, op.cit.

Tableau 1 : Évolution du mouvement commercial du Sénégal

Années	Mouvement commercial (Valeur FF)		
	Importations	Exportations	Total
1902	42 754 929	33 001 279	74 756 208
1904	49 846 739	29 920 893	79 767 632
1905	53314778	24 564 355	77 879 133
1906	54 166 000	35 719 000	89 885 000
1907	54 696 406	43 858 850	98 555 256
1908	69 376 445	45 957 694	115 334 139
1909	67 912 239	59 164 917	127 077 156
1910	82 607 508	63 679 878	146 287 386
1911	74 743 558	53 382 434	128 025 992
1912	67 859 907	56 019 804	123 879711
1913	88 070 795	72 937 625	161 008 420
1914	80 068 653	80 44788	160516041
1915	71 264 220	80794 801	152 059 021
1916	116765 829	82 254 306	199 020 135
1924	245 651 854	116 413 206	362 065 060
1925	409425 682	190 298 094	599 723 776
1926	909 998 954	885 945 699	1 795 944 653
1927	809 435 156	739255 808	1 548 690 964
1931	341507027	16 788 564	
1932	324 718463	16 788 564	

Sources : ANS, 2 G2/16 ; 2G7/30 ; 2G9/6 ; 2G12/8 ; 2G13/7 ; 2G16/27 ; 2G25/11 ; 2G27/1.

Un coup d'œil sur ce tableau donne une idée sur l'évolution du mouvement commercial de la colonie. De 1902 à la veille de la guerre (1913), le mouvement commercial a plus que double ; il passe ainsi de 74 756 208 F à 161 008 620 F, soit une plus value de 160 933 864 F. Les deux années suivantes furent marquées par un fléchissement notable imputable aux « difficultés de communication qui, s'accentuant du fait de la guerre sous-marine, ont créé un marasme dans le commerce et dans les affaires »[53]. D'ailleurs, l'année 1915 fut une période critique[54]. Cette année, le mouvement commercial a baissé de 8 475 020 F par rapport à 1914, soit 5,26 %. Pourtant une évolution inverse s'observe

53 ANS 2G 16/4 : Sénégal. Rapport d'ensemble 1916.

54 Ibidem.

à partir de 1916 où le mouvement commercial enregistre un bond de 46 961 114 F en valeur absolue et 30,8 % en valeur relative. Cette hausse démontre, s'il le fallait, que la guerre, contrairement à ce qu'on aurait dû penser, a propulsé le port de Dakar. En effet, les lignes de navigation de l'Extrême-Orient qui faisaient autrefois escale aux Canaries et aux îles du Cap-Vert, mouillent, pour des raisons de sécurité, à partir de 1916 à Dakar[55]. Cette fréquentation massive favorisa du coup l'extension du rôle de Dakar comme port d'escale. Ainsi, le trafic, de 5 355 851 t en 1913, passe à 4 005 968 t l'année suivante ; en 1915, il est de 4 733 431 t avant de monter en flèche en 1916 avec 1 118 192 t[56]. Le trafic a doublé entre 1913 et 1916. Ce mouvement ira s'accroissant jusqu'à à la grande dépression des années trente comme l'illustre le tableau suivant :

Tableau 2 : Mouvement commercial du bureau des douanes de Dakar (en Frs)

Années	Importations	Exportations Réexportations	Total
1924	245 651 854	116 413 206	362 065 060
1925	409 425 682	190 298 094	599 723 776
1926	909 998 954	885 945 699	1 795 944 653
1927	809 435 156	739 255 808	1 548 690 964

Source : ANS, 2 G 25/11, CDD : 2 G 27/1.

Le tableau ci-dessus indique les valeurs du mouvement commercial comparé des années 1924, 1925, 1926 et 1927. Toutefois, il faudrait, au préalable, souligner que l'ensemble des importations et des exportations effectuées par Dakar ne reflète pas du tout les capacités d'absorption de la consommation de la Circonscription. En effet, une partie importante des marchandises débarquées à Dakar et figurant aux statistiques établies par le bureau de douane de Dakar était destinée à l'intérieur du Sénégal, à la Mauritanie et au Soudan. De même, la totalité de la production (produits du crû) débarquée à Dakar et reprise aux statistiques provient principalement de l'intérieur du Sénégal et en particulier du Soudan. A la lecture du tableau, l'on se rend compte que le mouvement commercial a atteint en valeur le chiffre de 599 723 776 F en 1925, soit une plus-value de 237 658 916 F par rapport à 1924. En 1925, le commerce total était de 1 277 903 262 F. A cette même date, le

55 Ibidem.
56 Ibidem.

commerce de Dakar représentait près de la moitié du commerce de la colonie du Sénégal.

En 1926, le mouvement commercial a presque triplé par rapport à l'année précédente. Ce développement spectaculaire est à mettre à l'actif du port, suite aux grands projets d'agrandissement à partir de 1926. D'une manière générale, les importants travaux d'agrandissement vont propulser le port de Dakar, devenu un véritable poumon économique grâce à la concentration des importations de produits manufacturés et vivriers et des exportations de produits coloniaux. La reprise qui suivit la grande dépression des années trente renforça le rôle économique du port, de plus en plus considérable. La preuve nous est fournie par ce rapport qui dressait l'état de santé du port en 1937 : « Dakar, port d'escale d'importance mondiale, est le premier port de transit de l'AOF. Il a enregistré en 1937, un mouvement de 8215 navires jaugeant 17 592 019 tonnes. Le trafic des marchandises, poursuit le rapport, eau non comprise, a été de 2 692 042 tonnes, ce qui classera Dakar au septième rang des ports français pour les marchandises. La progression du trafic portuaire entre 1936 et 1937, pour Dakar a été de 23 % pour le tonnage des navires et 35 % pour celui des marchandises »[57]. De tels propos, même élogieux, traduisent pourtant une situation bien réelle car tout compte fait, il n'y a pas de fumée sans feu. Dans tous les cas, l'essor a été favorisé par la mise en place d'un réseau ferroviaire qui va agrandir l'arrière pays de la ville jusqu'au Moyen Niger. Cela est d'autant plus fondé que « les ports sont à la croisée des chemins de terre et d'eau ; aucun qui ne soit l'aboutissement d'une route de terre »[58].

B- Le chemin de fer : du trafic national au trafic continental

La construction du chemin de fer répondait à des préoccupations d'ordre stratégique et militaire. A l'origine, les objectifs assignés au chemin de fer s'étaient limités à la pacification et à la consolidation de l'occupation française grâce à des interventions militaires rapides et efficaces. Mais sans tarder, le chemin de fer vit progressivement son rôle économique supplanter l'aspect stratégique et militaire. Dès lors, il contribua efficacement au ravitaillement des postes de l'intérieur et à l'exploitation commerciale des régions conquises grâce à l'embarquement et à l'évacuation de la production arachidière.

57 ANS FDDD Dossier 40 : Hausse des prix 1934-1947.

58 Braudel F, *La Méditerranée et le monde méditerranéen à l'époque de Philippe II*, Tome I Paris, Armand Collin, p.291.

1- Les axes du réseau ferré

Le réseau ferré était composé essentiellement de deux grandes lignes qui canalisaient le transport des marchandises et des hommes. La première, plus ancienne, reliait Dakar à Saint-Louis sur une longueur de 264 km. La construction du chemin de fer Dakar - Saint-Louis fut réalisée par la Société de Construction de Batignolles. Les travaux, effectués de décembre 1882 à mai 1885 ont été répartis en trois campagnes. La première, qui a duré du 3 décembre 1882 au 26 juillet 1883 a mobilisé cinquante ingénieurs et 570 ouvriers. La deuxième campagne fut effectuée par 53 ingénieurs ou agents et 707 ouvriers entre le 10 décembre 1883 et le 26 juillet 1884. Quant à la dernière campagne, elle débuta le 12 décembre 1884 pour s'achever le 1er mai 1885. Les travaux, effectués par les deux bouts, ont coûté 19 millions de francs. Le chemin de fer Dakar - Saint-Louis, inauguré le 6 juillet 1885, fut confié à une société privée, la Compagnie du Dakar - Saint-Louis, chargée de rentabiliser son exploitation.

La deuxième ligne, le Thiès - Niger, dont les travaux débutèrent en 1907 pour s'achever après la première guerre mondiale, reliait le Sénégal au Soudan. Les travaux, confiés au génie militaire, vont durer de 1881 à 1923. L'ampleur de la durée des travaux fut à l'image des hésitations de l'Etat français, sceptique dès le début, de la rentabilité d'un projet qui mobiliserait des sommes colossales. Mais bientôt, les autorités coloniales perçurent les avantages économiques et stratégiques d'une future liaison de la colonie du Sénégal au Niger grâce aux facilités de ravitaillement des postes militaires et d'exploitation commerciale des contrées conquises. Du coup, le chemin de fer résoudrait le problème lié à l'évacuation des produits locaux et à l'écoulement des objets de l'industrie européenne.

2- Le rôle du chemin de fer dans le ravitaillement de la ville

Le rail constitue un maillon essentiel dans le dispositif du ravitaillement de la ville. Avec le chemin de fer, l'horizon dakarois s'étend de l'hinterland sahélo - soudanais jusqu'au Moyen - Niger. Avant la construction du Dakar - Niger, l'approvisionnement du Soudan était assuré par le chemin de fer Dakar - Saint-Louis (DSL). Une fois les marchandises arrivées au port de Dakar, elles étaient acheminées par train jusqu'à Saint-Louis. De Saint-Louis, les longs courriers ou chalands prenaient le fleuve Sénégal jusqu'à Kayes pour satisfaire les importantes demandes et commandes des maisons de commerce. En retour, ces longs courriers ou chalands remontaient vivres (mil, riz, etc.) et marchandises jusqu'à Saint-Louis important centre de transit à l'époque[59]. Le

59 ANS 2G2/16 : Sénégal Rapport d'ensemble sur la situation politique, administrative, financière et économique et sur le fonctionnement des différents

train se chargeait du reste grâce à la ligne Dakar -Saint - Louis en assurant l'acheminement de ces produits vers Dakar. Du coup, l'impact du chemin de fer sur les échanges commerciaux ne tarda guère à se manifester comme, du reste, l'illustre le graphique suivant :

Graphique 2 : Trafic des marchandises sur la ligne DSL de 1900 à 1902

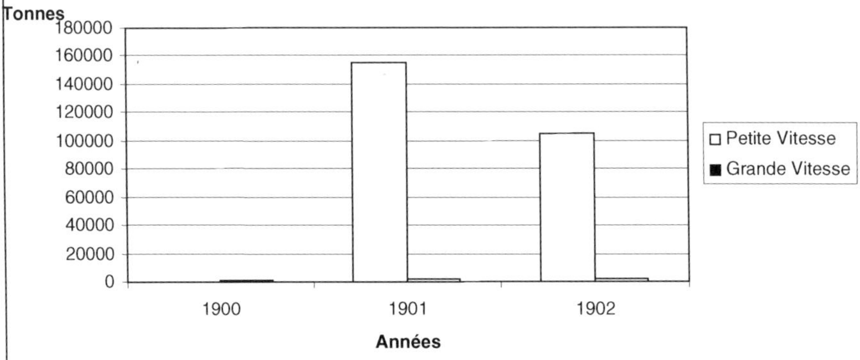

Source : ANS, 2G/16 : Sénégal Rapport d'ensemble sur la situation politique, administrative, financière et économique et sur le fonctionnement des différents services pendant les années 1900, 1901 et 1902.

Un premier coup d'œil jeté sur ce tableau révèle l'importance du trafic ferroviaire à l'orée du XXe siècle. L'année 1901 se singularise par l'importance du trafic ferroviaire avec 158 039 t, soit une augmentation de 43 819 t par rapport à 1900. Un léger fléchissement est observé en 1902 avec une chute du tonnage équivalent à 51 073 t, soit 32,3 % en valeur relative par rapport à 1901. Le chemin de fer DSL devint bientôt rentable grâce à la réalisation de bénéfices sans cesse croissants. En 1921, ceux-ci s'élevaient à 1 927 000 F, soit une plus value de 4 298 000 F[60].

L'achèvement en 1923 du Dakar - Niger donna une impulsion à la production agricole. En fait, les populations se sont portées sur les Terres Neuves dont la mise en valeur était jadis entravée par l'absence de communication. Cela n'a été rendu « possible que grâce à l'exploitation du premier tronçon de la voie ferrée qui traverse cette région fertile »[61]. D'ailleurs, des défrichements considérables se multiplièrent dans la région traversée par le chemin de fer Thiès - Kayes, au-delà de Diourbel, sous la conduite des

---

services pendant les années 1900, 1901 et 1902.

60 ANS 2G23/2 : Sénégal : Affaires économiques. Rapport Économique mensuel 1923.

61 ANS 2G 9/6 : Sénégal : Rapport d'ensemble 1909.

marabouts mourides accompagnés de leurs talibés (adeptes, fidèles) [3]. C'est la raison pour laquelle les années 1908 et 1909 furent, selon l'autorité coloniale, une période de rupture. Ainsi, la colonie, autrefois marquée par l'inertie, la léthargie et les troubles, entra dans une période de mise en valeur, de développement agricole et de prospérité économique grâce à l'exploitation du premier tronçon de la ligne Thiès - Kayes. L'année 1909 a été des plus favorables à l'agriculture. Les cultures des divers mils ont donné « dans leur ensemble des résultats excellents » [62]; des surplus considérables furent dégagés pour assurer l'approvisionnement des villes, notamment Dakar[63]. Enfin, inscrivons au crédit du chemin de fer le rôle considérable joué dans l'approvisionnement de la ville en bétail.

Au total, le train fut un outil, autrement dit un instrument fondamental dans le système du ravitaillement de la ville. Dans tous les sens, des produits de tout horizon convergeaient vers Dakar grâce aux gares escales qui constituaient des relais incontournables dans le dispositif d'approvisionnement de la ville. Toutefois, à l'orée des années vingt, la mise en place d'un réseau routier conjuguée à la diffusion de l'automobile, va concurrencer le chemin de fer qui voit, progressivement son rôle dans l'espace sénégalais passer au second plan.

C- Le trafic routier

L'essor portuaire et urbain fut lié à la construction d'un réseau routier reliant Dakar au territoire sénégalais. Ainsi le réseau routier, grâce à sa souplesse, sa fréquence et aux déplacements rapides qu'il assure, va établir un réseau de relations à la fois fluides et denses entre Dakar et le Sénégal. Aussi la route renforça-t-elle la polarisation économique dakaroise.

1- La mise en place de l'infrastructure routière

La mise en place du réseau routier[64] obéissait à une double finalité : politique et économique. Il s'agissait d'une part d'assumer et d'exercer l'autorité française sur la colonie grâce à un contrôle administratif effectif. L'autre aspect de la desserte routière, d'ordre économique, répondait aux besoins d'acheminement et d'évacuation des ressources coloniales vers la métropole. Le Ministre des Colonies ne dit autre chose lorsque, dans une lettre circulaire adressée aux gouverneurs généraux, il souligne que : « la route constitue un des principaux facteurs de l'expansion coloniale. Des liaisons rapides et sûres sont indispensables pour permettre une bonne administration. Il est également

62 Ibidem.

63 ANS 2G 9/8 : Sénégal Rapport sur les communes de plein exercice 1909.

64 Ndiaye S.B, *La mise en place du réseau routier au Sénégal 1900-1940*. Mémoire de maîtrise 1977-78, Département d'Histoire, Université Dakar.

nécessaire d'assurer la possibilité d'une circulation fluide pour faciliter les échanges commerciaux »[65]. L'infrastructure routière, comme on le voit, épousait un double objectif lié aux besoins administratifs et commerciaux.

La mise en place du réseau routier, qui a débuté à l'orée du siècle, connut une impulsion à partir des années 1920. Déjà, en 1912, 1289 km de routes et pistes praticables étaient réalisées. Le Cercle du Sine Saloum disposait à lui seul et à la même époque, d'un millier de km de pistes polarisé sur Kaolack, comprenant plusieurs axes : Kaolack - Gossas, Kaolack - Nioro, Kaolack - Foundiougne, Kaolack – Birekelane - Kounghel, Kaolack - Guinguinéo. Une décennie plus tard, le réseau routier irriguait le Sud du territoire sénégalais. En effet, à partir de 1920, les pistes étaient praticables aux automobiles au niveau de la Casamance où, de 1921 à 1923, 1300 km carrossables étaient réalisés.

Le tronçon Tïvaouane - Louga fut achevé en 1923. La même année, un axe nord reliait, par piste carrossable, Saint-Louis, Dagana et Podor. Mais la première route véritable, construite en 1924 (empierrée) fut celle qui reliait Dakar à Rufisque. En 1926, le Cercle de Baol disposait de 400 km de pistes et routes praticables par automobile. Au début de 1927, le réseau routier de la colonie du Sénégal comprenait 38 km de routes empierrées, 5 000 km de routes non empierrées et 6 117 km de chemins et pistes automobilisables[66].

D'une manière générale, deux étapes principales ont rythmé la mise en place de l'infrastructure routière[67]. La première étape, étalée sur une année (1927-28), devait tout simplement dégager le profil général du réseau routier polarisé sur Dakar. Le profil ainsi dégagé reliait Dakar au territoire sénégalais, soit directement, soit par raccordement à partir des principaux axes aboutissant à la capitale. La deuxième étape (1928-1940) jetait les bases d'une amélioration quantitative certes, mais surtout qualitative du réseau routier. Deux programmes constituaient l'ossature de la deuxième étape. Le premier programme, effectué par les Travaux Publics, avait pour objectif de réaliser en quatre ans, c'est-à-dire de 1928 à 1931, des travaux routiers, notamment des routes définitives.

C'est dans ces conditions que furent établies les routes Rufisque - Thiès, Louga - Saint-Louis et Thiès - Khombole. La longueur du réseau routier fut dès lors sensiblement améliorée. Ainsi, en 1930, le réseau routier comprenait 13 623 km contre 11 153 km au début de l'année 1927. Ce réseau s'établissait comme suit : 260 km de routes empierrées ou semi empierrées, 6 154 km de pistes utilisables en tout temps et 7 263 km de pistes utilisables seulement en saison

65ANS 5 P6/32 : AOF Réseau routier, correspondance du Ministre des Colonies à MM les gouverneurs généraux, 16 février 1932.
66 ANS 2G 27/21 : AOF. Travaux publics : Rapport d'ensemble 1927.
67 Ndiaye S.B, *La mise en place du réseau routier au Sénégal 1900-1940.* Mémoire de maîtrise 1977-78, Département d'Histoire, Université Dakar, p. 20 et suite.

sèche[68]. Le constat qui se dégage, c'est sans conteste les progrès réalisés au niveau des routes empierrées. Ainsi, la longueur passe de 38 km à 206 km, soit du simple au quintuple. Le second programme s'articulait autour d'un projet de routes et pistes intercontinentales. L'axe Dakar - Soudan longeant le chemin de fer entrait dans ce cadre. Cette route, qui bifurquait à partir de Tamba vers la Guinée[69], fut inaugurée en 1933.

La réalisation de ces différents programmes modifia sensiblement la carte routière du Sénégal[70]. Celle-ci présentait, en 1936, l'ossature suivante :

- un axe longitudinal (Dakar - Saint-Louis-Rosso) ;
- deux axes transversaux constitués par la route Dakar - Kidira par Thiès, Diourbel, Kaolack, Tamba et la route Ziguinchor - Tamba (axe de Casamance) ;
- deux axes transversaux secondaires comprenant la route du Fleuve (Saint-Louis - Kidira par Richard-Toll, Podor, Matam, Bakel) et la route du Ferlo (Louga - Matam par Linguère).

Le caractère international du réseau routier s'esquisse et se dessine à partir de 1936 grâce à la réalisation de routes et pistes intercontinentales. En effet, la route Dakar-Rosso par Saint-Louis ouvre une liaison vers la Mauritanie alors que l'axe Dakar - Kidira relie la capitale de l'AOF à l'hinterland sénégalais. La route du Fleuve permet de joindre la Guinée par Saint-Louis, Matam et Tamba alors qu'une autre piste relie, par la Haute Casamance, Tamba à la Guinée. Au total, la mise en place d'une infrastructure routière souple va contribuer du coup au développement, à l'essor et à la vulgarisation de l'automobile.

2- La diffusion et le triomphe de l'automobile

L'automobile apparut dans la colonie du Sénégal au début du siècle même si sa diffusion et sa vulgarisation ne s'effectuèrent qu'à l'orée des années vingt. Avant la diffusion des automobiles, les transports ne s'effectuaient que grâce aux animaux de bât comme l'âne, le chameau, le cheval et le bœuf. Ce mode de transport par animaux de bât connut sa gloire lorsqu'il assurait, par pistes affluentes, vers les gares escales, l'évacuation de l'arachide ou du mil pour leur acheminement vers les ports d'exportation. En Casamance et dans les îles du Saloum qui se particularisaient par l'absence d'animaux de bât (à cause de la trypanosomiase animale), le mode de transport s'effectuait par voie d'eau sur cotres, pirogues ou chalands vers les ports d'embarquement comme Foundiougne, Kaolack, Ziguinchor.

La première génération d'automobiles, apparue avant 1920, était confinée dans l'armée et l'administration. Il s'agissait de marques Ford et

---

68 ANS 2G 30/29 : AOF. Travaux publics : Rapport d'ensemble 1930.

69 Idem.

70 ANS B.11b : Reproduction de la carte routière du Sénégal Editions 1936.

Overland. Ce n'est qu'à partir des années 1920 qu'apparurent les premiers transporteurs constitués par les grandes maisons de commerce, les sociétés de prévoyance. Cela a été rendu possible par l'importation à grande échelle de voitures.

Tableau 3 : Importations de voitures en 1934 et 1935

Désignation	Sénégal		Dakar	
	1934	1935	1934	1935
Automobiles Tourisme	336	369	326	331
Automobiles Camions	135	280	132	208
Total	571	650	458	539

Source : ANS, D/Sénégal 11D1/1287 : Affaires économiques. Chambre de Commerce de Dakar 1925 - 1942.

Un coup d'œil jeté sur ce tableau permet de distinguer les importations de voitures de la colonie du Sénégal de celles de la Circonscription de Dakar et Dépendances, En 1935, les importations de Dakar s'élevaient à 539 voitures contre 458 l'année précédente. Dakar vient un peu après la colonie du Sénégal qui, pour la même période, avait importé 571 voitures en 1934 contre 650 l'année suivante. La diffusion, le développement du parc automobile sont perceptibles à partir du tableau ci-dessus qui dresse le nombre de voitures mises en circulation au Sénégal et dans la Circonscription de Dakar de 1925 à 1939.

Tableau 4 : Nombre de voitures au Sénégal et dans la CDD 1925- 1939

Années	Sénégal			Circonscription de Dakar		
	Total	Camions Camionnettes	Voitures Tourisme	Total	camions camionnettes	voitures Tourisme
1925	838	496	342	852	357	496
1927	1111	801	310	1144	616	528
1928	1834	1090	744	1540	838	702
1929	1081	749	332	2351	1214	1137
1930	1936	1363	573	3225	1768	1457
1932	1366	937	429	866	237	629

1934	1690	1107	583	1139	350	789
1935	1735	1163	572	1587	480	1107
1936				2163	711	1452
1937	2100	1388	712	2659	946	1713
1938	1557	1113	444	3158	1187	1971
1939	1837	1281	556			

Source : ANS, Bulletin de l'Agence Économique de l'AOF, 1920-1940

Ce tableau qui renseigne sur le nombre de véhicules en circulation est instructif à plus d'un titre. Le nombre de voitures en circulation au Sénégal a plus que doublé entre 1925 et 1939 ; la pointe a été atteinte en 1937 avec 2100 voitures. Les camions et camionnettes se détachent du lot par rapport aux voitures de tourisme qu'ils ont doublées de par leur nombre en 1927, 1929, 1930, 1932, 1934, 1935, 1937,1938 et en 1939. La même tendance se dégage s'agissant de la presqu'île du Cap-Vert ou plus précisément de la Circonscription de Dakar et Dépendances.

Le nombre de voitures est passé du simple au plus du triple de 1925 à 1938. D'une manière générale, le nombre de voitures en circulation y est plus important que dans la colonie du Sénégal à cause de la concentration des services, des hauts fonctionnaires dans la capitale de l'AOF. Dans la circonscription, les voitures de tourisme priment sur les camions et camionnettes contrairement au Sénégal. L'explication est à rechercher au niveau des grandes distances à l'intérieur du Sénégal où les camions et camionnettes, de par leur caractère utilitaire multiple (trafic marchandises, voyageurs,..) sont plus convoités que les voitures de tourisme.

De toute évidence, la souplesse de l'automobile et sa rapidité contribuèrent à la fréquence au niveau du réseau routier. D'ailleurs, le trafic devint de plus en plus important notamment sur les routes Dakar - Thiès et Dakar - Kaolack par Mbour. Ainsi, en 1938, il a été observé sur l'axe Dakar - Thiès, le passage de 40 véhicules en une heure surtout entre 16h et 18h[71]. Au total, le développement des transports automobiles lié à la construction d'un réseau routier praticable, convergent vers Dakar allait donner une nouvelle impulsion aux échanges entre la capitale de l'AOF et l'hinterland sénégalais.

71 ANS 5P 30/32 : Dossier réseau routier, route Dakar Thiès.

3- L'impact du réseau routier sur l'approvisionnement de la ville

La réalisation d'un réseau routier connecté aux différents cercles et polarisé sur Dakar facilita sur les pistes carrossables le transport de marchandises, le déplacement des hommes et l'acheminement du courrier. Dans ces conditions, la route contribua grandement au ravitaillement de Dakar et de l'hinterland sénégalais. En effet, l'existence d'un réseau routier "convergent" vers Dakar permit à la ville d'acheminer sans difficultés majeures, à partir d'un vaste hinterland s'étendant largement outre Sénégal, son ravitaillement tout en assurant la distribution vers le territoire sénégalais des produits manufacturés et vivriers. L'introduction et la diffusion du camion à partir de 1921 constituèrent une étape décisive dans la facilitation de l'approvisionnement de la ville.

L'avantage de l'automobile sur le rail et son impact économique furent rapidement perçus par les commerçants qui, très tôt, n'hésitèrent pas à demander à l'autorité coloniale d'établir des réseaux routiers pour faciliter les échanges. Tel fut le cas en 1906 lorsque la Chambre de Commerce de Rufisque adressa sa principale doléance axée sur la construction d'une piste entre Dakar et Rufisque, « pour être moins à la merci du chemin de fer »[72].
Si, au début, les transports routiers jouaient un rôle complémentaire au rail, bientôt, la route détrôna le rail. Ainsi en 1938, les arrivages de mil par camions à Dakar s'élevaient à 5045 t contre 5000 t par chemin de fer[73].

En réalité, l'automobile bénéficie d'atouts réels face au chemin de fer (train). Ceux-ci sont liés à sa souplesse, sa rapidité et sa fréquence. Elle facilita la mobilité de la population, son brassage et contribua grandement à la migration des campagnards vers Dakar, notamment lors de la grande dépression des années trente. Dès lors, la route captura le trafic voyageur jadis monopolisé par le chemin de fer. En 1938, le chemin de fer perdait 10,5 millions de voyageurs/km sur les tronçons Saint-Louis - Louga, Dakar - Rufisque et Thiès - Diourbel[74].

Au bilan, grâce à ses qualités (souplesse, rapidité, fréquence), la route ne tarda pas à affaiblir le rôle du rail. Mais au même moment, l'infrastructure routière allait nouer entre Dakar et l'hinterland sénégalais, un réseau de relations à la fois denses et fluides tout en renforçant les échanges et la fonction polarisatrice de la capitale de l'AOF

---

72 ANS 3Q 19 : Chambre de commerce de Rufisque. Affaires diverses, 1906.
73 Pheffer P.E, *Railroads and aspects of social change in Snengal*, Ph.D Univ. of Pennsylvannia 1975, p. 460.
74 Ibidem.

D- Les liaisons aériennes

Grâce à sa position stratégique, Dakar fut choisie comme escale aérienne majeure dès les premiers moments de l'aviation commerciale. Aux premières heures de l'aviation, la desserte aérienne transatlantique du Sénégal au Brésil à l'Argentine et au Chili s'effectuait à partir de l'hydrobase aménagée dans la partie Nord du port. Quant aux liaisons entre Dakar et la métropole d'une part, entre le Sénégal et les colonies d'Afrique noire d'autre part, elles s'effectuèrent à partir du terrain d'aviation de Ouakam où fut installée la base aérienne dès 1921.

Les années vingt vont inaugurer l'établissement des liaisons entre Dakar et l'Europe. Ainsi, le premier vol Toulouse-Casablanca-Dakar fut effectué en 1923. C'est le 1er juin 1925 que fut ouverte la première ligne postale régulière de Toulouse à Dakar via Casablanca. Cette ligne, exploitée par l'entreprise Latécoère, puis par l'Aérospatiale, desservait ainsi l'Espagne avec escales à Barcelone, Alicante, Malaga, puis le Maroc avec des escales à Tanger, Rabat, Casablanca, Agadir ; elle empruntait aussi l'itinéraire saharien par Villa Cisneros et Port-Etienne avant de gagner Dakar après escale à Saint-Louis. A partir de 1928, la même ligne fut prolongée jusqu'à Natal et Rio (Brésil) et une année plus tard jusqu'à Buenos Aires puis Santiago du Chili. L'équipe composée de Mermoz, Dabry et Gimié effectua la première traversée aérienne de l'Atlantique, de Saint-Louis du Sénégal à Natal du 12 au 13 Mai 1930.

Figure 2 : Premier atterrissage à Ouakam de l'avion postal Bréguet 14,
Casablanca - Dakar le 1er juin 1925 des lignes Latécoère

Avec la modernisation des installations aéronautiques (balisage de nuit, installation d'une station météorologique), le trafic aérien connut un essor et diversifia ses activités à partir de 1936. En effet, le trafic aérien, jusqu'ici spécialisé dans le courrier postal s'ouvrit désormais aux transports de marchandises et de passagers. Ainsi, Air France, à partir de 1936 assura un service régulier France - Amérique du Sud via Dakar. L'année suivante, en 1937, la Deutsch Lufthansa ouvrait une agence à Dakar et deux ans plus tard, la compagnie italienne Ala Littoria envisageait l'établissement d'une ligne Rome – Dakar - Amérique du Sud. La ligne de l'Aéro - Maritime de Dakar à Pointe Noire s'ouvrait au transport de marchandises et de passagers. Cette ligne desservait Conakry, Monrovia, Abidjan, Cotonou, Douala, Libreville, Port Gentil et Pointe Noire. La multiplication des lignes et liaisons aériennes renforça le pôle dakarois qui, à la fin des années trente, faisait figure d'un carrefour aérien de premier plan.

CHAPITRE II

LES CONSOMMATIONS ALIMENTAIRES, LA LOCALISATION DU RAVITAILLEMENT ET L'ORGANISATION DU COMMERCE

I- LES RÉGIMES ET LES CONSOMMATIONS ALIMENTAIRES

« Les gens ne mangent pas ce qu'ils aiment, ils aiment ce qu'ils mangent, de père en fils. Dans chaque société humaine, on est obligé d'apprendre aux enfants, point par point, à aimer les aliments qui sont la substance de tous ».

K. Lewin

En gros, les régimes alimentaires dakarois se singularisent par un dualisme qui se répercute même au niveau des marchés dont certains comme Sandaga sont fréquentés par les Africains alors que d'autres, à l'image de Kermel constituent la chasse gardée de la population européenne. Aussi, distingue-t-on un régime européen diversifié et sensiblement carnivore qui s'oppose au régime majoritaire, monotone où les céréales, mets quotidiens, constituent une nourriture exclusive tandis que la viande de boucherie reste un régal réservé aux repas festifs.

A- Les régimes alimentaires

La notion de régime désignait autrefois en Europe, l'organisation rituelle de la table. De nos jours, il renvoie à « un système raisonné des habitudes alimentaires »[75]. Dès lors, le régime alimentaire exprime l'ensemble des « règles à prescrire dans l'usage des aliments selon les âges, le sexe, les lieux, les professions »[76]. Dans le cadre de notre étude, il doit être considéré au sens large dès lors qu'il exprime les nourritures consommées par les populations. D'une manière générale, on distingue deux catégories de régimes alimentaires. On note les régimes monotones marqués par la consommation d'un produit permanent, essentiel et d'une quantité minime de denrées supplémentaires[77] comme les régimes à base de riz. Ces régimes, d'une variété très réduite, font appel aux

---

75 Aron J.P, « Biologie et alimentation au XVIIIe siècle et au début du XIXe siècle », *Annales* No 5 septembre -octobre 1961, pp. 971-977, p. 971.

76 Ibidem.

77 Philippe R, « Commençons par l'histoire de l'alimentation ». *Annales* No 5 mai – juin 1961,, p. 550..

mêmes nourritures. Il s'y ajoute les régimes variés basés sur la consommation de multiples produits alimentaires, donc une grande variété et diversification.

1- Le régime africain

Le régime indigène consiste, pour l'essentiel, en nourritures céréalières végétales. En vérité, tout Dakar indigène - ou presque - vit au régime des céréales et de leurs sous-produits. Beaucoup de céréales - riz et mil en particulier -, nourritures peu carnées, réduction, voire la modicité des laitages, voilà ce à quoi se résume le régime africain. Ce qui engendre une certaine monotonie indéniable. D'ailleurs, pourrait-il en être autrement pour ces nourritures dominantes, végétales et majoritaires? Celles-ci, monotones et permanentes, rythment le quotidien et déterminent le destin alimentaire des indigènes. En définitive, avoir de quoi vivre pour l'indigène, c'est disposer de son mil ou de son riz.

Derrière cet éclairage global qui ne saurait cependant suffire, se profile une structuration sociale qui ne dit pas son nom. En effet, une bonne approche des réalités suggère un raffinement méthodologique qui aboutit, en fait, à une conclusion simple mais intéressante. De toute évidence, cette distinction entre les régimes, aussi élémentaire soit-elle, revêt sa large signification sociale : « tout régime monotone caractérise les nourritures de couches sociales pauvres, tout régime varié signale aussi l'alimentation de classes dominantes, privilégiées auxquelles les prix réservent les nourritures rares, appétissantes »[78]. Rapportée dans le cadre de notre étude, cette classification traduit la large barrière qui sépare les Européens des indigènes.

A Dakar, deux régimes alimentaires se dégagent : un régime minoritaire mais varié qui se limite en gros à la population européenne et qui se manifeste sous le signe du luxe ; un régime africain majoritaire et monotone, basé sur des nourritures dominantes à base de céréales. Toutefois, il serait exagéré de tracer des frontières alimentaires étanches entre les deux régimes dès lors qu'il existe un régime mixte.

a- L'alimentation à base de mil

Avant la gloire du riz, le mil était la base de l'alimentation indigène. Deux plats à base de mil constituaient le régime alimentaire traditionnel. Au XIXe siècle, l'Abbé Boilat notait que « les mets des Sénégalais sont le couscous et le sanglé »[79]. Aux dires de Boilat, « ce sanglé est ordinairement le déjeuner du bon matin »[80]. En effet, une épaisse bouillie de farine de mil communément appelé

---

78 Ibidem.
79 Boilat A.D, op. cit, 297.
80 Ibidem.

« laax » (sanglé) constituait le repas de midi. Sous le terme de sanglé, sont visés plusieurs plats (le sanglé au lait caillé, aux palmistes, à la patte d'arachide, au tamarin,).

Moins épaisse, cette bouillie, sucrée, peut être accompagnée de lait (foondé) et se consommait souvent le matin et des fois le soir. Evidemment, cette bouillie peut se consommer sans sauce sucrée. Dans ce cas, elle était accompagnée de légumes et condiments africains comme les courges (cucurbita pepo), gombo frais (hibiscus esculentus), manioc, patate auxquels pouvait s'ajouter du poisson frais (laaxu gar). Si la bouillie est accompagnée de poisson sec, salé ou fumé, on ajoute à la cuisson de la farine d'arachide (laaxu caaxaan). Ce plat « est préparé à partir de farine fine qu'on cuit dans un bouillon contenant des aubergines, de la courge, du gombo frais, des calices de bissap frais ou en poudre... et le tout est brassé dans une bouillie appréciée »[81].

Quant au repas du soir, il était constitué d'un couscous de mil, consommé avec une sauce de poisson frais, séché ou fumé ou d'arachides avec des haricots locaux (niébés), patates, manioc ou à la viande selon les bourses. Les repas festifs du soir (mariages, chants religieux,...) se composaient de couscous et de viande accompagnés d'une sauce à la tomate (couscous « taalaalé »), le tout pouvant être arrosé de lait à l'occasion. La sauce accompagnant le couscous pouvait être à base de feuilles cuites ou bouillies de "Moringa pterygosperma, que les indigènes nomment "neberdaille", de l'anglais "never die"[82]. Toutefois, durant l'hivernage, c'est « la foliole de cassia tera pour toute la population, celle de stylochiton pour certains Sérères qui viennent rompre la monotonie du neverdaye »[83]. Lorsque les niébés se font rares, le fruit du ficus gnaphalocarna est utilisé dans la sauce[84].

---

81 Mme Faucher, *L'alimentation chez les Lébous, Mission Anthropologique de l'AOF*, s/d Palès L, Rapport No 1 1946, p.51

82 Idem., p.48.

83 Bergouniou J-L, *L'alimentation dans la presqu'île du Cap –Vert*, Dakar, ANS, 1952, p.33.

84 Ibidem

Figure 3 : Préparation du couscous à Dakar

Source : ANS 4 Fi 1445

Sous l'effet de l'urbanisation, la consommation du couscous, même réduite, a connu des changements dans sa préparation. Ainsi, la sauce de « mbuum », anciennement préparée avec des feuilles de moringa pterygosperma, de cassia tera et même de feuilles de patates ou de manioc en période de soudure, a fait place aux feuilles de choux accompagnées de poireaux. Inscrivons, au crédit du régime alimentaire traditionnel, l'importance des produits de cueillette entrant surtout dans la constitution des sauces comme les fruits de baobab. Pour faciliter la digestion, le couscous est accompagné de jeunes feuilles de baobab séchées et pilées appelées "laalo".[5]

b- La fortune du riz

Le régime alimentaire traditionnel, à base de mil, a subi des changements liés à la combinaison et à l'influence de plusieurs facteurs : urbanisation, rareté du mil dans les grandes villes occasionnée par l'absence de surplus dans les campagnes à cause du développement de la culture arachidière, introduction du salariat... etc. Tous ces facteurs ont engendré des transformations au niveau des habitudes alimentaires de la population africaine.

Au début, le riz était une denrée rare qui n'était consommée qu'à l'occasion de quelques cérémonies et réjouissances rares. Au XIXe siècle, Abbé Boilat notait une certaine réticence des Wolofs à l'égard du riz que l'on faisait

« bouillir avec de la viande et du poisson »[85]. Cependant, poursuit Boilat « ce plat demande moins de préparation, mais les Wolofs ne le trouvent pas si fortifiant que le couscous »[86]. Néanmoins, le riz, progressivement, va entrer dans l'alimentation populaire et constituer la principale nourriture des masses. En effet, avec les progrès réalisés par la culture arachidière, les importations de riz ne cessèrent d'augmenter, creusant davantage l'insuffisance alimentaire du Sénégal. A partir des années trente, le riz devient la nourriture dominante et est l'une des préoccupations majeures de la ville, des commerçants, de l'administration et des citadins africains pour qui vivre, c'est disposer de son plat de riz. Dès lors, le riz, peu à peu, va entrer dans l'alimentation populaire et constituer la principale nourriture des masses. On aura garde d'oublier que la percée et la gloire du riz résultent des opportunités indéniables qu'il offre.

En réalité, les populations adoptent une alimentation ou une plante favorite plus souvent par nécessité que par goût. Cette ascension, le riz la doit à son prix relativement bas et à sa grande valeur calorifique. Aussi, est-il évident que la ménagère opte pour un kg de riz qui lui apporte 3 500 calories au lieu d'un kg de pomme de terre qui ne lui fournit que quatre fois moins de valeur calorifique. Comparé au blé, le riz fournit 7 350 000 cal à l'hectare contre 1 500 000. Il est indiscutable, dans ces conditions, que le choix préférentiel du riz soit lié à la sécurité alimentaire et à sa haute valeur calorifique. Si l'on y ajoute les efforts physiques occasionnés par la consommation de mil - il faut trois heures pour réduire cinq kg de mil - corvée qui répugne aux citadines, l'on comprend plus aisément les facteurs décisifs qui vont décider de sa fortune. Ainsi, au repas de midi, le riz au poisson, devenu repas de base, va progressivement grignoter sur la place occupée jadis par le sanglé. Dans ces conditions, le mil, en régression, va connaître une certaine désaffection au profit du riz.

Il existe nombre de plats à base de riz. Le riz au poisson frais est préparé avec de l'huile d'arachide surtout, à laquelle s'ajoutent de nombreux légumes locaux et européens (patates douces, manioc, purée de tomate, choux, navets, carottes), gombo, aubergine, feuilles d'hibiscus sabdariffa ou bissap et piments du pays. Lorsque le riz est accompagné de poisson fumé et salé, il est souvent consommé avec des haricots locaux (niébé ou Vigna unguiculata). En effet, « quand il s'agit de poisson sec, la sauce comporte aussi des haricots niébés que les Lébous emploient en grande quantité ; on compte environ 1 kilo de niébés pour 700 g de riz »[87]. Le riz peut aussi être consommé avec de la viande.

S'agissant du repas du soir, celui-ci a fait place de plus en plus au riz au détriment du couscous. Sans huile, il suffit d'une petite quantité de riz accompagnée de condiments, légumes, poisson et beaucoup d'eau pour grossir le riz. Pour rompre la monotonie, le riz pouvait être préparé avec de la farine ou

---

85 Boilat A.D, op. cit, p. 300.

86 Ibidem.

87 Bergouniou J-L, 1952, op.cit, p.33.

pâte d'arachide, des haricots (niébés), du poisson fumé ou salé. Ce repas pouvait aussi s'accompagner de tripes, d'os et de viscères proposés à la masse par les bouchers dakarois. Pour que l'énumération soit complète, ajoutons à ce répertoire la bouillie de riz consommée souvent le soir avec du sucre et du lait. Les céréales, - le riz et le mil surtout - sont complétées par quelques plantes nourricières traditionnelles qui peuvent jouer un rôle appréciable d'appoint et, en période de pénurie ou de soudure, un rôle vital. Le plus important est le manioc, vendu dans les marchés et qui occupe une place de choix dans l'alimentation indigène.

c- Les appoints et plantes de secours : les tubercules (manioc et patates)

Plantes fournissant un produit précieux pour l'alimentation indigène, les tubercules, en l'occurrence le manioc et les patates constituent une ressource salvatrice, un aliment de secours et un rempart contre la disette. Chaque alerte alimentaire semble stimuler la culture et la consommation des tubercules. Aussi, les pénuries, les guerres et la menace de la disette favorisent-elles l'essor des tubercules. Tel fut le cas en 1943 lorsque la disette frappa aux portes de la ville de Dakar. Face à ce cas de presse, le Bureau Économique passa une commande de 50 t de manioc à acheter à Toubacouta par l'intermédiaire de la Société Indigène de Prévoyance du Sine Saloum pour une valeur d'un million de francs[88].

Toute baisse de la production céréalière entraîne une augmentation de la consommation du manioc. Le cas se présente en 1919 quand la production céréalière du Sénégal avec 240 000 t enregistra une chute d'environ 50 % par rapport à 1918 où elle était de 430 000 t[89] . Pour la même période, la production de manioc est passée de 10 000 t en 1918 à 97 000 t l'année suivante[90]. Cette gloire en période de pénurie, le manioc la doit à ses rendements excellents. Témoin, ce que rapporte ce document administratif de 1920 qui nous apprend qu'un hectare de manioc planté en terrain moyen non fumé donne environ 5 000 kg de racines comestibles après une année et 8 000 à 9 000 kg après deux années[91].

Vendu dans les marchés, le manioc tient une place de choix dans l'alimentation africaine où il s'y révèle un voyageur infatigable. Omniprésent dans presque toutes les sauces, le manioc peut aussi bien accompagner le riz que le couscous. Face à la misère et à la chute des revenus, la solution consistait pour les masses populaires, à se rabattre sur les nourritures à base de tubercules. Les ouvriers dakarois, ainsi que les manœuvres n'ont pas dérogé à la règle. Aux

88 ANS FDDD Dossier 555 : Ravitaillement.

89 ANS 2 G20/1 : Sénégal Rapport économique d'ensemble 1920.

90 Ibidem.

91 Ibidem

alentours du port ou à proximité des chantiers du bâtiment, le manioc et la patate sont consommés, bouillis ou grillés. Les tubercules, ainsi préparés, étaient vendus en tranches par des femmes. Telle autre fois, le manioc, rôti, est vendu sous forme de sauce accompagnée de tomate et divers condiments. Au total, le régime alimentaire africain se singularise par une consommation importante de céréales et de tubercules, singulièrement le manioc qui est un aliment de secours et une plante salvatrice en période de soudure ou de pénurie.

2- Le régime européen

Le régime européen se caractérise par sa variété et son équilibre. Viande, pain, volaille, vins, pomme de terre, beurre, fruits et légumes constituent l'essentiel du menu européen. Cette alimentation était-elle celle de la majorité ? Que non ! En effet, ces aliments riment avec richesse et se manifestent sous le signe du luxe réservé aux privilégiés européens. Aux nourritures rares et chères, se superpose un cérémonial du repas avec la table, les chaises, fourchettes, cuillères, verres et mouchoirs.

a- Le pain

Il est hors de discussion que le pain se consomme chez les Européens, bien plus que chez les Africains. En fait le pain, à l'origine, était un luxe par sa consommation. La consommation du pain était liée aux besoins d'une forte minorité européenne en croissance rapide. Ce n'est que par la suite que s'opéra le caractère diffus de la consommation du pain, surtout au niveau des assimilés, ces évolués et éléments "modernisés", fruits de la colonisation. Autre remarque non moins importante, le pain doit être considéré comme un aliment et un élément de différenciation sociale dès lors que sa consommation est liée à l'augmentation de revenus. Cet éclairage global ne saurait cependant suffire.

En effet, et pour avoir une approche des réalités, nous devons bien distinguer le pain normal consommé dans la vie quotidienne du pain de mie très prisé lors des réceptions. Consommé avec du chocolat, du beurre ou des confitures, le pain accompagne les diverses sauces. Le pain s'achète au niveau des boulangeries et des marchés de la ville. Toutefois, certaines familles privilégiées disposaient de fours domestiques pour la cuisson individuelle du pain familial. Il en était de même de l'Armée, de l'Intendance et de la Marine. Quant aux boulangers artisanaux, ils venaient vendre leur pain au niveau des marchés.

Le développement de la consommation du pain stimula les affaires des boulangers. Il suffira, pour s'en rendre compte, de parcourir ces renseignements généraux en date du 4 juillet 1939 qui estimaient que les boulangers de la ville, compte tenu des prix de la farine, réalisaient des gains substantiels[92]. Ainsi, le

---

92 ANS, FDDD, Dossier 555 : Ravitaillement

Libanais Hassan Mohamed ferait mensuellement plus de 150 000 F de bénéfice[93]. Les principales boulangeries de la ville en 1938 étaient Maurel Prom, Thomas Abouris, Buhon, Joseph Jaouiche, Aly Mohamed Khassen, Mohamed Hassan, Annis Hanna, Lacoste et Cie et Manutention africaine.

Dans les faits, l'implantation des grandes boulangeries au Sénégal remonte au XIXe siècle. A l'époque, ce secteur était occupé par les firmes bordelaises comme Maurel et Prom ou la maison Lacoste. De grandes boulangeries furent créées à Saint-Louis et Gorée. En 1859, les autorités coloniales autorisèrent la création d'une cinquième boulangerie à Saint-Louis[94]. D'autres étaient essaimées à travers les villes escales le long du fleuve Sénégal. Pour faire face à la demande de pain sans cesse croissante de traitants et manœuvres Saint - Louisiens séjournant dans les escales pendant la traite, des boulangeries furent implantées à Podor et à Dagana[95].

Blé, farine et pain vont toujours ensemble. Raison pour laquelle le prix du pain varie avec celui du blé. Au début, les boulangers s'approvisionnaient directement en farine de blé au niveau des grandes maisons de commerce. La création des Grands Moulins de Dakar fut un facteur de facilitation de la diffusion du pain. Le prix du pain, souvent, ne variait pas ; seul changeait le poids.

En 1936, le kg de farine se négociait à 1,50 F et 125 F le quintal[96] contre 190 F en septembre 1937 et 250 F en juin 1938[97]. A la même période, en 1936, le kg de pain s'échangeait à 2,25 F alors que la baguette de 750 g coûtait 1,8 F et la miche de 500 g à 1,30 F[98]. L'année suivante, en 1937, le quintal de farine ayant sensiblement augmenté (190 à 215F selon la qualité), le prix du pain monta allègrement et fut réajusté ainsi qu'il suit : 3,40 F et 2,50 F respectivement pour le pain de 1 kg et 750 g contre 1,50 F et 1,00 F pour les baguettes de 450 g et 350 g[99] alors que les miches de 250 g et 170 g se débitaient respectivement à 0,85 F et 0,50 F[100].

Le mouvement du prix du pain est le résultat de la montée générale des prix pendant les années qui précédèrent le second conflit mondial. Toute la période durant, les prix ne cessent de bouger vers le haut car au temps naguère prospère et clément où tout s'échangeait presque pour rien, a succédé la conjoncture insupportable des chertés qui ne rétrocèdent plus.

---

93 Ibidem.
94 ANSOM, Sénégal IX 14a, Conseil d'administration : séances du 6 août et du 4 juin 1859.
95 Ibidem.
96 ANS, FDDD, Dossier 38 : Prix (1935-1938) : Fluctuation des prix 1934 1- 1941.
97 ANS, FDDD, Dossier 40 : Hausse des prix (1934- 1947).
98 ANS, FDDD, Dossier 8 : Ravitaillement
99 Ibidem.
100 Ibidem.

b- Vins, alcools et ivrognerie urbaine

Le vin est une consommation de luxe réservé aux nantis, Européens dans la plupart des cas. De fait, vin va de pair avec richesse et constitue un luxe réservé aux privilégiés Européens dont les repas sont arrosés de vin. En milieu tropical, le vin et l'alcool sont, pour bon nombre d'expatriés Européens, non seulement un moyen de contourner le chagrin, mais aussi et surtout de s'évader et d'oublier les peines d'une zone réputée hostile et inhospitalière. Si le vin s'assimile au régime européen, la bière, par contre, est la boisson populaire prisée par les masses. L'inauguration en 1929 des Brasseries de l'Ouest Africain[101] grande débitrice de bière, fut une étape décisive dans la percée de l'ivrognerie urbaine et de l'ivresse publique.

En réalité, la bière et le vin de palme, consommation de masse, s'identifient à la boisson des pauvres. L'ivrognerie urbaine franchit de grands pas dans les quartiers populaires dortoirs à l'image de Rebeuss[102], réceptacle de la main d'oeuvre immigrée, où cabarets, bistrots, clandestins jouxtent avec maisons de passe aux filles publiques, contribuant ainsi grandement à la débauche et à la ruine des Africains.

Au bilan, on peut dire que sur table des Européens, les céréales sont moins importantes qu'au niveau du menu africain où elles s'adjugent 80 à 90 % des calories. Une revue des chapitres alimentaires permet d'affirmer que les Européens consomment plus de viande et beaucoup plus de produits laitiers et de matières grasses ; en outre, leur alimentation, plus variée, fait appel à beaucoup de fruits, légumes et sucres. En définitive, le menu des Européens se singularise par sa diversification contrairement au régime africaine qui se distingue par une consommation plus grande de céréales et où, dans bien des cas, la quantité l'emporte sur la qualité.

c- Pour une "géographie" de l'alimentation : ruptures et permanences dans les habitudes alimentaires de l'agglomération dakaroise

A première vue, le régime alimentaire à Dakar se caractérise par une bipolarisation : celui des Noirs à base de céréales (riz et mil) et celui de Blancs fondé sur la farine de froment (blé) pour la fabrication du pain, le lait, la viande, les pommes de terre et le vin. Pourtant, cette conception dualiste paraît assez simpliste dès l'instant où l'on note une influence alimentaire chez les Noirs avec la progression de la consommation du pain. De la même manière, l'adoption d'un régime mixte est observée aussi bien au niveau des Africains que chez certains Européens. Toutefois, on aura garde d'oublier que les villages

---

101 ANS, 2G 29/7, CDD : Rapport d'ensemble annuel 1927.

102 ANS, 13G 15/17 : Divers 1937-1944.

traditionnels lébous se singularisent par une certaine résistance dans les habitudes alimentaires.

Les habitudes alimentaires européennes sont marquées par des changements et des continuités Il faut distinguer les deux entités qui composent le Plateau : d'une part le quartier administratif, noyau originel regroupant les fonctionnaires et militaires ; d'autre part le quartier productif, siège des affaires et des négociants. Cette subdivision au niveau de la ville blanche est perceptible au niveau des régimes alimentaires. En effet, le quartier administratif a conservé ses anciennes habitudes alimentaires. Dans cette zone de privilégiés, la mode culinaire est rythmée par des sauces de viande, d'entrées, de ragoûts et d'entremets arrosés de vins. La cuisine, raffinée, fait souvent appel à la viande dont la consommation fréquente est un signe de luxe réservé aux riches.

Quant au quartier commercial occupé par les commerçants Européens, il a subi les influences alimentaires africaines. Déjà, dès le XIXe siècle, Abbé Boilat mentionne un régime mixte observé chez un grand nombre d'Européens qui déjeunent à l'européenne et le soir, dînent à l'africaine avec un couscous[103]. Cette influence peut s'expliquer par un souci de ménager leur fortune et la proximité des quartiers africains. Les mutations et les changements de goûts alimentaires étaient surtout perceptibles dans les quartiers indigènes (Médina, Rebeuss, Niayes Thioker) jouxtant le Plateau. Cela était d'autant plus plausible que ces quartiers étaient le réceptacle des assimilés, des employés travaillant dans le quartier européen.

Certes, le vieux fonds lébou de ces quartiers (notamment la Médina) a conservé l'essentiel des anciennes habitudes alimentaires avec le sanglé de la journée et le couscous du soir. Toutefois, une bonne partie de la population de ces quartiers a adopté de nouveaux comportements alimentaires. Ainsi, le sanglé de la mi-journée a progressivement cédé la place au riz au poisson. Le couscous autrefois consommé quotidiennement le soir est désormais alterné avec le riz. Il s'y ajoute la percée du pain avec la proximité des boulangeries et la consommation des légumes occidentaux en plein essor à l'opposé des villages traditionnels.

Dans les villages traditionnels, on note une certaine permanence dans les habitudes alimentaires En effet, les villages lébous se particularisaient par leur résistance aux influences alimentaires occidentales, la permanence de l'agriculture, de la pêche et de l'élevage dans une moindre mesure. Dans ces communautés villageoises, le régime alimentaire, qui n'a pas subi d'influences majeures, se singularisaient par la monotonie du quotidien : le mil, encore le mil, toujours le mil. En effet, « l'alimentation des Lébous est essentiellement composée du mil qu'ils cultivent et du poisson qu'ils pèchent »[104].

---

103 Boilat A.D, op cit, p.299.
104 Mme Faucher op cit, p.43.

En général, trois repas constituent le menu quotidien. Le premier « se compose des restes de celui de la veille du soir »[105]. Il s'agit d'un couscous froid pris avant d'aller au travail. Le deuxième repas est composé d'une épaisse bouillie de mil (laax) consommée en grande quantité. En fait, « il faut compter environ 150 g de sankhal par personne et souvent davantage »[106]. Le sanglé se mange chez les Lébous avec du lait caillé. Mais le plus souvent, le lait de vache est substitué au lait végétal de pulpe de pain de singe, fruit du baobab. Pour rompre la monotonie, le pain de singe est remplacé au début de l'hivernage par le jus de la pulpe dorée des gousses de néré. Le laax peut se manger avec de l'eau de macération de gousses de tamarinier fermentées ou de l'huile de palme.

Le repas du soir est constitué d'un plat de couscous à base de semoule de mil légèrement fermentées et cuite à la vapeur. La semoule comporte deux cuissons dans l'intervalle desquelles est ajoutée une certaine quantité de poudre de feuilles de baobab. Ce couscous peut être consommé avec du lait frais associé au poisson souvent, rarement à la viande. Toutefois, les personnes âgées et les notables préfèrent consommer le sanglé pendant le soir. En effet, associé au lait, il est plus digeste que le couscous et permet d'affirmer le rang social Comme on le voit, les villages traditionnels lébous (Ngor, Yoff, Ouakam..) consomment moins de riz et de viande même si certaines familles aisées lébous possèdent souvent des troupeaux confiés à des bergers Peulh.

Souvent, la cuisine se fait en plein air avec un canari en argile cuite[107] qui, peu à peu, cède la place à la marmite en fonte. Celle-ci, posée sur trois pierres, comprend un vase supérieur afin de faciliter la cuisson du couscous à la vapeur « qui s'échappe de la marmite inférieure et passe, par des trous aménagés à dessein comme autant d'issues dans le vase supérieur »[108]. Les ustensiles de cuisine outre la marmite, étaient composés d'écumoires en bois, de calebasses, la cuiller à couscous en bois aux parois épaisses et arrondies en forme de louche. Pour compléter l'énumération, mentionnons le mortier, le van sans oublier les tamis à mailles larges et à mailles serrées ; le tamis à mailles larges permet d'obtenir une farine grossière (sankhal) qui est utilisé dans la préparation du sanglé alors qu'avec le tamis à mailles serrées, on obtient une farine fine servant à la préparation du couscous.

S'agissant du cérémonial des repas, notons l'usage du « lave-mains » avec le lavoir collectif. Les habitudes alimentaires se singularisent par l'habileté à manger avec les doigts. Ici, les doigts sont plongés dans la calebasse. Ce que confirme le Père Labat qui, dès le XVIIe siècle, notait, à propos des Sénégalais : « on ne sait pas chez eux ce que c'est que de manger sur les tables »[109]. En effet,

---

105 Ibidem.

106 Bergouniou J.L, op. cit, p.10.

107 Boilat A.D, op cit, p.299

108 Ibidem.

109 Père Labat, *Nouvelle relation de l'Afrique Occidentale*, Tome1, p. 282.

une fois le repas prêt, « la famille s'assemble en cercle autour de la gamelle, et chacun mange avec la main droite, la gauche appuyée sur le bord du plat »[110].

B- Données quantitatives sur les consommations alimentaires

L'évaluation des besoins alimentaires et des consommations constitue une opération fastidieuse. Ainsi, à une demande du président de la Chambre de commerce de Dakar à l'Administrateur de la Circonscription de Dakar et Dépendances afin d'évaluer les besoins en mil de la ville, celui-ci, par une réponse évasive, voire même buissonnière, soutient qu' « il n'existe aucun moyen d'investigation permettant de déterminer exactement l'importance de la consommation de cette denrée »[111].

Toutefois, un dépouillement des archives officielles, de la chambre de commerce de Dakar, des maisons de commerce, les statistiques du port de Dakar serait instructif à plus d'un titre. En réalité, à travers les rapports administratifs et les informations officielles, on peut y glaner d'utiles informations même si celles-ci, dans bien des cas, restent éparses, disparates et discontinues. Dans ces conditions, les plans de ravitaillement estimant les besoins et les stocks ainsi que les actes administratifs fixant les rations des populations offrent un intérêt certain. Une preuve en est dans la circulaire n° 18 du 17 janvier 1936[112].

Tableau 5 : Population civiles européennes : rations journalières

Pain : 0,500 kg	Sucre :	0,030 kg
Viande : 0,500 kg	Huile:	0,040 kg
Vin : 0,500 kg	Pomme de terre .	1kg
Enfants		
De 8 à 15 ans : les 2/3 de la ration Moins de 8 ans : le 1/3 de la ration + 250 kg de lait		
Militaires		
Européens (600 g de pomme de terre (750 g de pain		
Indigènes : 600 g de pain ou 1 kg de mil		

110 Boilat A.D, op cit, p.299.
111 ANS, FDDD, Dossier 555 : Ravitaillement. Lettre 1 – 414 du 20 novembre 1940, Président Chambre de Commerce de Dakar à l'Administrateur de la CDD.
112 ANS, 1Q 313/77 : Ravitaillement général en temps de guerre.

Travailleurs indigènes		
Riz : 400 g - Pain : 400 g Populations civiles indigènes		
500 g de riz ou 1 kg de mil	Poisson frais :	500 g
350 g de viande fraîche	Poisson fumé :	300g
Sel : 0,020 kg	Huile:	0,20 kg

Source : ANS 1 Q 313 (77), Ravitaillement Général en temps de guerre

La présente circulaire sera la base principale d'évaluation des besoins alimentaires de la ville même si ces rations-types n'ont qu'une valeur indicative. Reste alors à déterminer et à saisir les données démographiques. De toute évidence, pour estimer les consommations alimentaires, il faut disposer de l'effectif de la population dakaroise ainsi que sa répartition sociale, c'est-à-dire le nombre d'indigènes et d'Européens.

1- Les consommations céréalières : le mil et le riz

Les céréales, en l'occurrence le mil et le riz constituent la base de l'alimentation des Noirs. On admet que la consommation individuelle journalière de riz s'établit autour de 500 g. Pour une population évaluée à 23 600 Noirs en 1910[113] sur un ensemble de 26.000 hts, la ville consomme à ce taux, bon an mal an, 11 800 kg par jour. Chaque semaine, il faudrait prévoir pour ce nombre d'hommes 82 600 kg. Ce qui donne annuellement une consommation de 4 307 t de riz.

En 1936, en accordant à Dakar une population noire estimée à 85 500 hts sur un effectif total évalué à 92 000 âmes[2], la consommation globale serait de 44, 6 t /j ou 16 300 t par an. Le reste, légumes, tubercules, huiles, ... est le complément à l'indispensable. Si nous acceptons comme prix du quintal de riz brisé (catégories 1 et 2) à 75 F, il faudrait débourser, sur la base d'une population noire estimée à 85 500 hts, 11,7 millions de F pour apaiser le gigantesque estomac dakarois. Toutefois, les chiffres de 15 604 t en 1936 et 16 300 t en 1938 pour les consommations de riz sont des chiffres que tout observateur averti trouverait optimiste. Dans les faits, la marge peut être grande entre les besoins tels qu'on a pu les évaluer sur la base des rations et les quantités qui ont été réellement consommées. Par rapport aux consommations réelles, ces mesures, surévaluées, ne sont pas du tout garanties.

---

113 Martin V, *Étude socio-démographique de la ville de Dakar*, Dakar, Ministère du Plan, Direction de la Statistique, 1962.

Une correspondance du président de La Chambre de Commerce de Dakar, en date du 20 novembre 1940, adressée à l'Administrateur de la Circonscription de Dakar et Dépendances[114], offre une échelle d'évaluation plus fiable. Pour estimer la consommation de mil, les arrivages par chemin de fer et par camions constituent une base essentielle car pouvant fournir à l'occasion de précieux renseignements. Dans une correspondance du président de la Chambre de Commerce de Dakar adressée à l'Administrateur de la Circonscription de Dakar et Dépendances sollicité pour évaluer les besoins en mil de la ville, celui-ci souligne que ces arrivages « permettent d'apprécier approximativement la consommation, compte non tenu de l'appoint de récolte de la circonscription, au sujet duquel le Service de l'Agriculture doit être en mesure de fournir des précisions »[115]. En tenant compte des arrivages, les transports de mil par chemin de fer s'élevaient en 1939 à 5045, 139 t[116]. Par camions, les arrivages furent évalués approximativement à 5 000 t[117], ce qui donne en chiffres ronds, une consommation totale de 10 0451 t. Si l'on tient compte de la production locale (agglomération dakaroise) qui peut atteindre, en année normale 3 000 t, on se retrouve avec 13 000 t au bas mot.

Nous trouvons d'ailleurs confirmation de ce chiffre si l'on estime la consommation de mil à partir des importations et de la consommation de riz. En effet, on admet que quand l'indigène consomme du mil au lieu de riz, il emploie 2 kg de mil en place d'un kg de riz. Or, en 1939, les autorités locales estimaient la consommation de riz de la ville à un millier de tonnes par mois[118]. Sur cette base, la consommation de mil de la ville s'établit, annuellement, autour de 24 000 t en l'absence de riz. Dans ces conditions, la consommation de mil en période normale, selon ce calcul assez discutable tourne autour de 12 000 t. On n'est pas loin du compte (13 000 t), si l'on prend en considération les pertes lors des manutentions et des marges de sécurité.

2- La farine et le pain

Le pain, produit de consommation quotidienne, est prisé par la population européenne même si une percée significative est observée, au fil du temps, au niveau des évolués. Pour estimer la consommation de pain de la ville, nous disposons d'une source importante. En effet, l'arrêté 1133 du 22 juillet 1940 modifiant l'arrêté 1048 du 4 juillet 1940[119] réglemente la vente et la

114 ANS, FDDD, Dossier 555 : Ravitaillement. Lettre 1 – 414 du 20 novembre 1940, Président Chambre de Commerce de Dakar à l'Administrateur de la CDD.
115 Ibidem.
116 Ibidem.
117 Ibidem.
118 Ibidem.
119 ANS, FDDD, Dossier 555 : Ravitaillement, Lettre 1252 du 14 octobre 1940,

consommation du pain, des pâtisseries et confiseries. Par cet arrêté, les boulangeries de la ville étaient tenues de limiter leur fabrication aux quantités maxima ci-dessus fixées par jour.

Tableau 6 : Consommation journalière de farine par les boulangeries dakaroises

Boulangeries	Quantité farine (kg)	Boulangeries	Quantité farine (kg)
Maurel Prom	1500	Mohamed Hassan	800
Thomas Abouris	1000	Annis Hanna	800
Buhon	1000	Manutention Africaine	600
Joseph Jaouiche	900		
Rachild Jaouiche	800	Lacoste et Cie	600
Aly Mohamed Khassein	800		
Total	8 800 kg		

Source : ANS, FCCD, Dossier 55 : Ravitaillement, Lettre 1252 du 14 octobre du Président de la Chambre de Commerce de Dakar à l'Administrateur de la CDD. Dossier 45-4.

Or, le présent arrêté, compte tenu des difficultés d'approvisionnement en farine de froment, avait réduit de 15 % par rapport en 1939, la production des boulangeries. Sur la base de ces données, il est possible d'estimer la consommation journalière de farine des boulangeries dakaroises autour de 10 120 kg en 1939.

Mais il faudrait défalquer de ce chiffre une quantité de 10 % pour la fabrication des pâtisseries et des confiseries. Dans ces conditions, l'estimation s'établit au voisinage de 9 108 kg par jour consacrés exclusivement à la fabrication de pain. Compte tenu de cette consommation journalière, il faudrait prévoir, chaque semaine, bon an mal an 63 756 kg, ce qui équivaut à une consommation mensuelle de 255 t, soit 3 060 t par an. Si l'on accepte la consommation journalière de 9 108 kg, les boulangeries de la place pouvaient

Président Chambre de Commerce de Dakar à l'Administrateur de la CDD, Dossier 45 -4, Pièce 666.

mettre à la disposition des Dakarois au bas mot 20 000 baguettes de pain de 500 g par jour.

Un moyen commode de contrôler si les chiffres sont fiables consisterait à jeter un coup d'œil sur cette correspondance du Président de la Chambre de Commerce de Dakar adressée à l'Administrateur de la Circonscription de Dakar et Dépendances à la date du 31 octobre 1940[120] ; elle nous informe que la consommation mensuelle de Dakar tourne autour de 400 t et que la satisfaction des besoins trimestriels requiert la constitution d'un stock de 1 200t[121]. Une estimation pour l'ensemble donne une consommation moyenne annuelle de 4 800 t de farine de forment ; ce qui n'est pas loin du compte si l'on tient en considération l'augmentation de la population entre 1939 et 1940. Si nous acceptons le prix du quintal de farine de froment fixé à 385 F en 1940[122], la consommation de la ville atteint 18 480 000 F.

3- Pomme de terre et viande

La circulaire N° 18 du 17 janvier 1936 fixant les rations alimentaires limitait la consommation de la pomme de terre à la population européenne. Si l'on accepte la ration de 1 kg/personne/jour fixée en temps de paix, la consommation annuelle s'établit à 365 kg par personne et par an. Pour une population européenne évaluée à 2488 hts en 1926, 4989 en 1931, 4941 hts en 1935 et 5322 hts en 1938,[4] la consommation théorique tourne respectivement à 908 t, 18211 t, 1803,5 t et 1942 t. Ces consommations ont cependant besoin d'être remises à leur échelle dès lors qu'elles ne tiennent pas compte de la consommation des Libano -Syriens et des assimilés. Raison pour laquelle ces chiffres doivent être sensiblement revus à la hausse. Ce que confirment d'ailleurs les importations de pomme de terre qui s'élèvent à 3317 t en 1938[123].

Pour la viande, les rations fixées en 1936 s'élevaient à 500g par personne et par jour pour les populations civiles européennes contre 350 g pour les indigènes. Pour une population européenne estimée à 7243 âmes en 1938, la consommation s'élève à 3621,5 kg/j ou 13 213 t par an contre 31 261 t/an pour la population indigène, chiffre théorique exagéré qu'il faudrait remettre à sa juste place. Une estimation pour l'ensemble donne une consommation totale théorique de 32 582 t/an, chiffre énorme, voire même excessif.

Dans les faits, les rations pour les indigènes étaient rarement atteintes. Un moyen commode de contrôler cet ordre de grandeur serait de suivre le mouvement du bétail en direction des abattoirs dakarois. En 1938, les 39 537

---

120 Ibidem.

121 Ibidem.

122 ANS, FDDD, Dossier 38 : Fluctuation des Prix. 1934-1941.

123 ANS, 2G 43/52, CDD : Rapport économique annuel et rapport sur le ravitaillement à Dakar 1943.

animaux abattus avaient fourni une quantité de viande nette de 1 901 915 kg[124]. L'année suivante, le nombre d'animaux abattus s'élevaient à 48 259 (soit une augmentation de 22 %) unités qui ont fourni 2 406 554 kg, d'où une augmentation de 26,5 %. Toutefois ces données doivent être réajustés et revus à la hausse dès lors que beaucoup d'abattages clandestins échappaient aux contrôles vétérinaires du service de l'Élevage.

4- Vins et alcools

Les vins et alcools n'étaient pas pris en compte dans les rations des populations indigènes. Si l'on accepte la ration fixée en temps de paix, soit un demi-litre de vin/personne et par jour, la consommation totale quotidienne s'élève, pour une population européenne estimée à 7 243 âmes en 1938 à 3 621 1itres, soit une consommation annuelle de 13 218 475 1itres. En réalité, les rations diffèrent selon l'âge et le sexe. En général, la ration était de 0,3 litre /jour pour la femme et 0,15 1itre pour l'enfant. Les statistiques du port de Dakar nous donnent une idée sur la consommation des vins et des alcools.

Tableau 7 : Eaux de vie et alcools importés de 1926 à 1929 (litres)[125].

	1926	1927	1928	1929
Port de Dakar	343 368	228 926	268 363	216 960
Sénégal	520 360	364 256	490 418	339 381
Total	863 728	593 182	758 781	556 341

Tableau 8 : Quantité de vins importés de 1926 à 1929 (litres)[126].

	1926	1927	1928	1929
Port de Dakar	6 881 843	3 556 094	3 821 327	4 670647
Sénégal	9173 684	5273 618	5 645 311	6 430 207
Total	16 055 527	8 829 712	9 466 638	11 100 854

124 ANS, FDDD, Dossier 107 : Documentation Générale, Conférence Economique, Démographie, Rapport annuel du BE 1942.
125 ANS, 11D1/127 : Affaires économiques, Chambre de Commerce de Dakar 1925-1942.
126 Ibidem.

Les quantités de vins importés et destinés à la consommation dakaroise sont passées de 4 550 000 litres à 5 555 000 litres respectivement de 1924 à 1925[127], ce qui équivaut à une augmentation de l'ordre de 22 %. La même tendance est observée par rapport à l'année suivante. C'est à partir de 1927 que s'amorce une chute des quantités importées. Une légère hausse est observée par rapport à l'année précédente, en 1928 et 1929. Les importations dakaroises sont passées de 3 821 327 litres à 4 670 647 litres, soit une augmentation de l'ordre de 22,2 %.

5- Les produits huiliers, les consommations de luxe et autres

Les rations journalières d'huile étaient fixées à 0,040 kg pour les populations civiles européennes et 0,020 kg pour les indigènes. L'approvisionnement en huile d'arachide ne posait pas de problèmes majeurs, les huileries locales pouvant satisfaire la demande. Un plan de ravitaillement établi en 1938 estimait à 12 000 t[128] les besoins annuels en huile d'arachide. Ces besoins étaient largement couverts par les huileries locales dont la production s'élevait à 15 000 t[129].

Quant au beurre, il était une consommation de luxe réservée aux privilégiés Européens. L'administrateur de la Circonscription de Dakar et Dépendances, dans une correspondance au président de la Chambre de Commerce de Dakar datée du 11 janvier 1941, estimait la consommation de beurre entre 1800 et 2000 kg par semaine[130]. Ce qui donne une consommation mensuelle de 8 t. Sur cette base et pour une population blanche évaluée à 14 282 Européens en 1941[131], la ration s'élève à 1,78 kg/mois, soit une quote-part journalière de 59,3 g/ht. S'agissant du lait, les besoins annuels pour le lait concentré et sucré étaient estimés à 266 t en 1938[132]. Le lait frais était essentiellement fourni soit par les troupeaux appartenant aux Lébous et confiés à des bergers peulh[133], soit par les éleveurs des villages environnants (Malika, Keur Massar...).

La consommation de sucre, qui est en corrélation avec le niveau de vie, était beaucoup plus importante chez les Européens. La consommation annuelle

---

127 ANS, 2G 25/11, CDD : Rapport d'ensemble annuel 1925.
128 ANS, FDDD, Dossier 98 : Plan de Mobilisation Économique du CLEC
129 Ibidem
130 ANS, FDDD Dossier 555 : Ravitaillement. Lettre No 98 CLEC, Administrateur CDD à Président Chambre de Commerce de Dakar a/s Beurre et lait frais importé du Soudan.
131 ANS, FDDD, Dossier 107.
132 ANS, FDDD, Dossier 98 : Plan de Mobilisation Économique du CLEC
133 Mme Faucher, op cit, p. 51-52

de sucre estimée par un plan de ravitaillement s'élevait à 1 713 t[134]. Pour les légumes, la consommation était estimée en 1938 à 13 800 t de légumes frais dont les 12 000 t étaient assurées par la production locale. En 1939, Dakar avait importé 2016 t de légumes frais, 324 t de légumes conservés, 862 t de purée de tomate et 2003 t de fruits frais[135].

C- Les échanges à l'échelle régionale

L'intrusion de l'économie de marché a favorisé l'entrée, dans les échanges, du bétail et de certaines productions vivrières destinées auparavant à l'autoconsommation.

1- Le commerce céréalier régional et interrégional

L'accroissement constant de la demande céréalière est lié à une urbanisation sans cesse croissante, à la montée démographique et au déficit des récoltes vivrières. Le mil, principale culture céréalière, fondement de l'économie vivrière des campagnes mais aussi « denrée de première nécessité à Dakar »[136] est au cœur de ces échanges interrégionaux.

De fait, le riz local, produit surtout en Casamance, souvent autoconsommé, était rarement vendu. Les greniers remplis de riz revêtaient un caractère religieux et social[137]. Le riz du pays (oriza sativa) était surtout cultivé en Casamance. Bien avant l'introduction du riz asiatique, les Joolas s'adonnaient à la culture traditionnelle du riz. Sur des terres conquises sur des marécages, ils ont su aménager des rizières permanentes, dessalées et quadrillées en diguettes. Ces « polders », abondamment inondés, avaient des rendements élevés. La terre, enrichie par fumure, était labourée avec une pelle tranchante (kajando). Le riz, semé en pépinières (plants) puis repiqué, permettait une culture intensive qui assurait la subsistance du groupe.

Quant au riz fourni par le Soudan, il trouvait sa zone de prédilection dans la boucle du Niger, précisément dans la zone d'inondation entre Diafarabe et Tombouctou, sur une longueur d'environ 500 km (crue du Niger) et sur une largeur allant de 50 à 100 km. Dans cette région habitée par des villages réputés

134 ANS, FDDD, Dossier 98 : Plan de Mobilisation Economique du CLEC.
135 Ibidem.
136 ANS, 2 G17/24, op cit.
137 L'écrivain sénégalais Sembène Ousmane a montré dans son film *Emitaï* (riz en joola) le caractère sacré du riz en Casamance. Il montre comment les prélèvements effectués sur les greniers de riz par les autorités françaises pendant la deuxième guerre mondiale, ont provoqué des émeutes et des soulèvements populaires, notamment à Effock, village de Basse Casamance.

être de grands riziculteurs (rambe), le riz était semé à la volée, à pleines mains, contrairement au repiquage pratiqué en Casamance et en Asie.

Le mil constitue la culture vivrière principale. Son aire de culture recouvre l'ensemble du pays même si son domaine de prédilection demeure le Saloum, le Fleuve et l'Est de la colonie considérés traditionnellement comme le grenier à mil du Sénégal. Sous le terme générique de "mil", se cachent plusieurs variétés. Au vrai, les paysans cultivent trois variétés de mils (le mil hâtif ou souna aux petits grains, conique et à l'épi glabre, le mil tardif ou sanio). Ces mils, aux valeurs diététiques certaines, très prisés pour leur couscous, sont considérés par les Wolofs et les Sérères comme des céréales de meilleure qualité que les sorghos qui constituent la troisième variété de mil. Avant le triomphe de l'arachide, d'importants stocks de mil et de riz étaient entreposés dans les greniers. Seuls, quelques surplus dégagés faisaient l'objet d'une commercialisation dans des circuits souvent informels, ce commerce étant souvent occasionnel et furtif.

Toutefois, l'urbanisation sans cesse croissante, la montée démographique et le déficit des récoltes vivrières décidèrent de l'accroissement constant de la demande céréalière. En réalité, le commerce à long rayon des céréales fut une importante activité au XIXe siècle. Les nécessités de la conquête et de la pacification aboutirent à la mise sur pied d'un important appareil administratif et militaire. Raison pour laquelle l'administration était devenue un acheteur de plus en plus intéressant. Cela résultait en grande partie d'une population urbaine en croissance rapide. Pour l'administration et les populations, les pénuries de céréales revêtaient des allures de catastrophes. Elles mettaient, en cas de presse, autorités, producteurs, commerçants, intermédiaires et consommateurs sur le qui-vive avec des recensements de vivres, des alertes et des réquisitions qui se répétaient.

Déjà, dans ses délibérations des 8 septembre et 5 décembre 1835, le Conseil d'administration mentionnait à son ordre du jour la situation alimentaire de Saint-Louis[138]. Les autorités coloniales avaient compris que les villes devaient être approvisionnées convenablement dans la mesure où les pénuries pouvaient engendrer des souffrances, des troubles et des désordres ; souffrances pour les populations, surtout les plus démunies ; troubles, désordres et menaces pour les institutions, les autorités et pour la base de la vie urbaine. Les commandes de l'administration étaient constituées de mil, riz, surtout, farine et viande fraîche destinés non seulement aux besoins des rationnaires (soldats et employés africains) mais aussi aux Européens (militaires et fonctionnaires).

Le commerce de produits vivriers se singularise par leur caractère spéculatif. Aux aléas climatiques qui compromettaient les récoltes, s'ajoutaient

---

138 ANSOM, Sénégal VII 26 Bis 4 : Conseil d'administration, délibérations des 8 septembre et 5 décembre 1835.

les vicissitudes de la politique qui pouvaient restreindre sérieusement les transactions. Ce qui explique la formation de stocks par les commerçants qui attendaient ainsi les périodes de soudure ou de pénurie pour réaliser d'importantes marges bénéficiaires. Toutefois, leurs calculs pouvaient être sérieusement compromis par le retour inattendu de l'abondance des récoltes.

Le commerce du mil était déterminé par le calendrier agricole. La traite battait son plein en Décembre après la récolte qui se déroulait s'agissant du Kayor, du Baol ou du Saloum, dans la deuxième quinzaine du mois de Septembre. Au Fouta, la récolte du gros mil qui intervenait dans la deuxième quinzaine de Mai conditionnait les transactions qui pouvaient s'échelonner jusqu'à la saison hivernale.

Au XIXe siècle, la traite du mil était assurée par les traitants. A l'origine, on désignait sous le terme de « négociants » les firmes d'import-export qui monopolisaient la traite. Quant aux « traitants », ils désignaient les mandataires des différents négociants et qui « étaient au contact du producteur ou des intermédiaires africains »[139]. S'agissant des « commerçants », ils désignaient les individus s'acquittant de la patente et qui s'adonnaient à la revente des marchandises livrées par les négociants. Progressivement, le terme de « traitant » fut employé à la place de « commerçant » à la faveur d'une certaine confusion.

Dans les faits, on distinguait trois types de traitants. D'abord les indépendants constituant les grands traitants qui disposaient d'un capital financier, agissant pour leur propre compte et qui pouvaient s'adonner à d'autres activités en plus du commerce céréalier. Il s'y ajoute les petits traitants qui, faute de surface financière substantielle, dépendaient d'autres commerçants auxquels ils étaient liés par un système de prêt de marchandises[140]. Les traitants mandataires, qui travaillaient pour d'autres commerçants ou au service des grandes maisons de commerce, étaient rémunérés sous forme de salaires. Ces traitants, dont les ancêtres furent d'anciens militaires ou employés des grandes maisons de commerce, étaient souvent issus des grandes familles goréennes et saint - louisiennes.

Avec la traite de la gomme, ils s'insérèrent dans ce créneau avant de réaliser leur ascension entre 1815 et 1860. Au XIXe siècle, les traitants ou « marigotiers » parcouraient les fleuves Sine, Saloum, Sénégal, Gambie et Casamance avec de petits bateaux à fond plat remplis de sel du Gandiol, de fusils, de guinées qu'ils échangeaient contre du mil, de l'indigo, de la gomme et accessoirement du riz. Ils sillonnaient aussi l'intérieur, le Kayor, le Baol notamment où ils se procuraient le mil.

---

139 Marfaing L, *L'évolution du commerce au Sénégal 1820 – 1930*, Paris, L'Harmattan 1991, p.17.
140 Ibidem.

Dès le XIXe siècle, les traitants négociaient en Casamance le riz avec les Baïnouk et les Floup contre du sel, des armes et des guinées[141]. A l'orée du XXe siècle, des commerçants, des Dioulas sillonnaient la Basse Casamance, le Fouladou et la Haute Gambie pour acheter du riz revendu dans les cercles du Sénégal et en Gambie[142]. Lorsque la récolte était excédentaire, les maisons de commerce intervenaient et s'occupaient de la collecte. Tel fut le cas en 1909 lorsque la production de riz fut si élevée que les maisons de commerce projetaient d'exporter les surplus de riz indigène[143].

S'agissant du riz fourni par le Soudan, les transactions s'effectuaient au début du siècle par l'intermédiaire des maisons de commerce installées dans la zone (Maurel Prom, CFAO,..), épaulées par les traitants autochtones qui investissaient les régions productrices. Avant la mise en fonction du chemin de fer Thiès - Kayes, les céréales remontaient le fleuve Sénégal jusqu'à Saint - Louis d'où elles étaient acheminées vers la capitale de l'AOF[144].

Le mil, au cœur des transactions, constitue la préoccupation majeure des autorités et des populations. Le commerce des grains en général, particulièrement celui du mil, revêt un caractère spéculatif, aléatoire et souvent contraignant. Il suppose au préalable, la mise en place de réseaux de communication, de circuits, de système de collecte, d'achat, d'entrepôts et de redistribution qui, seuls, pouvaient assurer avec régularité la circulation sur de longues distances, de marchandises aussi pondéreuses que les céréales.

Si, au milieu du XIXe siècle, les traitants représentaient les intermédiaires incontournables entre les richesses de l'intérieur des colonies et les firmes commerciales étrangères, leur fortune fut mise à rude épreuve à partir de la deuxième moitié du XIXe siècle[145]. De toute évidence, les marchés de l'Etat colonial, de plus en plus substantiels, furent, progressivement accaparés, au nom de la liberté du commerce, par les grandes firmes commerciales à la suite d'une lutte serrée qui se termina par la mise au pas des traitants autochtones.

En réalité, la crise du commerce de la gomme, l'endettement des traitants furent autant de facteurs qui propulsèrent dès la deuxième moitié du XIXe siècle les Européens. Ceux-ci devinrent non seulement « les maîtres du commerce du mil et du riz du pays, mais... allaient aussi régner sans partage sur

---

141 Hecquard H, « Rapport sur un voyage dans la Casamance », *Revue Coloniale*, mai 1852, pp 409-432.

142 ANS, 2 G 7/30 : Sénégal Rapport d'ensemble 1907.

143 ANS, 2 G 9/6 : Sénégal Rapport d'ensemble 1907.

144 Roberts, « The Emergence of a grain market in Bamako1883-1908 », *Revue canadienne des Études Africaines* no 1, 1980 pp 55-81. Dans cet article, l'auteur montre le processus d'accaparement du commerce des grains par les firmes européennes à la fin du XIXe siècle dans le Soudan, notamment à Bamako.

145 Pasquier (R), « Les traitants du Sénégal au XIXe siècle », in *Entreprises et Entrepreneurs en Afrique XIXe - XXe s"*, Tome I. Paris, L'Harmattan. 1983.

les importations de farine et de riz une fois éliminés les deux ou trois habitants, tels les Valentin qui faisaient directement les affaires avec la métropole »[146]. Seulement, certains marchands indépendants spécialisés dans le commerce des grains réussirent à émerger. Tel fut le cas de Wagane Diouf adjoint au maire de Dakar qui bâtit sa fortune sur le commerce des grains.

Dès les années trente, le commerce céréalier, notamment celui du mil, connut des mutations considérables. Aux progrès de l'économie de marché, à la poussée urbaine et à l'accroissement démographique, s'ajouta le renchérissement des denrées alimentaires importées, singulièrement le riz qui décidèrent de la fortune du mil. A l'origine, la production céréalière était presque totalement autoconsommée. Mais progressivement, le mil va alimenter les échanges locaux et les circuits interrégionaux de commerce vers les régions arachidières souvent déficitaires et les villes qui, à l'image de Dakar, se singularisèrent par une demande vivrière sans cesse croissante. Dans ces conditions, le rayon de commercialisation du mil dépassa le cadre local (commercialisation à court rayon de 20 à 30 km) pour s'étendre de région à région (commercialisation à long rayon). Dès lors, le mil connut une ascension dans la circulation des biens, sans pour autant cesser d'être une denrée autoconsommée.

A partir des années trente, ce fut par l'intermédiaire des Sociétés Indigènes de Prévoyance (SIP) crées dès 1910 que les autorités coloniales achetaient du mil. Les approvisionnements étaient assurés par les zones à vocation vivrière (Fleuve, Walo, Boundou) disposant en raison de leur faible densité de peuplement souvent de surplus expédiés ou transférés dans les régions déficitaires à l'image du bassin arachidier dont les besoins en mil de soudure furent sans cesse croissants. Le mil, collecté par les SIP, était stocké dans les seccos.

Pendant la période de soudure durement ressentie par les campagnes, le mil était commercialisé et redistribué aux paysans. Une partie des stocks pouvait être réexpédiée vers les centres urbains comme Dakar. En cas de presse, les SIP, sollicitées par les autorités centrales dakaroises, livraient des stocks de mil au Service du Ravitaillement, à l'Intendance ou au CLEC (Comité Local des Echanges Commerciaux) chargés de la distribution en ville par l'intermédiaire des commerçants grossistes[147].

Dans les faits, une bonne partie des échanges au niveau des marchés locaux échappaient aux circuits officiels et licites. En réalité, les maisons de commerce ou certains grands commerçants nationaux se chargeaient de l'approvisionnement des grandes villes à l'image de Dakar où les besoins en mil devinrent permanents suite au prix de plus en plus dissuasif du riz. Ainsi, un

146 Pasquier R, « Un aspect de l'histoire des villes du Sénégal : les problèmes de ravitaillement au XIXe siècle », *Cahiers du CRA* N°6, pp 177-213,1987.
147 ANS, FDDD, Dossier 555 : Ravitaillement.

intense commerce interrégional était monopolisé par des commerçants transporteurs de l'ouest sénégalais à l'image de Wagane Diouf. Les commerçants, comme les riches paysans s'empressaient, la récolte de mil arrivée, d'investir les marchés hebdomadaires périodiques. Ils pouvaient dès lors acquérir du mil à un prix dérisoire. En fait, avec les besoins pressants de liquidités, le paysan n'hésitait pas à brader une partie de sa récolte vivrière. Le mil acheté, stocké pouvait être revendu plus tard pendant les périodes de soudure ou de pénurie propices, au triple, voire au quadruple du prix d'achat. Le paysan pouvait solliciter auprès du commerçant, au cours de l'année, en période difficile, des avances de trésorerie, des avances en vivres ou en marchandises diverses. Le commerçant, en gage ou en forme de garantie, prenait une option sur la récolte de mil à venir, qui permettra au paysan de rembourser les emprunts contractés.

L'installation du chemin de fer et l'introduction du camion à partir de 1921 facilitèrent les échanges entre les régions périphériques à vocation vivrière et la capitale de l'AOF. En quittant Dakar pour les régions de l'intérieur, les camions étaient chargés de marchandises importées, de produits manufacturés divers. De retour, ils apportaient du mil livré par ces régions.

Le mil est un produit sujet aux fluctuations. Dans ces conditions, les prix reflètent la conjoncture et les conditions du moment. En ville, la demande l'emporte souvent sur l'offre. Ce qui explique la tendance générale à la hausse qui devient particulièrement sensible pendant l'hivernage, moment de soudure ou en période de pénurie. En 1907, les prix officiels du quintal variaient entre 18 et 20 F. Mais, dans certains marchés de l'intérieur et pendant l'hivernage de 1907, le quintal se vendait à prix d'or ; aussi cotait-il 30 F[148]. Toutefois, les bonnes moissons qui suivent apportent une détente, notamment en 1912 où la barrique de mil se négociait entre 15 et 20 F[149]. Quatre années plus tard, on assiste à une ascension vertigineuse des prix qui atteindront leur maximum avec le premier conflit mondial.

Ainsi, en 1916, le quintal s'échangeait contre 40 F[150]. L'administration fut obligée d'intervenir en 1917 en s'impliquant dans la vente. Pour lutter contre la spéculation et le marché noir, le mil importé du Haut - Sénégal - Niger fut « bradé à la population au prix de 25 F les 100 kg »[151]. Les années qui suivent la guerre furent des périodes de fièvre. Le prix de la barrique, parti de 60 F en 1920[152], atteindra 140 F en 1927. C'est un sommet presque jamais atteint et qui ne le sera plus durant cette période.

148 ANS, 2 G 7/30 : Sénégal, Rapport d'ensemble 1907.
149 ANS, 2 G 12/1 : Sénégal, Service de l'Agriculture.
150 ANS, 2 G 16/4 : Sénégal, Rapport d'ensemble 1916.
151 ANS, 2 G 17/24 : Sénégal Rapport d'ensemble 1924.
152 ANS, 2 G 20/1 : Sénégal Rapport d'ensemble 1920.

La crise économique des années trente et la chute des cours de l'arachide incitèrent les paysans à se retourner vers les cultures vivrières. Ainsi, une certaine détente est observée au niveau des prix qui, en 1936, vont se stabiliser autour de 57 F le quintal et 0,60 F le kg[153]. Bien vite pourtant, les prix vont se redresser avec l'amorce d'une remontée sensible des cours qui préfigure déjà les fortes tensions qui vont jalonner toute la période de la seconde guerre mondiale.

2- Le commerce du bétail

Le cheptel s'avérait peu important dans la presqu'île en ce sens que la population de pêcheurs et d »agriculteurs qui occupait le Cap Vert ne s'adonnait pas, dans l'ensemble, aux activités pastorales. Dès lors, Dakar, pour assurer son approvisionnement en viande, dut recourir à l'hinterland sénégalais et aux colonies du groupe. Dakar dévorait ainsi les troupeaux du Soudan, de la Mauritanie et du Sénégal. En réalité, l'importance du cheptel dans la zone sylvo - pastorale du Sénégal permettait à la capitale fédérale de couvrir l'essentiel de ses besoins même si la ville devait importer une part non négligeable de sa consommation de produits laitiers.

Au Sénégal, les Peulhs constituent le groupe qui s'identifie par essence à l'élevage. Mais l'élevage Peulh se caractérise par sa faible valeur économique, le troupeau peulh étant sous-exploité en raison de pesanteurs psychosociologiques. Aux yeux des Peulhs, le bétail était une forme privilégiée de thésaurisation, d'ostentation et une source de prestige social.

Signe de noblesse et de richesse, capital et moyen d'épargne, le bétail était sous -consommé et sous - exploité. Les prélèvements effectués ne répondaient qu'à des obligations sociales (cérémonies familiales, mariages, funérailles...). Ce qui, du reste, expliquait la modeste place occupée par les produits d'élevage dans la circulation de l'économie commerciale. Toutefois, l'urbanisation accélérée, la forte demande croissante des villes ainsi que la monétarisation de l'économie vont décider de la fortune du bétail et finirent par convaincre les pasteurs Peulhs de s'adonner à sa commercialisation.

Pourtant, la première génération de villes sénégalaises se singularisa dès le XIXe siècle par une forte demande de viande liée à la présence d'une importante minorité européenne et de troupes. Dès 1850, certains commerçants européens réussirent à accaparer le commerce de la viande. Tel fut le cas de M. Hérissé, principal fournisseur de l'administration à l'époque et qui réussit à bâtir toute sa fortune sur le commerce du bétail[154].

---

153 ANS, FDDD Dossier 38 : Fluctuation des prix (1934 -1941).

154 Pasquier R, « Un aspect de l'histoire des villes du Sénégal : les problèmes de ravitaillement au XIXe siècle », *Cahiers du CRA,* N°6 pp 177-213,1987

Pour assurer son ravitaillement en viande, Dakar devait organiser une énorme région autour de la capitale. Pour la viande, la grande région pourvoyeuse restait le Ferlo, notamment la foire à bestiaux de Louga ou « marbat »[155]. La création du « marbat » remonte au début du siècle lorsque des entrepreneurs, sous la direction d'un Peulh du nom de Mamadou Barka, émirent l'idée de fonder un marché à bestiaux[156]. Après sa création, le « marbat » connut un rapide essor du reste lié aux grandes potentialités dont recelait la région, grand centre d'élevage.

Figure 4 : Le « marbat » de Louga ou marché aux bestiaux, principal pourvoyeur des marchés dakarois en viande de boucherie par T. Tacher 1922.

Source : ANS 4Fi 735

En fait, celle-ci « constituait une zone de contact entre les grandes régions d'élevage du nord (Mauritanie, zone sylvo-pastorale du Ferlo, région du Fleuve) et les centres de grosse consommation de viande au Sud »[157], notamment Dakar.

---

155 « Marbat » est un mot wolof d'origine arabe qui signifie lieu de rassemblement.

156 Robin J, « La fondation d'un marché : le marbat », *Africa*, Vol XV No 2, 1945.

157 Sarr M, *Louga, la ville et sa région. Essai d'intégration des rapports ville-campagne dans*
La problématique du développement, Thèse de doctorat de 3e cycle, Université Strasbourg 388 p. p 154.

Graphique 3 : Exportations du marché de bétail de Louga

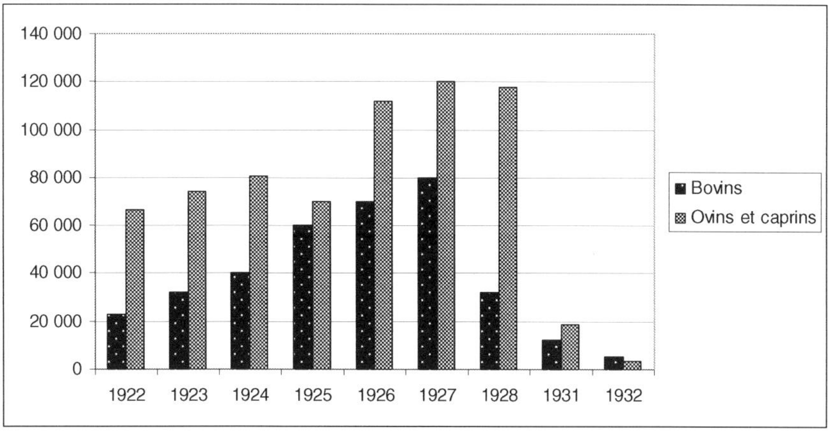

Source : Sarr M, *Louga, la ville et sa région. Essai d'intégration des rapports ville-campagne dans La problématique du développement.* Thèse de Doctorat 3e cycle. Université Strasbourg 388 p. p 163.

Le tableau ci-dessus expose l'évolution des exportations de bétail sur pied du *marbat* de Louga. La progression est continue et régulière de 1922 à 1927. Les exportations de bovins ont presque doublé entre 1922 et 1924. Quatre ans plus tard, les effectifs ont encore doublé en passant de 40 153 à 80 000 têtes. L'évolution est similaire s'agissant des ovins et caprins hormis un léger fléchissement observé en 1925. La chute brutale des exportations à partir de 1928 est imputable à la décadence du « marbat » occasionnée par la création des routes du bétail entraînant le déclin de la fonction de transit et la baisse de la fonction commerciale du « marbat ».

Les exportations étaient surtout destinées à Dakar qui absorbait plus de la moitié des envois. Ainsi en 1927, « il est consommé à Dakar une moyenne mensuelle de 630 bœufs provenant surtout de Louga »[158]. En 1941 et 1942, la part de Louga dans les exportations de Dakar égalait 61 %[159]. Le rôle essentiel de ravitailleur en viande vers Dakar, la région de Bakel, le Boundou l'a joué depuis longtemps. Les troupeaux, qui venaient de Bakel passaient par Boulel, Ourokaba, Sinthiou Amadou Boubou et de là, regagnaient l'axe Thiès - Kayes avant d'être acheminés à Dakar[160].

Le Soudan, la Falémé, le Bambouk et Kayes étaient d'intéressants fournisseurs de viande sur pied dont le transport fut facilité par la voie ferrée. Dakar dévorait aussi les troupeaux de la Mauritanie qui expédiait surtout ovins et caprins. Les troupeaux empruntaient souvent le long du fleuve jusqu'à Saint-Louis et de là, prenaient le chemin de fer.

158 ANS, 2 G 27/19 : Sénégal Rapport d'ensemble 1927.
159 Sarr M, op cit, p.163.
160 ANS, 2 G 13/7 : Sénégal Rapport d'ensemble 1913

L'administration coloniale avait perçu la nécessité de promouvoir une politique en direction de l'élevage local. Cela se concrétisa par l'aménagement de voies de parcours pour atteindre les centres urbains. La première ligne de parcours qui empruntait l'axe Thiès - Kayes était fréquentée par les troupeaux de l'Ouest soudanais, du Bambouk et du Boundou. La deuxième ligne, qui aboutissait dans la vallée du Ferlo, desservie par deux tronçons secondaires, permettait aux animaux de se rendre dans le Djolof, le Baol d'une part et d'autre part vers le Ndiambour. Aux tracés de lignes de parcours, s'ajouta l'aménagement de plusieurs points d'eau grâce aux puits creusés afin de permettre le passage des troupeaux en toutes saisons.

Pour compléter l'énumération, notons que Dakar s'équipa d'un abattoir moderne et d'un service d'inspection vétérinaire pour le contrôle des viandes. Assurer l'approvisionnement de Dakar en viande supposait au préalable l'organisation de l'hinterland sénégalais, notamment la zone sylvo - pastorale par la mise sur pied de foirails à bestiaux permanents ou périodiques. Il s'agissait, dans ces conditions, d'organiser la zone de ravitaillement direct de la ville (Louga - Ferlo, Djolof), d'y laisser jouer l'activité des éleveurs, intermédiaires et convoyeurs, tous acteurs modestes certes, mais par qui la capitale de l'AOF ne cessait d'être approvisionnée.

Le commerce du bétail, actif, fut organisé par une chaîne de marchands professionnels, d'intermédiaires et de rabatteurs qui allaient acheter les bêtes à travers le pays, et enfin les bouchers. Au fond, ces acteurs qui investissaient les circuits du commerce du bétail, qui parcouraient les régions pastorales, qui étaient-ils ? A Louga, les fondateurs du « marbat », faute de capital, réussirent à occuper le créneau intermédiaire entre les vendeurs et les acheteurs de bétail. Désignés sous le nom de « ndiatigui », mot bambara signifiant « logeur », ces intermédiaires étaient courtiers, agents de change, interprètes, logeurs (hébergeurs), conseillers juridiques et agents de propagande. Maîtrisant plusieurs langues, le « ndiatigui », appelé dès fois « tefanké », négociant et démarcheur, occupait le centre de gravité des transactions.

Les foirails étaient fréquentés par les éleveurs peulhs et maures, mais aussi par les dioulas et les « téfankés ». Intermédiaires entre éleveurs et chevillards, les « téfankés » pouvaient être chargés, souvent pour le compte des chevillards, d'acquérir des animaux dans les zones pastorales (Ferlo, Louga) avant de les acheminer jusqu'aux abattoirs de la ville.[2] Mais certains intermédiaires, disposant d'une surface financière, tels certains Dioulas, pouvaient travailler pour leur propre compte. Dans ce cas, ils allaient sur place solliciter les Peulhs, achetaient pour les bouchers de la ville.

Le commerce de boucherie, monopolisé par les chevillards qui se recrutaient, dans la plupart des cas, au niveau des maures ou d'anciens esclaves des tribus nomades du désert, se modernisa, à partir des années vingt sous l'action des Européens installés surtout au marché Kermel et qui se spécialisèrent dans cette branche.

En 1920, le prix moyen du bétail sur pied était variable selon les régions. Ainsi, à Dakar, le grand zébu était vendu entre 500 et 800 F alors que le moyen s'échangeait entre 400 F et 600 F. Si le prix de la chèvre variait entre 30 et 40 F, le mouton maure, pour sa part, se vendait entre 100 et 150 F contre 80 F pour le mouton Djolof et 50 F pour le mouton Cayor[161]. A Louga, le prix du grand zébu variait entre 600 et 1100 F en 1920 au moment où le moyen se négociait entre 400 et 500 F ; le prix du mouton y variait entre 50 et 120 F[162]

Si, en 1927, il a été consommé 7 560 bœufs[163], en 1938, il fut abattu 12 356 bœufs, 25 237 moutons et 1944 porcs représentant 552 296 kg de viande[164]. A raison de 3,75 F le kg de viande en 1938[165], il faudrait ainsi débourser 2 071 110 F pour apaiser le gigantesque estomac dakarois modérément carnivore. Les bouchers fournissaient aux Européens ce qu'il y avait de meilleur dans le bœuf (viande de premier choix). A la masse et au peuple était vendu ce qu'il y avait de moindre avec des os, des tripes, des viscères très prisés par les indigènes pour le couscous ou le riz à la pâte d'arachide.

Le commerce du bétail revêtait un caractère aléatoire, dépendant qu'il était des aléas naturels ou des épidémies. Ainsi, toute sécheresse ou incendie dans les zones de pâturages mettait en péril les troupeaux, compromettant du coup le commerce du bétail. Tel fut le cas en 1919 et 1920, « période critique pour le bétail »[166] à cause de la sécheresse. Les mares étant desséchées et les « séanes » vides, les animaux devaient « se contenter d'un abreuvement parcimonieux aux puits »[167]. Quant à la nourriture, elle fut « limitée à la paille desséchée des graminées de brousse aux rares endroits encore épargnés par les incendies, aux tiges et feuilles d'arbres ou d'arbustes »[168]. De surcroît et comble de malheur, les épidémies visitèrent le cheptel. La péripneumonie, la fièvre aphteuse et la peste fauchèrent une bonne partie du cheptel[169].

---

161 ANS, 2 G 20/1 : Sénégal Rapport d'ensemble 1920

162 ANS, 2 G 20/1 : Sénégal Rapport d'ensemble 1920

163 Ibidem.

164 ANS, 2 G 27/19 : CDD Rapport d'ensemble 1927.

165 ANS, FDDD Dossier 40 : Hausse des prix (1934 -1947).

166 ANS, 2 G 20/1 : Sénégal Rapport d'ensemble 1920.

167 Ibidem.

168 Ibidem.

169 Ibidem.

D - L'organisation du commerce local

Trois conditions, qui doivent aller de pair au moins, sont indispensables à la spécialisation des fonctions, autrement dit à l'urbanisation. La première est liée à l'existence d'un surplus agricole dégagé afin d'assurer la nourriture des non agriculteurs. Il s'y ajoute l'existence d'une classe dirigeante à même d'assurer un climat de sécurité favorable à la production et à la circulation des vivres. Ces échanges, enfin, supposent au préalable une classe de commerçants, négociants ou marchands. Aussi, le commerce est-il essentiel dans toute ville dès lors qu'il fait partie intégrante de la vie urbaine. A Dakar, la structuration du commerce laisse apparaître trois types : le grand commerce colonial monopolisé par les Européens, le commerce libano - syrien (créneau intermédiaire) et le commerce de détail occupé par les Africains.

1- Le grand commerce colonial

Le grand commerce colonial était monopolisé par les maisons bordelaises et marseillaises. Leur présence au Sénégal remonte au début du XIXe siècle. En effet, c'est vers 1830 que s'associèrent des commerçants dans les affaires. La multiplication des associations commerciales aboutit à la naissance des maisons de commerce. A partir de 1843, le gouvernement français intervient, au nom de la sauvegarde du principe de la liberté du commerce, dans les affaires commerciales. Cet interventionnisme se matérialisa par le développement des activités de ces maisons de commerce, suite à la liberté du commerce et la suppression des coutumes depuis 1855.

Dans la colonie, la présence des firmes bordelaises fut plus ancienne. L'une des plus anciennes de ces maisons, Maurel et Prom, débuta ses activités à Gorée avant d'être transférée à Saint-Louis en 1857. Fondée par Louis Hubert Prom, elle fut dès le début, une affaire étroitement familiale, liée à son fondateur qui va s'associer avec son cousin Hilaire Maurel en 1831 Quant à la maison Devès et Chaumet, sa création est à mettre à l'actif de Justin Devès, fils d'un grand commerçant Saint - Louisien Gaspard Devès. En 1850, Justin Devès s'associa à Polyeucte Lacoste et une année plus tard à Gustave Chaumet.

La période qui suivit leur fondation se singularisa par le caractère varié, voire polyvalent de leurs activités, allant du commerce de la gomme à l'armement et la boulangerie pour Maurel et Prom en passant par le remorquage à l'embouchure du fleuve pour Devès et Chaumet. Le développement de leurs activités favorisa l'émergence et l'installation d'autres maisons bordelaises à l'image de Petersen, Buhan et Teisseire et Peyrissac. Celle-ci fut fondée par Chéri Peyrissac qui débarqua en Afrique en 1862. Sans appui et sans capital, il s'investit et travailla dans plusieurs maisons de commerce avant de s'établir à son propre compte en 1872 le long du chemin de fer. En 1908, les Anciens Établissements Charles Peyrissac se transformèrent en Société Anonyme et réalisaient à l'époque, l'essentiel de ses affaires en participant à la traite des produits tropicaux, notamment l'arachide.

Ce ne fut qu'après que les firmes marseillaises s'implantèrent dans la colonie. Parmi celles-ci, la CFAO (Compagnie Française d'Afrique Occidentale) et la SCOA (Société Commerciale de l'Ouest Africain), de par leur impact sur le commerce colonial, méritent intérêt à plus d'un titre[170]. La CFAO disposait à sa création en 1887, d'un capital social de «7 millions de F répartis en 14.000 actions de 500F »[171]. Vingt ans plus tard, ce capital passa à 9 millions, puis à 25 millions en 1919.

Firme héritée d'entreprises de commerce remontant au XIXe siècle, la CFAO succéda à la Compagnie du Sénégal en 1887 et la Cie de la Côte Occidentale d'Afrique en 1881[172]. A sa fondation, la CFAO disposait de deux principales agences au Sénégal (Rufisque et Foundiougne) et douze factoreries puis seize en 1889. L'agence de Dakar, ouverte en 1891, évolua d'abord avec des bilans négatifs jusqu'à la fin du siècle : - 50.000 F en 1891, - 60.000 F en 1893 et une pointe en 1897 avec - 140.000 F[173]. C'est à partir de 1899 que les bilans devinrent positifs avec + 20.000 F puis + 18.000 F en 1906, + 54.000 F en 1908, + 75.000 F en 1912, + 240.000 en 1917 et une pointe maximale l'année suivant avec 550.000 F et + 330.000 F en 1919[174].

Les bilans négatifs qui rythmèrent la période allant de 1891 à 1898 illustrent, si besoin en était, de la léthargie et de l'inertie économique qui suivirent l'installation française à Dakar et qui eurent des répercussions fâcheuses sur le commerce. Quant aux bilans positifs qui atteignent leur maximum durant la première guerre mondiale, ils résultent d'un contexte nouveau, du reste largement favorable et dont allait profiter le port de Dakar, devenu l'escale obligée des navires européens en direction de l'Amérique et de l'Asie.

Société anonyme, informée des cours des produits de l'offre et de la demande, en rapport avec les importantes places commerciales européennes, la CFAO fonctionnait grâce aux systèmes de comptoirs et de factoreries essaimées à travers les différentes colonies et qui étaient en relation avec la société mère établie à Marseille. A partir des années vingt, la CFAO connut une ascension momentanément compromise par la grande dépression des années trente. Toutefois, elle se remit de la crise en 1936 et à la veille du second conflit

---

170 C. Coquery-Vidrovitch, « L'impact des intérêts coloniaux : SCOA et CFAO dans l'Ouest africain 1910-1965.», *Journal of African History,* XVI, 4 (1975) pp 595-621, p. 596

171 Marfaing L, op cit, p. 205.

172 C. Coquery-Vidrovitch, op cit, p. 596.

173 Marfaing L, op cit, p. 207.

174 Ibidem.

mondial, la CFAO s'affirma, sinon comme la plus importante, du moins la principale firme de la colonie.

Ce qui est illustré par ce recensement des stocks de riz opéré par les autorités dakaroises en Septembre 1938. Sur 327 t de riz déclarées, la CFAO s'adjugeait les 270 t soit 82,5 % contre 5 t pour Maurel et Prom (1,5 %), 10 t pour Maurel Frères (3 %) et 2 t pour la NOSOCO (0,6 %)[175]. Cette ascension, la CFAO la devait à la diversification de ses activités à partir des années vingt comme d'ailleurs la SCOA qui reprit la Maison Ryff et Roth en 1906 et disposait en 1925 de 23 agences essaimées en Afrique Occidentale[176]. L'essor de la firme fut favorisé par le premier conflit mondial. Entre 1914 et 1919, les résultats financiers de la société égalaient un capital de 18 millions de F courants.

L'ascension de ces maisons et firmes commerciales fut le résultat d'une lutte serrée qui paracheva la phagocytose et la marginalisation des traitants saint-louisiens. Ce qui ne fut possible qu'à la faveur d'un contexte économique sévère conjugué à l'appui de l'administration coloniale et au redéploiement des maisons de commerce françaises. Dans les faits, l'abolition de l'esclavage, la crise de la gomme et l'installation des points de traite permirent aux maisons bordelaises d'écarter et de court-circuiter les traitants métis et africains grâce à l'endettement utilisé comme instrument de domination des traitants et des producteurs.

Le déclassement des traitants saint - louisiens fut rendu possible grâce à Faidherbe qui fut l'efficace exécutant de la conquête à la solde du capital commercial bordelais. A l'origine, les activités des maisons de commerce se limitaient à la collecte des produits agricoles, notamment l'arachide, achetés à de très bas pris ou échangés contre des produits manufacturés fortement surévalués (tissus, alcools, pacotille, ...). En fait, l'essor de la culture arachidière consécutive à la crise du commerce de la gomme orienta les maisons de commerce vers l'économie de traite essentiellement limitée au commerce de l'arachide.

Avec la construction des voies ferrées (Dakar-Saint-Louis et Thiès-Kayes), elles essaimèrent un ensemble de factoreries le long du chemin de fer, qui s'ajoutèrent aux comptoirs disséminés à l'intérieur du pays. A partir des années vingt (1920), elles diversifièrent leurs activités et contrôlèrent bientôt les circuits de distribution des produits manufacturés et de consommation. Bientôt, elles élargirent leurs activités au bail et à la spéculation foncière Disposant de grands moyens, les firmes commerciales européennes finirent par faire mains basses sur les importations et les exportations.

Jusqu'au début du siècle, les maisons de commerce se ravitaillaient par le biais des steamers de la Compagnie des Messageries Impériales. Celle-ci fut

175 ANS, FDDD Dossier 8 : Ravitaillement.

176 C. Coquery-Vidrovitch, op cit, p. 596.

relayée à partir de 1910 par la Compagnie Sud Atlantique. Ces compagnies maritimes, grâce aux accords conclus avec l'Etat, acheminaient les marchandises de la métropole vers la ville. Les Dakarois s'approvisionnaient auprès des maisons de commerce lorsque les marchandises étaient livrées après l'arrivée des navires de ces compagnies au port de Dakar. Au début du siècle, les marchandises importées étaient entreposées au niveau du Magasin Général où s'approvisionnaient les maisons de commerce.

Figure 5 : Vue du magasin général (1901-1904),

Auteur : Fortier , Source : ANS 4 Fi 934

Le grand commerce colonial, tout en pratiquant le gros et le demi-gros, approvisionnait le créneau intermédiaire dominé par les Libano - Syriens.

2- Le créneau intermédiaire

Le créneau intermédiaire se caractérisait par son activité multifonctionnelle. En fait, il englobait le commerce de denrées alimentaires, de tissus, des articles de ménage, la quincaillerie. Il s'agissait d'un commerce moyen approvisionné par le commerce de gros dominé par les grandes maisons européennes auxquelles il était lié par un système de crédit à court terme qui renforçait leurs liens. Prolongement du grand commerce colonial, le créneau intermédiaire était dominé par les Libano Syriens. En vérité, la communauté levantine se singularise par son dynamisme dès le début du vingtième siècle. La preuve, ce que rapporta un document administratif qui notait en 1909 que « la colonie syrienne se développe à Dakar où elle se livre au petit commerce (épicerie, mercerie,) et forme une clientèle importante pour les grandes maisons françaises d'importation »[177]. A la même époque, D'Anfreville de la Salle constatait l'accaparement et le monopole du commerce de détail par les Levantins à Saint-Louis[178].

177 ANS 2 G 9/6 : Sénégal Rapport d'ensemble 1906.
178 Cf Anfreville de la Salle (D), *Notre vieux Sénégal, son histoire, son Etat actuel, ce qu'il peut devenir*, Paris, A. Challamel, 1909.

L'ascension des Libano - Syriens fut favorisée par une conjoncture économique et politique (encouragement de l'immigration libanaise après le premier conflit mondial). Celle-ci fut mise à profit par la première génération d'immigrés très actifs au niveau de la traite où ils jouèrent le rôle d'intermédiaires entre les maisons de commerce et les paysans autochtones[179]. La crise économique des années trente et la mobilisation consécutive à la deuxième guerre mondiale de plusieurs commerçants français et autochtones leur laissèrent un champ libre qu'ils occupèrent aussitôt. Non que les obstacles dressés sur leur chemin soient négligeables même s'ils réussirent à bâtir leur fortune pendant la deuxième guerre mondiale, à la faveur d'un contexte de pénurie et de renchérissement généralisés.

Le créneau intermédiaire était concentré surtout dans le secteur libano - syrien qui englobait les avenues Gambetta, Maginot, Paul Holle et Grasland. Le commerce moyen assurait la distribution locale grâce à l'approvisionnement du commerce de détail.

3- Le commerce de détail

Le commerce de détail assure l'essentiel de l'approvisionnement au détail dans les quartiers indigènes. Mal desservi en infrastructures dignes de ce nom, il anime le marché quotidien des Dakarois. Il s'agit d'un micro - commerce au capital en marchandises modeste et qui se singularise par son caractère non implanté, rendant ainsi difficile toute statistique. Il comprend le commerce de rue, le commerce ambulant et le petit commerce boutiquier.

Le commerce de rue est fréquent surtout dans les quartiers africains où il occupe les devantures des maisons, les endroits ombragés et les carrefours. Les produits proposés sont constitués de condiments (piments, oseilles de guinée, gombo, poisson séché, tamarin,..), de fruits locaux (bananes, citrons, mangues,...) et de friandises (gâteaux, arachides grillées, beignets sucrés ou pimentés,...). Les produits sont exposés sur des étaux mobiles où la vente se fait quotidiennement.

Quant au commerce ambulant, il est composé de trois types : la vente à la sauvette, la vente ambulante ou colportage et la vente de casse-croûte. La vente à la sauvette est, dans la plupart des cas, animée par de jeunes Toucouleurs provenant de la vallée du Fleuve Sénégal. La marchandise est entreposée dans une caissette ouverte munie d'une anse (« bitig mbagg »). Les produits proposés vont de la cola aux bonbons en passant par les cigarettes.

Le colportage (vente ambulante) pratiquant le « porte-à-porte » est monopolisé par des vendeurs appelés « baana-baana ». A Dakar, le colportage s'associait souvent aux migrations saisonnières. En effet, des campagnards, souvent originaires de la Vallée du fleuve venaient à Dakar faire leur « saison »

179 *Cf* Thioub I, op cit,

(saison sèche). Le colportage fortifie les échanges en fournissant une infinité de marchandises et en élargissant le marché. Il constitue ainsi une suppléance aux pannes de la distribution par la vente de proximité en amenant les marchandises jusque dans les marges citadines mal desservies par les circuits ordinaires de la distribution.

Le commerce de gros et le créneau intermédiaires constituaient la source d'approvisionnement des colporteurs grâce à la livraison, à ces ambulants infatigables, de stocks invendus ou démodés de leurs magasins. Toutefois, le colportage n'est souvent qu'une étape vers le commerce boutiquier. Dans les faits, le colporteur itinérant et errant une fois un capital accumulé, ambitionne de se fixer en s'installant dans une boutique. A Dakar, les colporteurs livraient à domicile la marchandise à leur clientèle à laquelle ils étaient liés par un système de crédit. Chaque après-midi, ils passent récupérer une partie du crédit étalé sur un ou deux mois. Les articles proposés concernaient en grande partie la vaisselle et les articles de ménage. S'agissant de la vente de casse-croûte destinée aux ouvriers, elle était pratiquée par des femmes à proximité du port, des chantiers de bâtiments. Les produits proposés vont des arachides grillées aux beignets en passant à la patate grillée ou bouillie, au pain ou au manioc rôti à la tomate (sauce de manioc). Les ouvriers déjeunaient souvent avec une miche de pain accompagnée d'arachides grillées (« maafé maçon »).

Le petit commerce boutiquier enfin concernait la vente au détail d'objets courants de première nécessité, notamment les denrées liées au ménage (riz, sucre, sel, tomate, poivre, savon, huile, etc.). Il se caractérisait par la vente au tout petit détail (1/8 de litre, tranche de pain, grammes de sel) et sa proximité. Outil élémentaire de l'échange, la boutique a l'avantage, grâce à sa proximité, de décentraliser les échanges en mettant les marchandises à la disposition immédiate des consommateurs. A cela s'ajoute son caractère continu car elle fonctionne souvent sans arrêt contrairement au marché qui se singularise par une certaine discontinuité. Inexistant dans les quartiers d'affaires et de résidence européenne du Plateau, le petit commerce, installé dans les quartiers africains, notamment la Médina, est pratiqué surtout dans des baraques ou des échoppes élevées à la va - vite dans les rues de la ville indigène.

En définitive, le commerce de détail est monopolisé par les commerçants africains, souvent autochtones. Affaiblis d'abord au début du siècle par les maisons commerciales européennes puis par les Libanais qui investirent la traite arachidière, les commerçants nationaux, marginalisés après la grande dépression des années trente, ne jouèrent qu'un rôle décoratif dans le champ économique et occupèrent la sous-traitance. Si certains commerçants nationaux à l'image de Amadou Assane Ndoye et Wagane Diouf réussirent à émerger du lot, nul doute qu'il s'agit là d'une exception qui confirme la règle.

4 - Les marchés et leur organisation

Les marchés constituent un maillon essentiel dans la chaîne de distribution des denrées. En effet, ces centres commerciaux dynamiques sont des pôles et points d'appui des circuits commerciaux destinés au ravitaillement en produits divers et variés. Toutefois, il y a marché et marché. Aussi, faudrait-il distinguer les marchés urbains des marchés ruraux périodiques.

a- Les marchés ruraux, réseaux supplétifs à l'approvisionnement de la ville

Véritables places marchandes, centres de la vie marchande, les marchés ruraux périodiques constituent des relais actifs entre la campagne et la ville, particulièrement Dakar. Les marchés ruraux périodiques, distincts des marchés quotidiens, se perdent, par leurs origines, dans la nuit des temps. Au XVe siècle déjà, Ca da Mosto confirmait un « marché et foyre » qu'il a visité, tenu chaque lundi et vendredi où convergent « hommes et femmes de tout le contours de cinq et six milles loin, dans le pais de budomel, au royaume de Sénégal »[180]. Valentim Fernandès mentionnait, un siècle plus tard, l'existence de marchés très actifs essaimés à travers l'ouest africain, notamment le Soudan et le Sahel[181]. Les indications se précisent davantage dans la deuxième moitié du XVIIe siècle avec le Néerlandais Olfried Dapper. Vers 1668, celui-ci mentionnait trois marchés périodiques tenus à Geroep dans le Sine (Diouroup ?), Kamino, à une lieue de Refisko (Bargny ?) et Lamesil (Diamesil ? NDiamsine ?), non loin de Lambaye, ancienne capitale du Baol[182].

Dans ces conditions, le Sénégal a vu émerger des marchés ruraux périodiques et un actif commerce interrégional pendant la période précoloniale. L'émergence du commerce atlantique à la suite des grands progrès maritimes et la conjonction entre le commerce dioula et les comptoirs fortifiés de commerce européens de la côte sonnèrent le glas du commerce transsaharien. Dans une telle perspective, la présence européenne va imprimer sa marque sur la géographie des marchés. Ceux-ci vont occuper les abords du littoral Sénégal tout en renforçant le sens ouest - est des échanges.

La création des marchés périodiques durant la période coloniale était liée à la poussée urbaine, à la monétarisation de l'économie et au déficit vivrier

---

180Alvise de Cad Mosto, *Relation des voyages de la côte d'Afrique (1506-1507)*, publication du Comité d'Etudes Historiques et scientifiques de l'AOF, Série A, No 6, 1938

181 V. Fernandès, *Description de la côte d'Afrique de Ceute au Sénégal (1506-157)*, publication du CEHS de l'AOF. Série A No 6 1938

182 Thilmans G, « Le Sénégal dans l'œuvre d'Olfried Dapper », *BIFAN,* Tome XXXIIL Série B, 1971, pp. 508-563, 538.

engendré par la culture arachidière. L'administration coloniale a su tirer les leçons de la pénurie issue du premier conflit mondial. En effet, pour faire face aux nécessités de son ravitaillement, Dakar devait organiser une vaste région autour de la capitale. Ce qui explique la création de marchés campagnards périodiques dans le bassin arachidier, plus précisément dans le Centre - Ouest. La création de marchés relevait d'initiatives paysannes avec l'appui de l'administration. Les plus anciens furent le « marbat » de Louga (bétail), Touba Toul et Keur Samba Kane même si d'autres vont voir le jour à partir de 1920.

Tableau 9 : Marchés périodiques[183]

Année de création	Marché	Jour de tenue	Arrondis sement	Département
1914-16	Touba-Toul	Samedi	Thiénaba	Thiès
1914-18	Keur Samba Kane	Mardi	Lambaye	Bambey
1914	Thiadiaye	Samedi	Thiadiaye	Mbour
1920	Nguèniène	Mercredi	Thiadiaye	Mbour
1920	Fissel		Fissel	Mbour
1924	Ndiaganiao		Fissel	Mbour
1924	Pout		Pout	Thiès
1924	Thilmakha	Lundi	Niakhène	Tivaouane
1924	Pékesse	Jeudi	Mérina Dakhar	Tivaouane

Comme le révèle le tableau ci-dessus, la capitale de l'AOF., dès les années 1920, était entourée par une ceinture de marchés ruraux périodiques dont le calendrier imposait une certaine continuité. Un marché se fermait, un autre s'ouvrait. Aussi, les marchands forains, en constant déplacement, passaient-ils d'un marché à l'autre. Le marché rural périodique représente le lieu et l'occasion offerte au paysan pour la vente de ses productions afin d'obtenir du numéraire. Ce qui lui permettait de faire face à l'impôt, d'acheter les produits manufacturés ou autres nécessaires pour le monde rural.

De ces marchés périodiques, s'opère un double flux des échanges. Il s'agit d'un réseau à long rayon avec au sommet les villes, notamment Dakar, fournisseur des marchés campagnards en produits manufacturés ou autres nécessaires pour le monde rural et en même temps débouché des surplus locaux destinés à la consommation des citadins (mil, niébés, bétail, volaille,

[183] R. Van Chi Bonnardel, Vie de relations au Sénégal. La circulation des biens, Mémoire de l'IFAN, Dakar, p.741.

œufs, manioc, patate,..). Nombre de commerçants dakarois venaient plus pour acheter que pour vendre. En vérité, ces marchés offraient des avantages indéniables en ce qu'ils permettaient une possibilité d'achat aux sources même de la production. Il s'agissait d'un échange immédiat, transparent, sans intermédiaire, mettant ainsi l'acheteur à l'abri des tromperies avec, comme corollaire, les bas prix pratiqués.

Un autre aspect de ces marchés était lié à leur fonction sociale. Lieux de diffusion des nouvelles, les marchés périodiques constituaient des fêtes où des régions entières s'y donnaient rendez-vous. Ici, tout y jouait : le prédicateur vantant les exploits et les miracles des grands marabouts ou invitant les fidèles à un retour à Dieu ; le guérisseur entouré de curieux démontrant ses talents et les pouvoirs de ses gris - gris et talismans ; le charmeur de serpents exposant ses « compagnons » (les serpents) domptés, ses prouesses et pouvoirs.

Que dire de l'attraction et de l'animation du marché où le campagnard pouvait y manger des plats de riz cuisinés, des boulettes de poisson, le paysan venant au marché afin d'obtenir du numéraire; le revendeur dégourdi, allant au-devant du monde rural ; les marchands forains décampant une fois la fête finie pour se réinstaller le lendemain dans un autre marché périodique.

En définitive, que les marchés, en Afrique, soient au milieu des relations sociales, la sagesse populaire l'attesterait aisément : « Tout peut se vendre, s'acheter ou s'obtenir au marché sauf l'honneur, la dignité et le courage», « Les vérités et les confidences ne s'exposent pas à la place du marché » (en wolof : « ku dee ca jaba, yaa taage sa bopp », littéralement : « Quiconque meurt au marché peut se passer d'avis de décès »).

Figure 6 : Prédicateur au marché de Touba-Toul.

Source : R. Van Chi Bonnardel, *Vie de relations au Sénégal. La circulation des biens*, Mémoire de l'IFAN, Dakar, 1978.

De ce point de vue, le marché de Touba-Toul constituait un exemple parmi tant d'autres. Situé à un carrefour de pistes, ce marché hebdomadaire, tenu chaque samedi, polarisait de multiples villages et voyait l'afflux des paysans dans un rayon de 10 à 20 km, voire plus. Centre d'échanges important, le marché forain de Touba - Toul s'appuyait sur un réseau de centres urbains comme Khombole, Thiès et Tivaouane. Les produits locaux collectés étaient acheminés vers les escales comme Khombole avant d'être évacués par route ou par chemin de fer vers Dakar.

Figure 7 : Vendeuses de produits alimentaires au marché de Touba-Toul.

Source : R. Van Chi Bonnardel, *Vie de relations au Sénégal. La circulation des biens,* Mémoire de l'IFAN, Dakar, 1978

Au total, les marchés ruraux sont le fruit de l'éclatement des économies locales fermées. Dès lors, ils annoncent la mise sur pied d'un marché régional intégré à des espaces plus grands et plus ouverts. Par un mouvement à double sens, ces marchés restaient liés à la capitale fédérale : Dakar livrait des produits manufacturés et recevait en retour les denrées locales, agricoles et animales. Si la capitale de l'A.O.F. pouvait espérer bien vivre, c'est que le réseau de marchés hebdomadaires lui permettait de se ravitailler en vivres, céréales et viandes de boucherie.

b- Les marchés dakarois

Centre de production, de consommation et de densification humaine, la ville appelle nécessairement des marchés. En réalité, villes et marchés vont toujours ensemble : pas de ville sans marché même s'il peut exister des marchés sans ville. C'est dire que la ville est liée au marché comme « l'escargot à sa coquille ». Ainsi, les conditions économiques et politiques d'organisation de la production et des échanges déterminent l'existence de toute ville. En fait, le ravitaillement quotidien au marché est un passage obligé dans l'alimentation des citadins. Centres commerciaux, les marchés constituent le dernier maillon dans la chaîne de distribution des denrées périssables comme le poisson, les légumes, la viande, les produits divers et variés.

La naissance des marchés dakarois est à mettre à l'actif d'une urbanisation de plus en plus poussée liée à l'accroissement de la population, la diversification des activités, la division du travail sans pour autant oublier l'implantation des services administratifs coloniaux et des troupes militaires. A Dakar, le dualisme des régimes alimentaires est perceptible même au niveau des marchés dont certains comme Sandaga étaient fréquentés par les Africains alors que Kermel restait réservé à la population européenne. Sandaga et Kermel représentaient les plus anciens grands marchés dakarois. Le premier, dont la construction remonte à partir de 1910, a été ouvert aux consommateurs quelques années plus tard.

Figure 8 : Le jour de l'inauguration du marché Sandaga

Source : ANS 4Fi 948

Le marché Kermel se distingue par son caractère sélectif de la clientèle composée d'Européens et d'une minorité africaine privilégiée. Les produits vendus vont des produits alimentaires importés monopolisés par les Européens (fruits, légumes, viande, produits laitiers et huiliers) aux produits locaux (poissons, légumes,...) débités par des détaillants indigènes des deux sexes. Marché mieux équipé et dont la création fut liée à une forte présence européenne à Dakar, Kermel se singularisait des autres marchés comme Sandaga par la place accordée à la vente des fleurs.

Figure 9 : Photo du marché Kermel de Dakar en 1942.

Source : Ed. M Viale ANS 4 Fi 396

Le marché Sandaga, situé à un carrefour occupant un vaste espace triangulaire, constituait le lieu d'approvisionnement de la population africaine grâce à la présence des produits vivriers de l'hinterland sénégalais (poisson, denrées de consommation courante,...). Le marché Sandaga approvisionnait, en partie, les petits marchés dispersés dans la ville, notamment la Médina.

Figure 10 : Un marché de Dakar au début du XXe siècle.

Source : ANS 4 Fi 535

A ces marchés officiels bien structurés, s'ajoutent des marchés de quartier dans la Médina où, quotidiennement étaient proposés des produits alimentaires locaux (mil, légumes, œufs, lait,...). Enfin, mentionnons ces micros marchés, souvent irréguliers, « flottants » dont les activités se limitaient à des heures fixes, le matin ou l'après-midi. Ici, les produits, exposés à des étaux « à la sauvette » offraient des produits variés allant des légumes aux poissons, en passant par les abats clandestins de moutons, chèvres (viandes) et à quelques céréales. L'approvisionnement des marchés est assuré en partie par les paysans des environs, des jardiniers apportant légumes, mil, œufs, volailles,... Il s'agit d'un ravitaillement à court rayon assuré par le premier espace proche de la ville.

Les marchands revendeurs allaient au-devant des paysans producteurs pour leur acheter leurs produits avant qu'ils ne parviennent en ville. Dès l'aube, ces marchands se dirigeaient vers les principales routes et pistes, notamment les entrées de la ville (Thiaroye, Yeumbeul). Ils anticipaient sur les marchés en allant à la rencontre des producteurs des banlieues suburbaines pour se procurer différentes denrées à bas prix pour les revendre au niveau des marchés à des prix beaucoup plus élevés.

Les femmes jouaient un rôle fondamental dans les marchés grâce aux activités et services multiples qu'elles proposaient : vente, restauration, aide à la vente. Ainsi, la vente au détail du poisson était sous le monopole exclusif des femmes lébou.

Figure 11 : Photo du marché aux poissons de Dakar1908-1910.

Source : ANS 4 Fi 435

D'autres femmes pouvaient offrir leurs services aux vendeuses en écaillant, en vidant et en découpant les poissons en morceaux. Dans ces conditions, les marchés constituent un moyen de travail et de survie pour les femmes.

Les marchés se caractérisent par leur animation et leur attrait social. De sept à huit heures, les marchands et les vendeuses se mettaient en place non sans verser auparavant un peu d'eau sur le sol, à l'emplacement des étaux afin de présager de bonnes affaires dans la journée. Ensuite, succédaient la préparation des places, tables et étaux. Vers dix heures, c'était l'affluence des femmes, paniers ou calebasses sur la tête. A pareille heure, toutes les rues mènent au marché. L'animation devint bruyante entre dix et onze heures, avec des va-et-vient, des bavardages et des marchandages devant les tables ou étaux. A partir de onze heures, s'opérait le retour des femmes, calebasses sur la tête.

Figure 12 : Dakar, retour du marché (1907).

Source : ANS 4 Fi 119

L'après-midi se distinguait par un ralentissement de l'animation et la baisse des prix de beaucoup de denrées périssables (légumes, poissons,..) souvent bradées.

II- LA GÉOGRAPHIE DES APPROVISIONNEMENTS DE LA VILLE

« Toute ville importante exige une zone de ravitaillement à ses propres dimensions »
F. Braudel, *Civilisation matérielle, économie, capitalisme.*

Pour faire face aux nécessités de son ravitaillement, Dakar, même portée sur les épaules de l'hinterland sénégalais, devait étendre son aire d'approvisionnement au-delà du cadre sénégalais. Dans ces conditions, la carte de localisation du ravitaillement laisse apparaître une extension allant du continent africain jusqu'en Europe, en Asie et accessoirement au continent américain. L'élargissement de l'aire d'approvisionnement des marchés dakarois fut facilité par l'existence d'un port dynamique, les transports fluvial et maritime auxquels devait s'ajouter la mise en place de réseaux routier et ferroviaire permettant de transporter, sur de longues distances, de marchandises volumineuses telles les céréales.

A- Les sources du ravitaillement dakarois

Le ravitaillement en denrées alimentaires de la ville était assuré par deux sources: d'une part les importations et d'autre part le disponible constitué par la production locale.

1- Le disponible : la production locale

a- La production agricole : maraîchage et céréales

Dakar fut confrontée très tôt au problème d'approvisionnement en légumes. En réalité, bien avant l'installation française à Dakar, les habitants de la cité insulaire de Gorée se sont attelés à développer la production légumière locale afin de résoudre leur problème de ravitaillement en produits maraîchers. La production maraîchère et légumière a conquis une place de premier choix dans la consommation de la ville. Cela résulte de plusieurs facteurs. Ainsi, au climat favorable à la culture maraîchère dont bénéficie la presqu'île du Cap-Vert de novembre à juin, s'ajoutent, outre une longue tradition agricole, l'existence de plusieurs marigots et rivières dont les bords se distinguent par leurs terres riches en matières organiques.

Témoin, ce que rapporta Abbé Boilat, lorsque dans les années quarante du XIXe siècle, il débarqua à Dakar : « Le terrain des Mamelles et presque tout celui de la presqu'île paraissent reposer sur des laves argileuses et en décomposition. Il est fertile et forme les champs de ta population. Près de

Dakar, ajoute-t-il, le terrain est arrosé par un grand nombre de ruisseaux ; pendant la saison des pluies, la végétation y est prodigieuse. Outre les mils de toute espèce, les légumes d'Europe y viennent parfaitement »[184]. A ces atouts, s'ajoute l'accroissement de la population, notamment européenne qui a stimulé la demande en produits maraîchers frais. Dans ces conditions, la production légumière a suivi ce rapide galop démographique, favorisée en cela par des conditions naturelles favorables, notamment dans la zone des Niayes du fait de la proximité de la nappe phréatique.

S'agissant de la culture maraîchère, le calendrier agricole coïncide avec la saison sèche, de décembre à mai. Ainsi, la culture maraîchère débute en décembre par le défrichement des bordures des dépressions inondées pendant l'hivernage. Plusieurs détails nous sont connus sur le ravitaillement en légumes de Dakar. A l'approvisionnement abondant de la saison sèche succède une pénurie à partir de juin jusqu'en novembre, période durant laquelle « la population de la banlieue toute entière est aux travaux agricoles qui l'absorbent complètement pendant la mauvaise saison »[185]. Dès lors, à cause des récoltes qui s'épuisent dès juin, l'abondance fait place à une période de pénurie où les légumes sont rares en raison des cultures d'hivernage vers lesquelles s'orientent les producteurs. De là, résultent les hausses observées pendant chaque hivernage au niveau des marchés dakarois. La commercialisation de la culture des légumes connut un coup de fouet suite à la pénurie qui frappa Dakar lors du premier conflit mondial.

L'approvisionnement en vivres frais, notamment en légumes, vient pour l'essentiel de la banlieue dakaroise; il s'effectue sur place, en économie fermée et à faible distance. Toute ville a besoin, dans sa banlieue, d'un ensemble de villages à sa disposition. Dakar ne déroge pas à la règle car la ville a conservé de fortes activités rurales. Aussi, dispose- t- elle tout autour et des fois à l'intérieur d'une ceinture de jardins, de vergers, voire des champs mis en valeur par des laboureurs maraîchers. Dès lors, Dakar puisait une partie de ses nourritures à ses portes mêmes.

En effet, l'idéal serait, pour toute ville préoccupée par une sécurité alimentaire, de se ravitailler à ses proximités. Cela résulte du besoin éprouvé par chaque ville de disposer d'une campagne ou d'un arrière-pays qui constitue un grenier à portée de main. L'avantage d'un ravitaillement à court rayon (cercle de 25 km) réside dans le fait qu'il permet d'exempter les transports onéreux et le recours aléatoire à l'étranger.

Donner un coup de pouce à la production maraîchère locale pouvait assurer le ravitaillement correct de la ville. Les autorités locales l'ont vite compris en déployant un ensemble de mesures dans ce domaine. Tel fut le cas en mars 1911 quand, sous le patronage du gouverneur général et du gouverneur

---

184 Boilat A.D, op cit, p.42.
185 ANS, 2 G 10/6.

du Sénégal, un concours agricole fut organisé par la municipalité de Dakar afin de récompenser les meilleurs maraîchers. Cette exposition devait permettre « de voir dans quelle mesure Dakar peut être approvisionné par sa banlieue et la qualité des ressources qu'elle peut en tirer en légumes, fruits, volaille, viande de boucherie, œufs et lait »[186].

Les expositions sont complétées par la recherche et l'essai menés par la station agricole de Hann. Service du gouvernement général rattaché à la circonscription administrative le 1er janvier 1925, la Station disposait d'un jardin qui cultive et vend au public, tout en encadrant les maraîchers par l'expérimentation et la vulgarisation de nouvelles cultures. Son programme consistait en outre à multiplier les plantes de reboisement, fruitières et ornementales, ainsi que l'intensification de la culture fruitière en vue de contribuer à l'approvisionnement du marché dakarois.

Trois fois par semaine, le grand marché de Dakar était approvisionné de centaines de kg de légumes. Ainsi, l'ensemble des légumes récoltés pendant l'année 1925 dépassait 25 000 kg dont 1100 kg d'asperge[187].Grâce au Centre Agricole de Hann, la production s'était diversifiée avec des légumes dits « européens » (salades, haricots verts, navets, choux, poireaux, choux-fleurs, poivrons, tomates, persil) et des légumes « africains » (piments, gombo, aubergines, potirons, oseille, tomates cerises,...).

La localisation de la production agricole et maraîchère laisse apparaître la prédominance de la banlieue au niveau de toutes les variétés culturales. Alors que les tomates cerises, utilisées exclusivement dans l'alimentation locale, étaient cultivées à Yoff, Ouakam et les environs de Rufisque, les niébés, appoint sérieux à l'alimentation indigène, trouvaient leur zone de prédilection dans les régions sablonneuses de Cambérène, Thiaroye et Yeumbeul.

Quant au manioc (maniot dulcis) de plus en plus consommé dans la presqu'île du Cap-Vert, il est cultivé dans les villages de Thiaroye, Cambérène, Malika, Yeumbeul, Keur Massar, Boune et la banlieue de Rufisque. Le manioc doux comprend deux variétés : le manioc rouge aux feuilles vertes et à l'écorce de la racine rougeâtre ; le manioc blanc dont les feuilles, plus larges se distinguent par une pétiole, des nervures rouges et la blancheur de l'écorce de la racine.

Alors que l'oseille de Guinée dont les feuilles étaient utilisées comme condiments se cultivait à proximité des villages, des points d'eau et même à l'intérieur des concessions, le gombo, quant à lui, trouvait son terrain de prédilection aux bordures des marigots. Les courges se cultivaient aux environs de Cambérène et Thiaroye. Alors que les patates douces cultivées dans la presqu'île comprenaient deux variétés : la variété rouge, précoce, cultivée dans

---

186 Ibidem.

187 ANS, 2 G 25/11, CDD : Rapport d'ensemble annuel, 1925

les terrains compacts des bas-fonds ; la variété blanche dans les sols plus légers des environs de Mbeubeuss, Malika et Rebeuss[188].

Pour compléter l'énumération, il suffit d'ajouter les mils constitués de plusieurs variétés. Le petit hâtif (« souna ») aux valeurs diététiques certaines se cultivait dans les régions latéritiques de Ouakam, Ngor et Yoff. Le petit « sanio » aux grains un peu plus gros semé dans les terres lourdes aux alentours de Bargny. Le gros mil ou sorgho (« basi ») trouve leurs terres de prédilection entre Bargny et Rufisque ; la mise en valeur de ces terres lourdes nécessitent beaucoup d'efforts physiques d'où l'adage wolof « basi gôora koy bey »[189]. Le maïs (zea mays) est cultivé dans la presqu'île comme plante de soudure dans les bas-fonds humides. Cette plante, qui ne fait pas l'objet d'une consommation importante, est cultivée pendant la saison sèche si bien qu'elle mûrit avant l'hivernage. Arrivé à maturité, le maïs est vendu grillé sur les marchés ou dans les rues.

Le riz (oriza sativa) trouve ses terrains de prédilection dans la zone de Thiaroye souvent inondée. Ici, le riz est semé en pépinière puis repiqué dans les marécages, en bordure de mares permanentes ou dans des mares temporaires peu profondes. La production de riz ne couvre pas la consommation compte tenu des faibles rendements et des surfaces peu importantes aménagées en rizières.

Au total, les produits maraîchers de la région de Dakar étaient suffisamment abondants pour assurer convenablement, excepté l'hivernage, l'approvisionnement des marchés de la vile et le ravitaillement des bateaux qui fréquentaient le port de Dakar. A cause de cette importante activité, « il est extrêmement rare de constater des disette dans la presqu'île du Cap-Vert»[190]. D'ailleurs, pourrait-il en être autrement dans une ville qui, comme Dakar, puisait son ravitaillement à ses portes mêmes, dans une banlieue grasse à souhait.

Toutefois, l'importance indéniable de la production maraîchère était complétée par la non moins importante activité constituée par la pêche.

b- Les bénédictions de la mer : la pêche et la consommation du poisson

L'importance alimentaire de la mer est indéniable. Cela est d'autant plus fondé pour une ville comme Dakar que ses nourritures halieutiques sont à portée de main. En réalité, la presqu'île du Cap-Vert bénéficie de conditions favorables liées d'une part à l'existence de courants maritimes, à la présence du plancton favorisant l'abondance, voire le pullulement du poisson. A cela s'ajoute la longue tradition des Lébous qui peuplent la presqu'île, réputés être

---

188 ANS, 2 G 43/52.

189 Traduction : « la culture du sorgho requiert d'importants efforts ».

190 ANS, 2 G 11/6, Sénégal : Rapport annuel d'ensemble 1911.

de grands pêcheurs[191]. La pêche est pratiquée par les populations des banlieues, notamment les villages indigènes. Les poissons se piègent aux lignes de fond à main dans les grandes profondeurs, à la senne et à l'épervier sur les hauts fonds de sable. Quant aux langoustes, elles « sont capturées à la plongée par quelques indigènes spécialisés dans ce domaine »[192].

Activité importante, la pêche, abondante, constitue la nourriture principale de la population dakaroise. Le poisson frais est fréquent au menu quotidien des Dakarois même si une bonne partie est destinée à la transformation. Les femmes lébous, qui monopolisent le commerce diffus du poisson, s'adonnent aussi à la préparation des diverses sortes de poisson séché : fermenté séché, salé séché, braisé - séché (« kecax ») et fumé - séché. Souvent, l'excédent de poisson est exposé sur le sable ou sur les claies (sortes de tapis), après avoir été préalablement fendu ou coupé en tranches et mélangé avec du sel avant d'être mis sur des saloirs ou séchoirs. Cette préparation permet aux poissons transformés de durer et de résister aux intempéries.

L'importance de la pêche fut très tôt perçue par les autorités coloniales qui, sans plus tarder, mirent sur pied une politique de promotion de cette importante activité économique. D'ailleurs, des sociétés de pêche modernes européennes furent spécialisées dans l'exploitation et le conditionnement des produits destinés à la consommation intérieure. Parmi ces sociétés, certaines, à l'image de la firme Graziani et Cie, la Société Française en Commandite Bouisset, se distinguaient par leur dynamisme[193]. En 1927, outre la création d'une usine de glace disposant d'un entrepôt frigorifique pour la conservation du poisson, l'administration dégagea un crédit de 60 000 F de primes à attribuer à la pêche[194]. Pour que l'énumération soit complète, il suffira d'ajouter les initiatives en direction de la recherche afin de stimuler les rendements de la pêche. Ainsi, en 1934 le jardin de Hann disposait de six aquariums destinés à la multiplication au laboratoire de poissons[195].

Au total, outre les transactions commerciales importantes qu'elle génère, les surplus dégagés permettant des envois de poissons frais ou séché vers l'intérieur, la pêche fournit une partie non négligeable de la nourriture de la population dakaroise largement ichtyophage. En effet, frais, fumé ou salé, le poisson est fréquent au menu quotidien des Dakarois même si les statistiques coloniales ne fournissent pas souvent de chiffres sur les mises à terre. La providence à Dakar, c'est le poisson. Ne lit-on pas dans un document

---

191 Cf Chauveau J.P, *La navigation et la pêche maritime et politique de développement de la pêche au Sénégal : représentation et pratique du dispositif de l'intervention moderniste*, Boulogne sur Mer, 1984.

192 ANS, 2 G 26/29, CDD : Affaires économiques, Pêche 1926

193 Ibidem.

194 Ibidem.

195 ANS, 2 G 34/3, CDD : Rapport annuel d'ensemble 1934.

administratif en 1915 : « il faut voir par là {la pêche), semble-t-il, la principale raison pour laquelle les disettes ne prennent jamais dans la banlieue de Dakar la forme de calamité nécessitant le secours de l'administration »[196].

c- La production industrielle : les huileries locales

La colonie du Sénégal a dérogé au pacte colonial qui excluait, au nom de l'intérêt métropolitain, toute implantation industrielle dans les colonies. En effet, il fallut attendre la fin du premier conflit mondial pour se rendre compte de la nécessité d'une industrialisation de la colonie du Sénégal. Les difficultés de communication entre la colonie et la France intervenues lors de la première guerre mondiale incitèrent les capitaux privés à s'investir dans la transformation locale des graines d'arachide.

De surcroît, l'accroissement de la colonie européenne au Sénégal et la poussée de l'urbanisation allaient favoriser avant l'heure, l'option d'une industrie de substitution aux importations[197]. Elle fut implantée pour l'essentiel à proximité du port de Dakar où l'on recensait, après 1930, des huileries, une brasserie, une fabrique d'air liquide. Il s'agissait d'industries légères de transformation et de consommation destinées à la transformation des matières premières.

Toutefois, l'initiative, pour l'essentiel, était à l'actif non des grandes sociétés huilières métropolitaines, mais plutôt des entrepreneurs expérimentés de la traite ou de certains membres influents de la Chambre de commerce de Dakar. Tel fut le cas de P, Guiyesse, membre influent de la Chambre de commerce de Dakar qui créa les Bougies de la Médina en 1931 et qui monta la Biscuiterie de Médina en 1935.

Les premières exportations d'huile d'arachide débutèrent à partir de 1923 même si la production restait contingentée. Les productions ne deviendront importantes qu'avec les nouvelles conditions créées par le second conflit mondial. Dans ces conditions, les huileries implantées dans la colonie du Sénégal et la Circonscription de Dakar et Dépendances couvraient largement les besoins de la capitale de l'AOF. La preuve nous est fournie par ce tableau faisant état des productions d'arachide en marche normale en 1938.

196 ANS, 2 G 15/28.

197 Cf, Thioub I, op cit,

Tableau 10 : Productions d'arachide en 1938

Huile d'arachide		**Raffineries**	
Unités industrielles	**Quantité (T)**	**Unités industrielles**	**Quantité (T)**
Petersen Dakar	9 000	Petersen	9 000
HSOA Dakar	2 500	SEIC Ziguinchor	1 000
SHROA Dakar	2 500	Huileries Cayor	2 000
Huileries Cayor Louga	1 800	Société Sénégalaise Dakar	8 000
SEIB Diourbel	1 500		
SEIC Ziguinchor	2 700		

Source : ANS FDDD Dossier 8 : Ravitaillement

En marche normale, les huileries pouvaient fournir 20 000 t d'huile d'arachide dont 11 500 t pour celles installées à Dakar, soit 57 %. Quant aux raffineries, leur production était de 20 000 t en marche normale. Mais en « marche forcée », les huileries pouvaient augmenter leur production de 15 %, soit 23 000 t pour les huileries, production pouvant couvrir largement les besoins de la ville estimés à 15 000 t en 1938.

Au 9 mai 1939, les productions prévues cette année étaient évaluées à 15 000 t d'huile d'arachide dont les 9 000 t furent traitées par V.Q Petersen et 2 500 t par les HSOA[198]. Cette année, les productions furent sensiblement augmentées en prévision des difficultés d'approvisionnement que ne pourrait manquer d'occasionner l'éclatement d'une conflagration internationale. Dans ces conditions, les capacités de production des huileries implantées dans la colonie du Sénégal et à Dakar couvraient largement les besoins de la ville.

d- Un approvisionnement « naturel » : les circuits informels, moyen de combler la pénurie

Des quantités supplétives de céréales circulent uniquement par des réseaux et circuits informels. Il s'agit d'un approvisionnement naturel, informel, fondé sur des liens de parenté, de solidarité et sur des prestations réciproques. Faute de statistiques précises sur ces quantités supplétives de vivres, on peut se livrer à des conjonctures ; mais il semble bien que ces quantités constituent un apport pas du tout négligeable dans la consommation des indigènes qui traverseraient difficilement certaines périodes de pénuries sans cet appoint vivrier venu des campagnes.

En effet, les immigrés nouvellement installés à Dakar maintenaient les liens de solidarité avec leurs parents restés au village. Souvent, ils disposaient

198 ANS, FDDD, Dossier 8 : Ravitaillement

d'un champ de mil ou niébé au niveau de leur village d'origine entretenu par un frère, un neveu, un cousin ou même une de ses femmes fixées au village. Ce champ pouvait être mis en valeur par la communauté villageoise moyennant la préparation du déjeuner. Après les récoltes, le nouvel immigré recevait une partie acheminée en ville par un membre de la famille.

D'autre part, en cas de presse comme la période hivernale marquée souvent par une soudure et une forte tension au niveau des prix, les immigrés ou des citadins, à défaut de se déplacer, envoyaient des « émissaires » au niveau des villages où les greniers de certains parents pouvaient être assez pourvus. En venant au village, ils amenaient des cadeaux, pains, bonbons, biscuits, objets divers et à l'occasion quelques habits. En retour, ils apportaient des produits vivriers comme les céréales (mil), des arachides, de la volaille. Il s'y ajoute que les demeures des immigrés constituent les points de chute des parents villageois venus régler des affaires à Dakar où se concentrait l'essentiel des infrastructures et des services. Ces parents venaient rarement les mains vides ; ils amenaient lors de leurs visites des produits divers de leur terroir : mil, arachide, niébés, volaille. Ces systèmes économiques naturels fonctionnaient grâce aux circuits traditionnels. Les solidarités lignagères villageoises transférées en ville constituaient des apports non négligeables même si elles échappaient aux statistiques officielles.

2- Le poids de l'hinterland sénégalais dans l'approvisionnement de la ville

L'hinterland sénégalais est relié à la capitale de l'AOF par un mouvement à double sens : l'approvisionnement en produits manufacturés vers l'hinterland sénégalais d'une part et la fourniture de denrées locales agricoles et d'animaux sur pied en direction de Dakar. Dès lors la ville constituait un point de convergence, autrement dit, un débouché des productions de l'hinterland sénégalais destinées à la consommation des citadins. En fait, Dakar jouissait de privilèges évidents. Dakar est Dakar : une ville privilégiée qui disposait de sources de ravitaillement multiples qui étaient à court et long rayon. Dans ces conditions, la ville s'adressait, en cas de presse, aux greniers de l'hinterland sénégalais dont certains, comme le Saloum ou la Casamance étaient gras à souhait. Ainsi, presque tout l'hinterland sénégalais était touché par les tentacules de la pieuvre urbaine dakaroise. Cet espace, stimulé par la forte demande dakaroise tendait à se spécialiser dans des secteurs productifs particuliers.

Le rôle essentiel de ravitailleur, la Casamance l'a assurée depuis longtemps. Aussi, monopolisait-elle dès le XIXe siècle l'approvisionnement des villes sénégalaises en riz local. Déjà, au début de la deuxième moitié du XIXe siècle, Saint-Louis, aux dires de Brou[199], dépendait exclusivement de la Casamance pour son ravitaillement en riz. Le rôle important de la Casamance

199 ANSOM, Sénégal 115b : Mémoire de Brou à Saint Germain, son successeur.

dans le ravitaillement de Gorée était semblable car dès 1831, le Gouverneur Brou jeta son dévolu sur cette région considérée « comme un des greniers de Gorée »[200]. D'ailleurs, entre autres prérogatives assignées au fort de Sédhiou, figurait la possibilité de ravitailler la colonie, Gorée en particulier, à partir de la Casamance qui devait « devenir pour le Sénégal un grenier dans lequel il pourrait s'approvisionner à moindre frais... et s'affranchir ainsi de l'espèce de monopole de la Gambie »[201]. Grenier d'abondance à première vue, la Casamance livrait du riz, de l'huile de palme et à l'occasion du mil. La collecte des produits était assurée par des « marigotiers » parcourant les rivières avec leurs embarcations et agissant pour le compte des traitants. L'installation des maisons de commerce facilita l'acheminement de la collecte vers Ziguinchor et, de là, les produits regagnaient Dakar par l'océan avant l'introduction du camion.

La fonction de ravitailleur, le Fouta l'a joué depuis longtemps. Il fut le grenier de Saint-Louis dès le XIXe siècle. A l'époque, Mollien décrivait le Fouta comme un grand pays prospère et agricole[202]. Le lieutenant-colonel Caille ne dit pas autre chose lorsqu'il affirme : « on peut dire du Fouta qu'il est le grenier d'abondance et de réserve du Sénégal qui en retire tout le mil nécessaire à sa population et des escales du bas du fleuve »[203]. Le gouverneur Bouet-Willaumetz abondait dans le même sens. Dans son ouvrage[204], il insistait sur le rôle joué par le Fouta dans l'approvisionnement de Saint-Louis et des villes - escales. Ce que réaffirme d'ailleurs, trois ans plus tard, la Commission des Comptoirs et du commerce des côtes d'Afrique[205]. Les produits provenant du Fouta empruntaient de longs trajets avant de parvenir aux marchés dakarois. Il s'agissait du mil qui pouvait s'expédier de Matam ou de Fodor. En effet, grâce au fleuve Sénégal et les opportunités offertes par la crue, le Fouta pouvait disposer, sauf accident fâcheux, de surplus destinés aux villes. Collectés par les traitants et les maisons de commerce, les produits étaient rassemblés au niveau des escales avant d'être acheminés vers Saint-Louis.

La viande provenait aussi, en partie, du Fouta, fournisseur potentiel d'animaux sur pied aux foirails de Dakar. La mise en service de la voie ferrée en 1885 renforça le poids du Fouta dans le ravitaillement de la ville. Bientôt, le nouveau chemin de fer draina les produits du Fouta et une partie considérable

200 Ibidem.

201 ANSOM, Sénégal IV 25b : Rapport du lieutenant de vaisseau Penaud, 2août 1837.

202 Voir Mollien, Voyage dans l'intérieur de l'Afrique, Paris, 1830.

203 Lieutenant-colonel Caille « Notes sur les peuples de la Mauritanie et de Nigritie riverains du Sénégal », *Revue Coloniale,* septembre 1846, pp. 1-10

204 Bouët-Willaumetz, Commerce et traite des Noirs aux côtes occidentales d'Afrique, Paris, 1848, p. 4.

205 Ibidem.

du trafic fluvial de descente provenant des régions du Haut-Sénégal à cause de la barre qui rendait difficile l'accès au port de Saint-Louis.

La région de Bakel n'était pas en reste. Le pays de Galam, réputé pour ses terres fertiles, fut un grand fournisseur de mil au XIXe siècle. Le mil, rassemblé à Bakel, était ensuite expédié en direction de Saint-Louis par le fleuve. De Saint-Louis, une partie du mil était acheminée vers Dakar.

Quant au Saloum, il continuait d'occuper sa place de « grenier d'abondance » du Sénégal confirmée dès le XIXe siècle par le lieutenant de Vaisseau Mage. Aussi, le Saloum était-il très engagé dans le ravitaillement de Dakar. Le mil s'importait en grande partie du Saloum. Le mil était expédié à partir des ports de Kaolack, Lyndiane et Foundiougne. Acheminé par des bêtes de charge jusqu'à ces ports, le mil empruntait le long du fleuve Saloum et par voie de mer après la pointe de Sangomar[206]. Plus tard, les moyens de transport se diversifièrent avec la modernisation des infrastructures, notamment le chemin de fer et, à partir des années vingt la multiplication des pistes carrossables grâce à l'introduction du camion. A partir des années trente, l'approvisionnement s'effectuait par l'intermédiaire de la Société de Prévoyance du Sine Saloum basée à Kaolack. En septembre 1943, au fond de la pénurie, le Bureau Économique passa une commande de 50 t de manioc à acheter à Toubacouta par le biais de la Société de Prévoyance du Sine Saloum[207].

Pour la viande, la grande région pourvoyeuse restait sans conteste le Ferlo et notamment le « marbat » de Louga. En effet, la consommation de viande suppose au préalable des ravitaillements réguliers à partir des zones d'élevage. En 1920, par route de terre et chemin de fer, le commerce du gros bétail en provenance de Louga en direction des abattoirs dakarois était de 622 bovidés et environ 1000 moutons[208].

La mise en service du Dakar - Saint-Louis en 1885 et plus tard l'inauguration de la section Thiès - Kayes renforcèrent le poids de l'hinterland sénégalais dans le ravitaillement de la ville. Bientôt, le chemin de fer draina les produits du Cayor, du Baol, du Saloum, de Tamba et du Haut - Sénégal en direction de Dakar, devenue point de convergence d'une bonne partie des productions de l'hinterland sénégalais.

Au bilan, l'horizon des marchés dakarois s'étendait à l'ensemble de l'hinterland sénégalais. Toutefois, le volume des denrées parvenant aux marchands dakarois augmentait d'Est en Ouest car l'essentiel de l'approvisionnement était drainé dans un rayon d'environ 150 km (Mbour, Sine, Saloum, Niayes,..). En définitive, l'hinterland sénégalais constituait une vaste réserve qui expédiait vers Dakar des quantités de vivres énormes. Dakar

---

206 ANS, 2 G2/16.

207 ANS, FDDD, Dossier 555 : Ravitaillement. Lettre No 2128 CCD/BE du 6 septembre 1943.

208 ANS, 2 G20/1.

pouvait dès lors compter sur ces produits sans quoi sa vie serait sérieusement compromise. D'ailleurs, comment en irait-il autrement, pour une ville portée sur les épaules de l'hinterland sénégalais.

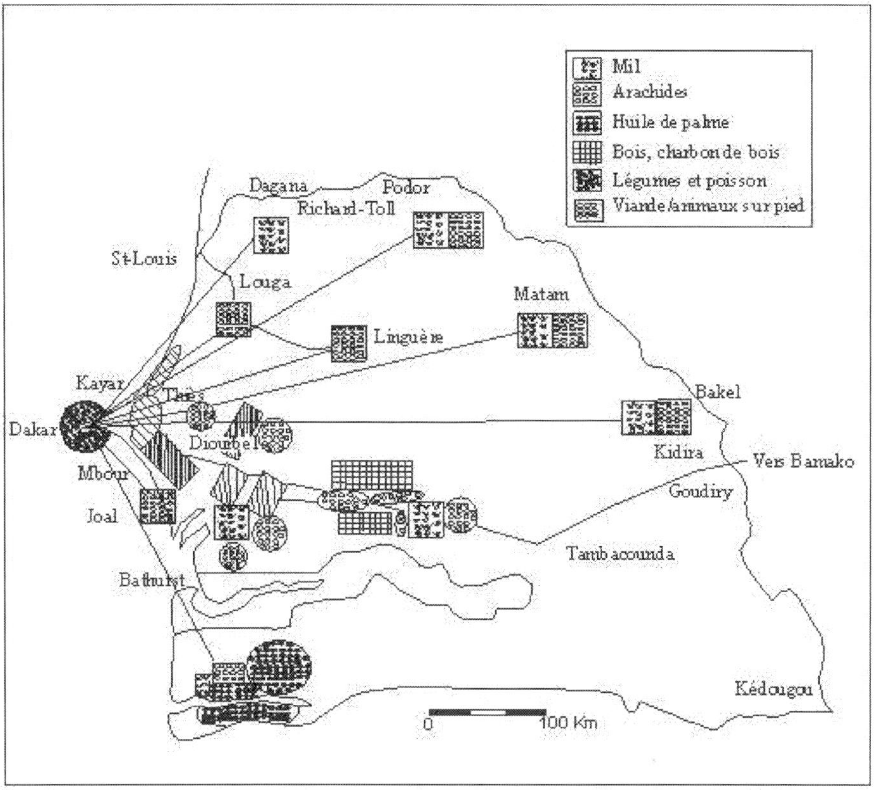

Carte 2. L'approvisionnement de Dakar par l'hinterland Sénégalais.

3- Le ravitaillement de Dakar par le continent africain

Le continent africain contribuait sensiblement au ravitaillement de la ville. En effet, Dakar mangeait pour une grande part les produits et denrées qui lui venaient de l'AOF, de l'Afrique du Nord française, en l'occurrence l'Algérie, le Maroc et la Tunisie. Que la ville craigne la pénurie, elle se tourne vers les colonies voisines. En réalité, il a toujours existé un courant d'échanges intercolonial privilégié entre les colonies. Dans ce commerce international, le Soudan venait en tête car il était en direction de Dakar un fournisseur potentiel de bétail et de mil à l'occasion. En cas de presse, il devenait un fournisseur intéressant de produits laitiers (lait frais et beurre) comme en janvier 1941 quand il ravitailla Dakar en beurre pour une quantité de 8 t[209].

Le Soudan était aussi un grand expéditeur de riz. Ainsi, en 1912, le riz du Niger, en l'occurrence la rizerie de Mopti fut considérée comme le grenier de l'AOF[210]. Devant la raréfaction du riz de l'Inde qui n'arrivait plus, les commerçants européens se tournèrent vers le Soudan, notamment autour de la boucle du Niger, zone habitée par des individus réputés être de grands riziculteurs (rimaibe). Le principal grenier était constitué par la zone d'inondation située entre Diafarabé et Tombouctou sur une longueur de 50 à 100 km. Grâce à ses potentialités, le Soudan pourrait assurer l'approvisionnement des « côtes de Guinée et du Sénégal, où sa consommation est assurée pour plus de 30 000 t qui, jusqu'à maintenant, viennent d'Asie »[211]. L'achèvement des travaux du tronçon Thiès - Kayes devait élargir l'horizon dakarois tout en permettant le transport rapide des marchandises du Soudan vers Dakar.

La Guinée, la Côte d' Ivoire et la Mauritanie alimentaient ces échanges intercoloniaux. Les produits guinéens exportés étaient dirigés en presque totalité sur le Sénégal. Aussi, la Guinée a-t-elle livré en 1927, 255 t de colas, 242 t de bananes, 153 t d'ananas et d'autres fruits, 93 t de piment, 54 t de mil, 43 t d'huile de palme et 30 t de riz[212]. La Mauritanie s'était spécialisée dans la livraison de sel et de viande de boucherie. Avec la mobilisation économique et l'insécurité des océans qui s'en suivit, les autorités se recroquevillèrent dans l'espace colonial. Dans un de ses plans de ravitaillement élaboré le 2 septembre 1936 par la section préparatoire de la Défense nationale, la Guinée devait livrer un contingent de riz d'une quantité de 15 000 t à la Circonscription de Dakar et Dépendances à partir du premier jour de la mobilisation[213]. La Côte d'Ivoire n'était pas en reste. D'ailleurs, les envois en 1927 s'élevaient à 2540 t de colas et 30 t de café, 91 t d'huile de palme et 18 t de piment[214]. A partir de 1939, la Côte d'Ivoire devint le principal fournisseur de fruits après la cessation des livraisons de l'Amérique du Sud.

A l'occasion, la Gambie anglaise, favorisée par sa proximité, pouvait être un expéditeur non négligeable. En 1912, elle a fourni du riz pour une valeur de 13 942 F et du sucre équivalant à 3 389 F[215]. En cas d'urgence, la Guinée Bissau pouvait devenir un fournisseur potentiel. Tel fut le cas en février 1940 où une

---

209 ANS, FDDD, Dossier 555 : Ravitaillement. Lettre No 2128 CCD/BE du 6 septembre 1943.

210 *L'AOF* No 180 du samedi 13 janvier 1912.

211 Ibidem.

212 ANS, 2 G 27/1.

213 ANS, FDDD, Dossier 8 : Ravitaillement.

214 ANS, 2 G 27/1.

215 ANS, 2G 12/8.

correspondance de l'Administrateur de la Circonscription de Dakar et Dépendances adressée au Président de la Chambre de Commerce de Dakar[216] nous apprit que l'agent consulaire Français à Bissau confirmait que la Guinée Bissau était disposée à fournir à Dakar 250 t de riz entier à 2 363,5 F la tonne, soit 590 875F à partir du 1er mars 1940.

L'Afrique du Nord constituait une région pourvoyeuse. Si l'Algérie se distinguait par ses envois de vins, pâtes alimentaires, semoules et tabacs, le Maroc, quant à lui, se spécialisait dans la livraison de farine, maïs, légumes, sucre, pomme de terre et conserves de viande. En novembre 1940, le Maroc a livré 500 t de farine à Dakar[217]. Alors que Madagascar pouvait être sollicité accessoirement pour un complément, l'Afrique du Sud, à partir de 1930, était devenue un fournisseur potentielle de légumes et de fruits.

Les apports du continent africain, aussi importants soient-ils, restaient insuffisants face à une demande sans cesse croissante. Dès lors, Dakar, pour compléter ses besoins, devait se tourner vers les autres continents.

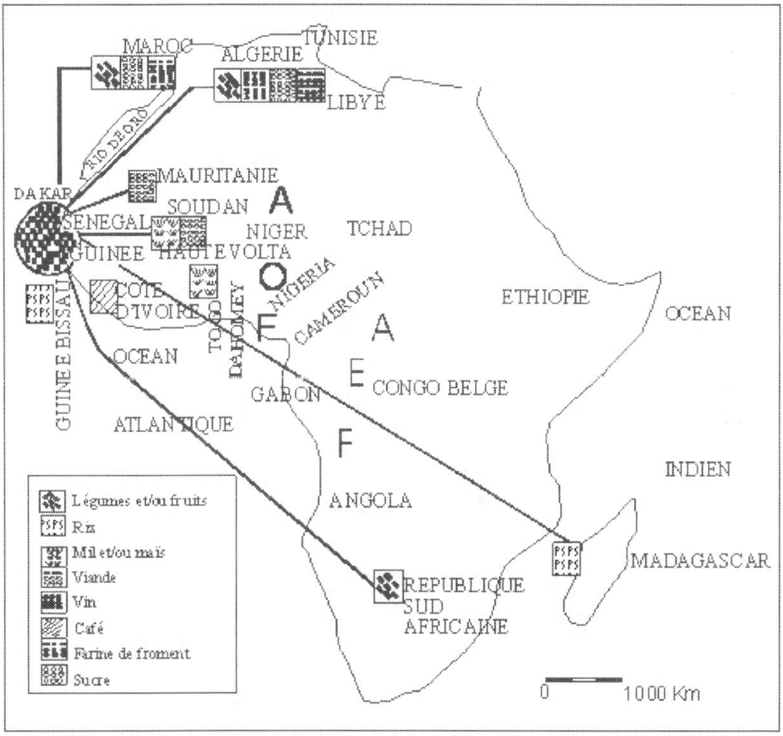

Carte 3 L'approvisionnement de Dakar par le continent africain

216 ANS, FDDD, Dossier 555 : Ravitaillement.

217 ANS, FDDD, Dossier 555 : Ravitaillement.

4- L'approvisionnement de la ville en dehors du continent africain

La géographie du ravitaillement dakarois laissait apparaître un approvisionnement à long rayon qui englobait les continents africain, européen et asiatique. L'extension considérable de l'aire d'approvisionnement de la ville est due à une forte demande liée à une population en croissance rapide, sans parler des progrès qui marquèrent les transports ferroviaires, routiers et maritimes. Toutefois, les provenances, aussi diversifiées soient-elles, laissaient apparaître une certaine hiérarchie au niveau des fournisseurs comme l'atteste du reste le tableau suivant :

Tableau 11 : Provenances étrangères des importations sénégalaises valeurs (francs)

Années				Totaux
	De France	Des colonies françaises	Des pays étrangers	
1900	22 399 883	2 935 821	10 227 581	35 563 825
1901	31 819 032	3 824 914	16 901 637	52 545 583
1902	21 450 999	2 221 369	12 197 642	35 870 037
1911	38 334 135	1 927 870	34 481 553	74 743 558
1912	33 731 071	1 003 250	33 125 686	67 859 907
1914	42 225 015	818 920	37 024 718	80 068 600
1915	33 131 881	729 297	37 403 042	71 264 220
1916	43 000 281	1 437 687	72 327 861	116 756 829
1924	118 124 093	2 113 281	163 773 828	245 651 854
1925	220 268 178	5 344 940	183 812 564	409 425 682
1931	152 306 168	16 891 408	172 309 451	341 507 027
1932	119 654 056	13 141 297	191 923 110	324 718 463

Le tableau ci-dessus, qui expose les provenances étrangères des importations sénégalaises, nous renseigne sur la hiérarchie des partenaires. La France venait en tête, suivie de l'Angleterre et de l'Allemagne avant la première guerre mondiale. En vertu du pacte colonial, la métropole conservait une place prépondérante dans le commerce extérieur même si le premier conflit mondial devait entraîner la rupture de l'exclusif colonial suite à une diversification des sources d'approvisionnement imposée par la nouvelle conjoncture internationale. Un coup d'œil sur le tableau indique que le chiffre global des importations de la métropole s'élevait en 1902 à 21 450 999 F dont 18 233 558 F pour les produits français et 3 217 441 F pour les produits étrangers venant des entrepôts de France. La métropole avait ainsi fourni au Sénégal 3/5 des importations en 1902. La proportion était la même en 1900 et 1901.

Le mouvement commercial avec les autres colonies françaises concernait le treizième des importations représentées presque totalement par les guinées des Indes françaises. En 1911 et 1912, la part de la France dans les importations sénégalaises s'élevaient respectivement à 51,28 % et 49,7 %. Cette prépondérance sera maintenue pendant la première guerre mondiale même si le conflit a diversifié les sources d'approvisionnement. Ainsi, en valeur relative, la part de la métropole était de 52,7 % en 1914, 46,49 % en 1915 et 36,8 % en 1916. Toutefois, la France et ses colonies s'adjugeaient 38,47 % du mouvement général en 1916, importations et exportations réunies, ce chiffre étant bien inférieur à celui de l'année précédente qui était de 54,68 %[218]. De la métropole s'expédiaient du riz provenant d'Indochine, des sucres bruts et raffinés, le savon de ménage, les vins, la farine de froment.

La part des pays étrangers dans les importations sénégalaises était de 4/13 en 1902. Parmi ces pays, l'Angleterre et ses colonies (surtout la Sierra Leone) se détachaient du lot et expédiaient 8 712 743 F de marchandises, soit les 2/3 du commerce avec l'étranger. L'Angleterre et ses colonies fournissaient des tissus de coton, de l'huile de coton, des noix de cola, du piment sec (pour 45 968 F en 1902), de l'huile de palme (34 058 F en 1902), du gingembre (11 518 F)[219]. De l'Espagne et de ses colonies s'importaient, outre les cigares et cigarettes, des vins ordinaires, des pommes de terre, oignons et fruits frais. En 1915, les importations d'Espagne s'élevaient à 422 184 F[220]. En 1912, l'Angleterre avait fourni des marchandises d'une valeur de 1 045 624 F[221]. Le Portugal et ses colonies expédiaient, pour leur part, du sel brut, des oranges, des animaux sur pied et des légumes. Avant l'éclatement du premier conflit mondial, l'Allemagne se distinguait par ses envois d'alcools provenant de Hambourg. A la liste, s'ajoutaient la Belgique, la Hollande, la Suède et la Norvège.

La première guerre mondiale élargit sensiblement le rayon d'approvisionnement de la ville. En fait, les difficultés de transport par mer imputables aux perturbations des communications occasionnées par les réquisitions des navires français et anglais pour les besoins de la défense, l'élévation considérable du taux de fret résultant des risques de la navigation modifièrent sensiblement la géographie des approvisionnements de la ville.

---

218 ANS, 2G 16/4.
219 ANS, 2G 2/16.
220 ANS, 2G 15/19.
221 ANS, 2G 12/8.

Avec la guerre, des greniers se fermèrent. Aussi, les hostilités aboutirent-elles à la fermeture de marchés comme ceux d'Allemagne et de Belgique. Il s'y ajoute qu'en raison de l'insécurité de l'Atlantique, toutes les expéditions d'Amérique furent suspendues à la fin de 1914. Cependant, au moment où se fermaient ces greniers, d'autres s'ouvraient à l'image de l'Océanie avec l'Australie. Ainsi, en 1917, les voiliers australiens avaient débarqué au port de Dakar 20 000 t pour le compte du Service de l'Intendance[222]. Le rapport des autorités coloniales notait qu' « à l'heure actuelle, on entend par ravitaillement... le blé que les voiliers commencent à nous apporter d'Australie »[223].

Le contient américain n'était pas en reste. Parmi les partenaires américains, les USA occupaient une place de choix. En réalité, les relations entre les USA et la colonie du Sénégal furent anciennes. Les importations en riz Caroline n'apparurent-elles pas dès 1849-1850?[3] Au riz Caroline s'ajoutèrent du pétrole, des tabacs en feuilles, des boissons, de l'huile de coton, des farineux alimentaires. De 1 657 491 F en 1911, les livraisons américaines en direction du Sénégal passèrent à 1 294 167 F[224] l'année suivante ; elles étaient de 7 527 184 F en 1915 contre 3 054 958 F l'année précédente, soit une progression de 4 472 226 F en 1915 par rapport en 1915[225]. La baisse observée en 1914 était liée à la suspension à la fin de cette année des importations à cause de l'insécurité de l'Océan Atlantique.

L'Argentine n'était pas en reste. D'Argentine, s'importaient des viandes en conserves, du café, du sucre, du beurre frais et des farines. En 1916, l'Argentine avait livré 667 000 t de farines[226]. A partir des années trente, l'aire d'approvisionnement des marchés dakarois s'agrandit considérablement. Tandis que le Brésil livrait du café, l'Italie fournissait des légumes conservés alors que la reprise des relations commerciales avec l'Allemagne avait ramené les alcools de Hambourg tant prisés par la population européenne. Au niveau du continent asiatique, l'Indochine restait une fournisseuse potentielle même si le riz expédié transitait souvent par les ports français. Les importations de riz indochinois par Dakar, en 1937 s'élevaient à 117 103 t et 62 103 t en 1939[227].

L'aire d'approvisionnement de la ville s'était, au fil du temps, considérablement élargie. Dakar était en relation avec l'Europe, l'Amérique, l'Asie et, à la faveur du premier conflit mondial, le rayon d'approvisionnement s'étendit à l'Océanie avec l'arrivée de voiliers australiens livrant du blé. Vers Dakar convergeaient produits vivriers et manufacturés venus d'horizons divers destinés à la consommation des Dakarois. Toutefois, une partie non négligeable

---

222 ANS, 2G 17/24.
223 ANS, 2G 17/24.
224 ANS, 2G 12/8.
225 ANS, 2G 15/19.
226 ANS, 2G 16/4.
227 ANS, FDDD Dossier 8.

des marchandises, qui ne faisait que transiter à Dakar, était réexportée pour l'essentiel vers les colonies d'AOF.

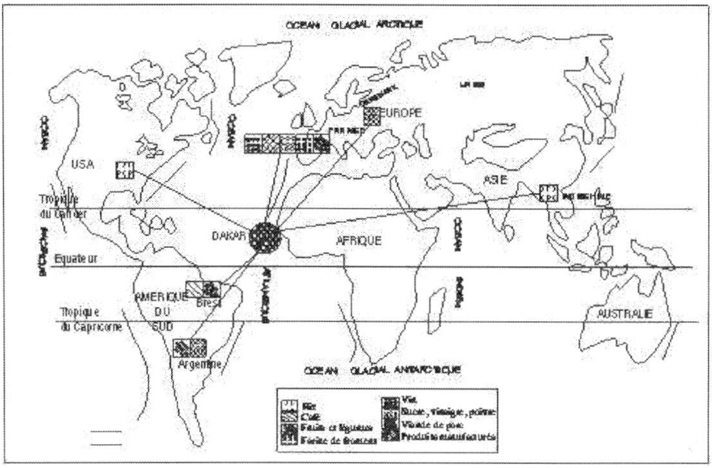

Carte 4 L'approvisionnement de Dakar en dehors continent africain

B- Dakar, ville service : l'horizon dakarois

Un double mouvement de flux et de reflux s'opérait vers et à partir de Dakar. Certes, la ville recevait marchandises, biens et services, mais en retour, elle dispersait ces marchandises en direction du Sénégal et de l'espace ouest - africain. En outre, la ville constituait un important centre de ravitaillement en vivres, en combustibles et en eau pour les navires venus dans son port.

1- L'avitaillement

La construction du port fut en grande partie liée à la création dans l'anse Dakar, d'un parc à charbon des navires de la Compagnie des Messageries Impériales. En réalité, la vocation première de Dakar a été celle de « station-service de l'Atlantique ». Le port de Dakar bénéficiait d'atouts certains. Ainsi, « située à l'avant d'un pays fécond en ressources de ravitaillement, Dakar, Cité Impériale, allait être dotée d'un port mondial ; le Niger enfin joint à l'Atlantique, tous les produits du Sénégal et du Soudan devaient converger vers Dakar où tous les bateaux viendraient s'approvisionner en mazout, en charbon, glace, en eau et en vivres »[228]. En effet, l'adduction de Mbao qui venait renforcer celle de Hann en 1912 donna pour la consommation des navires tout le cubage désirable. Ce qui augmenta considérablement la fréquentation du port. En 1906, 965 navires avaient fréquenté le port de Dakar ; en 1910, les entrées et les sorties accusèrent un chiffre de 3466 bateaux, d'un tonnage minimal de 1 031 492 t[229]. En juin 1910, un navire de guerre américain fit onze jours dans le port de Dakar[230]. Pendant le mois de mai 1912, 6 000 t d'eau douce ont été livrées aux steamers passant en rade à Dakar et pendant ce mois, 120 vapeurs sont entrés dans le port[231]. En 1911, il est venu 1 500 bateaux en rade dans la capitale de l'AOF.

L'année 1934 fut marquée par l'organisation d'une grande exposition agricole à Dakar afin de pouvoir ravitailler en produits les marchés dakarois mais aussi et surtout les navires faisant escale dans le port. Au moment où la ville s'était ensevelie dans l'immobilisme, l'inertie et la léthargie, tout le monde reconnaissait que « ce qui doit alimenter la ville et le port, au premier chef, ce sont les navires devant y relâcher pour s'approvisionner »[232].

Toutefois, le système d'avitaillement connaissait des limites réelles. En réalité, « les fruits et légumes laissent beaucoup à désirer en quantités, en qualité, en diversité et en bon marché ; outre les prix exorbitants pour les volailles et les œufs, la volaille est petite et étique alors que les œufs sont minuscules et vieux ; pas de lapin, pas de gibier et la viande de boucherie est inférieure à ce qui est désiré »[233]. Il s'y ajoutait en plus du calme « l'absence de guides et d'informations sur la ville car la plupart des débarqués vous demandent sérieusement à voir le roi de Dakar et le village indigène »[234]. En sus de ravitaillement, Dakar participait au ravitaillement du Sénégal et de l'Ouest africain.

2- Dakar, centre de ravitaillement du Sénégal et de l'espace ouest africain

Dakar n'était pas un parasite qui aspirait la substance vitale de l'hinterland sénégalais et de la sous région. Certes, la ville se nourrissait des colonies voisines et de l'hinterland sénégalais sans quoi elle ne saurait vivre. Toutefois, Dakar redistribuait à son tour biens et services divers. En vérité, la ville assurait le rôle de relais entre la sous région et la France, entre les exportations sénégalaises et soudanaises et les industriels métropolitains, entre

228 *L'AOF* No 180 du jeudi 21 janvier 1928.
229 *Le Petit Sénégalais* No 111 du 21 Janvier 1912.
230 *L'AOF* du 25 juin 1910.
231 *L'AOF* No 202 du 29 juin 1912.
232 *Le Petit Sénégalais* No 45 du 16 octobre 1910.
233 Ibidem.
234 Ibidem.

les firmes commerciales (marseillaises et bordelaises) et les consommateurs locaux et régionaux. La ville jouait en l'occurrence le rôle de simple intermédiaire dans la mesure où une bonne partie des marchandises était réexportée directement ou après passage en entrepôt.

On ne possède pas, malheureusement, beaucoup de données précises sur les quantités de marchandises redistribuées. Mais au-delà de cette constatation générale, il semble bien que ces quantités furent non négligeables. En témoigne ce constat de l'autorité coloniale : « le mouvement commercial (évalué à partir des importations et exportations effectuées au niveau du port) ne traduit pas l'activité économique réelle de la Circonscription, activité qui se confond avec celle du Sénégal tout entier sans que l'on puisse en saisir l'importance ; le territoire de la Circonscription de Dakar et Dépendances, poursuit le rapport, c'est uniquement ou à peu près le port de Dakar où l'on déclare pour la consommation ou l'exportation toutes les marchandises destinées non seulement à ce territoire ou en provenant, mais encore aux régions limitrophes dont il constitue le débouché naturel. Une quantité considérable de ces produits, ajoute le rapport, ne fait que transiter par la Circonscription de Dakar et Dépendances »[235].

La fonction de relais assumée par Dakar fut facilitée par l'existence d'un port situé à la tête d'un vaste hinterland dont la liaison était assurée par les routes et le chemin de fer qui la reliaient à l'espace soudanais jusqu'au Moyen - Niger. En effet, avant la finition des travaux du Thiès - Kayes, les navires bordelais devaient remonter le fleuve Sénégal pour approvisionner le Soudan. Mais la construction du Dakar - Niger agrandit l'horizon de la ville qui pouvait ainsi redistribuer facilement les marchandises diverses importées en direction du Soudan, du Niger et même de l'AEF.

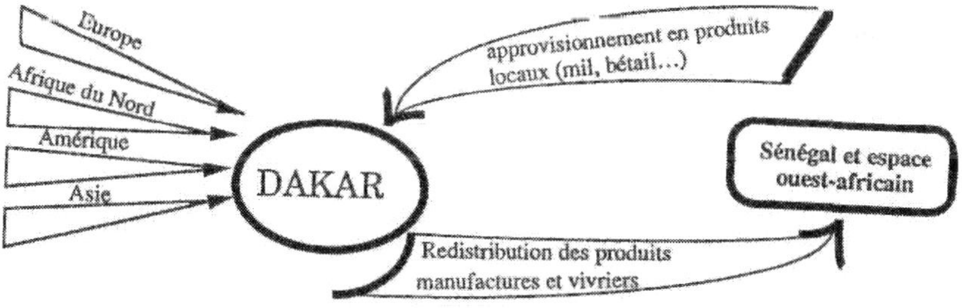

Croquis 1 : Schéma montrant le mouvement à double sens

Comme on le voit, Dakar recevait dans un premier sens les produits vivriers divers provenant d'un vaste hinterland s'étendant largement outre Sénégal, dans l'espace ouest africain. En retour, donc en sens inverse, Dakar

235 ANS, 2G 32/22.

assurait la distribution en direction du territoire sénégalais et de l'espace ouest africain, des produits manufacturés et vivriers divers en provenance d'Afrique, d'Europe, d'Amérique et d'Asie. Ainsi donc, Dakar concentrait tout l'approvisionnement en marchandises dont une bonne partie était redistribuée vers le Sénégal et la sous région.

Les autorités responsables de la Circonscription étaient persuadées que le ravitaillement de Dakar ne pouvait être assuré que grâce à une large participation du Sénégal. Privilégiées par le transit par Dakar des marchandises destinées au Sénégal, les autorités dakaroises n'hésitèrent pas à recourir à des obstructions. Celles-ci consistaient à interdire la livraison de marchandises en transit à la colonie du Sénégal tant que celle-ci ne s'acquitterait pas de ses obligations : pourvoir au ravitaillement de la ville. Le cas se présente au début de l'année 1940 lorsque l'administrateur de la Circonscription se plaignait auprès du Gouverneur du Sénégal qui n'honorait plus ses engagements vis-à-vis de Dakar, c'est-à-dire la livraison des 1 000 t de mil sénégalais promises sur 8 000 t[236].

Devant le refus des autorités coloniales sénégalaises, l'Administrateur de la Circonscription de Dakar s'opposa à la livraison du stock de 4 000 t de riz destinés au Sénégal. Il ne disait autre chose quand, dans une lettre - télégramme en date du 18 décembre 1940, il réitérait sa ferme position : « Opposition autorisation sortie de 4 000 t de riz jusqu'en décembre 1941. Administrateur de la Circonscription de Dakar et Dépendances n'autorisera la sortie de 4 000 t de riz que si elle reçoit en échange 8 000 t de mil livrables par Colonie Sénégal »[237].

Ces méthodes et attitudes, même coercitives, s'avèrent au fond concluantes si l'on pense aux réquisitions de mil effectuées à Foundiougne au profit de Dakar. La preuve, ce télégramme aux allures d'allégeance du Gouverneur du Sénégal à l'Administrateur de la Circonscription de Dakar et Dépendances : « Gouverneur Sénégal vous renouvelle assurance que Sénégal s'efforcera à mettre à votre disposition maximum de produits du pays et est prêt, pour cela, subir sacrifices nécessaires »[238].

A l'orée des années trente, Dakar faisait figure de véritable métropole. De Dakar, partaient les ordres du gouverneur général vers les colonies de l'AOF et, éventuellement se détachait une colonne pour soumettre une contrée un peu trop turbulente. Capitale politique, centre administratif, Dakar constituait aussi un poumon économique qui aspirait biens et produits vivriers du Sénégal et de l'AOF. Toutefois, il existait une certaine réciprocité dans les services rendus. Dans ces conditions, en même qu'il aspirait la substance vive de l'Ouest

236 ANS, FDDD, Dossier 8 : Lettre 759 AG, 16/01/1941, Biénès au Gouverneur Général.

237 ANS, FDDD, Dossier 8 : Ravitaillement. Télégramme - Lettre 16439 AE du 18 décembre 1940, Administrateur de la CDD à Gouverneur Sénégal.

238 Ibidem.

africain, ce poumon économique rejetait et dispersait des produits manufacturés qu'il retransmettait et redistribuait dans la sous région.

C- Les limites du système d'approvisionnement en nourriture de Dakar

S'il est vérifié que les villes dominent leurs campagnes, il n'en demeure pas moins vrai que celles-ci, à leur tour, agissent sur les villes. Dakar n'a pas dérogé à la règle. La capitale de l'AOF comptait, pour une grande part, sur les surplus dégagés par les campagnes de l'hinterland sénégalais. Raison pour laquelle toute absence de surplus dans les campagnes occasionnait des malaises dans le ravitaillement de la ville. Ainsi, les aléas naturels, la monoculture arachidière et les vicissitudes de la politique contribuaient aux perturbations alimentaires dans la ville. Dès lors, le système, incapable de subvenir au ravitaillement de la ville de plus en plus confrontée à de grosses difficultés, donnait lieu à des pannes, des pénuries et des alertes.

1- Les responsabilités de la culture arachidière sur le déficit céréalier

A partir de la deuxième moitié du XIXe siècle, l'extension et le déplacement de la culture arachidière entraînèrent le déclin du commerce de la gomme tout en précipitant le retrait des maisons de commerce des villes escales. En vérité, la monétarisation de l'économie, les nouvelles charges fiscales incitèrent le paysan à se tourner vers la culture arachidière. Avec la vente pendant la traite, les paysans pouvaient disposer de numéraire afin de faire face aux nécessités de l'impôt et se procurer des denrées et produits de consommation importés.

Mais l'arachide, en tant que production de masse, entraîna des changements au niveau des pratiques culturales villageoises et du coup un recul des surfaces consacrées au mil[239]. En fait, vers la fin du XIXe siècle, les pratiques culturales se particularisèrent par la coïncidence et le recoupement des calendriers agricoles s'agissant de la culture arachidière et des productions de subsistance. En effet, l'arachide et le mil étaient souvent cultivés en alternance sur les mêmes sols, dans un assolement biennal, de plus en plus rarement triennal. Progressivement, les terres consacrées à la culture arachidière grignotèrent sensiblement sur les cultures vivrières (mil,...). Il suffira, pour s'en rendre compte, de parcourir cette délibération du Conseil d'administration du Sénégal en date du 6 octobre 1849 lorsque les autorités coloniales se plaignaient de cette situation paradoxale dans laquelle se trouvaient les paysans obligés de

239 Pour plus de détails, voir Founou-Tchwigoua B, *Fondements de l'économie de traite au Sénégal*, Paris, Siriex 1981.

venir à Saint-Louis s'approvisionner en mil alors que quelques années plus tôt, ils étaient les plus grands pourvoyeurs de la colonie en mil[240].

Cette situation paradoxale est à mettre à l'actif de l'arachide. Ainsi, en 1909, des défrichements intensifs accompagnèrent la culture arachidière dans le Sine Saloum. Dans cette région où prédominait désormais la culture de l'arachide au détriment de celle des cultures vivrières, « les indigènes ont dû consacrer une partie des bénéfices fournis par la première de ses cultures à l'achat de mil nécessaire à leur alimentation »[241]. Trois années plus tard, le riz fut délaissé en Basse - Casamance au profit de l'arachide. Cette année, c'est-à-dire en 1912, la culture du riz fut déficitaire en Casamance[242] alors que quelques années plus tôt, elle était si excédentaire que les maisons commerciales envisageaient d'exporter le riz local. En 1914, la famine visita la région du Fleuve, grenier à mil du Sénégal. La tendance persista et se renforça davantage car la récolte des céréales, base de l'alimentation indigène est insuffisante partout à partir des années vingt.

Néanmoins, toute chute ou fléchissement du cours de l'arachide entraînait un retour aux cultures vivrières car la chute du cours de l'arachide « a eu pour conséquence d'amener le cultivateur indigène à accroître considérablement l'étendue de ses champs pour se livrer, presque exclusivement à la production des différentes variétés de mil »[243]. Ainsi, la diminution des exportations consécutive à la chute du prix de l'arachide se fit sensiblement sentir. De 1915 à 1916, les exportations d'arachide enregistrèrent une diminution de l'ordre de plus de 50 % en passant de 300 000 t à 124 000 t, « chiffre le plus bas enregistré depuis dix ans »[2]. En tout cas, l'ascension de la culture arachidière fut incontournable comme du reste l'atteste le tableau et graphique suivant.

Tableau 12 : Production arachide du Sénégal : Exportation d'arachides du Sénégal de 1840 à 1936

Années	Quantités (t)	Valeurs (F)	Années	Quantités (t)	Valeurs (F)
1840	1		1900	140 922	24 240 000
1841	266		1901	123 483	22 117 000
1843	2600	268 000	1902	110 225	20 525 000
1853	3000		1903	148 843	34 575 000
1855	4400		1904	137 784	21320000
1864	4489	1122 000	1905	96175	14 851 000

240 ANSOM, Sénégal VII 26 bis 9.
241 ANS 2G 9/8
242 ANS 2G 12/1
243 ANS 2G 16/4

1685	5 811	1452 000	1906	100476	20 976 000
1870	8762		1907	154 496	30721000
1871	3997		1908	144139	32 889 000
1872	15159		1909	224 326	43 892 000
1873	16 408		1910	227 299	49 770000
1874	23 084		1911	164 907	40 943 000
1875	13 902		1912	184 761	42464 000
1876	11315		1913	242 084	59 892 000
1877	13 458		1914	280 526	68 089 000
1878	38 950		1915	303 067	56 229 000
1879	24 604		1916	124 142	28 023000
1880	34 270		1917	175476	52 643 000
1881	34 270		1918	128 976	41 851 000
1882	16 086		1919	264 233	124 546 000
1883	43 500		1920	300 339	292 735 000
1884	36 790		1921	267031	148 697 000
1885	45 061		1922	290 663	152 890 000
1886	21729		1923	282 083	232 820 000
1887	25100		1924	319 987	323 998 000
1888	40 342		1925	453733	505 857 000
1889	31907	7 559 000	1926	494 416	752 643 000
1890	27 221	5 426 000	1927	405 608	616623 000
1891	26391	5 479 000	1929	413 356	593 310 000
1892	46 790	11636 000	1928	406 760	554 936 000
1893	59 302	11688 000	1930	508195	501 844 000
1894	65 289	11 350 000	1931	453 841	306731000
1895	51600	7 675 000	1932	191469	162 340 000
1896	63 555	9 146 000	1933	388 010	188 276 000
1897	43123	8147000	1934	494 261	234 090 000
1898	95 955	13 615 000	1935	392 308	347334 000
1899	85 543	12119 000	1936	487 340	351 675 000

Source : Xavier Guiraud, *Arachide sénégalais, monographie d'économie coloniale*, Paris, 1937.

Graphique 4 : Exportation d'arachide du Sénégal de 1840 à 1936.

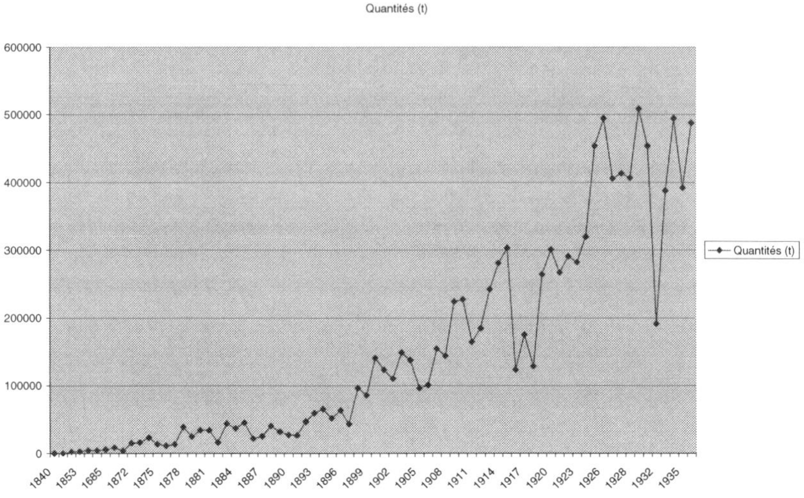

D'une manière générale, l'extension de la culture arachidière consécutive à la demande européenne en produits oléagineux se fit au détriment des céréales locales. Le recul des surfaces consacrées au mil va réduire les surplus destinés à l'approvisionnement des villes. En réalité, si la domination des villes sur les campagnes est indéniable, celles-ci, à leur tour, agissent sur les villes. De toute évidence, l'absence de surplus dans les campagnes occasionnait des malaises et de grosses difficultés dans le ravitaillement de Dakar. Avec le déficit vivrier, les importations devinrent indispensables. Déjà, au début de la deuxième moitié du XIXe siècle, Faidherbe chercha la substitution du riz d'importation au mil afin d'impulser un nouveau dynamisme à la navigation française. Il ne disait autre chose lorsqu'il avança que « c'est encourager la culture industrielle que d'importer des denrées alimentaires pour les indigènes et de donner l'habitude de s'en nourrir »[244].

A partir des années vingt, les exportations arachidières connurent une ascension remarquable. Les exportations, de 128 976 t en 1918 (représentant 41,851 millions F) vont atteindre 300 339 t en 1920 (292,735 millions F), 494 416 t en 1926 (soit 752,643 millions F) et 508 195 t en 1930 représentant 501,844 millions de Francs[245]. Le corollaire à cette ascension fulgurante de l'arachide fut la croissance des importations céréalières, notamment le riz. Ainsi, à partir de 1920, « l'indigène mangea du riz d'importation qui, se raréfiant, renchérit ». Une preuve en est dans les importations de riz qui passèrent de 56

244 Pasquier R, 1987, op cit, p.199.

245 Voir Guiraud X, *Arachide sénégalaise. Monographie d'économie coloniale*, Paris, 1937.

500 t en 1928 à 38 000 t en 1929, « quantité insuffisante pour nourrir les treize cent mille sénégalais »[246]. En définitive, les importations céréalières suivent la progression de la culture arachidière : à davantage d'arachide, davantage de riz importé.

La situation vivrière fut d'autant plus préoccupante que l'urbanisation accélérée conjuguée au rapide galop démographique dans les villes comme Dakar constituèrent des facteurs d'accroissement des besoins vivriers. De toute évidence, l'autosuffisance du Sénégal n'était plus de mise à partir des années 1920. Il suffira, pour s'en rendre compte, de jeter un coup d'œil sur le tableau suivant :

Tableau 13 : Production et besoins en mil

Années	Besoins en mil (t)	Production (t)	Taux de couverture
1922	196 700	317 000	161%
1939	340 000	280 000	82,3 %

Source : A. Vanhaeverbeke, op cit ; M.Lakroum, op. cit.

Entre 1922 et 1939, on passe de la pléthore à la pénurie de mil. Durant cette période, les besoins ont augmenté de 143 300 t en valeur absolue et 72,8 % en valeur relative. Au même moment, la production passe de 317 000 t à 280 000 t soit une chute de 37 000 t en valeur absolue et 11,6 % en valeur relative. Ainsi, les besoins en mil et la production suivirent des évolutions inverses. La chute des besoins s'accompagna d'une baisse de la production. Dans ces conditions, le taux de couverture passa de 161 % à 82,3 %, soit une diminution de presque de moitié.

Au bilan l'arachide en tant que production de masse, engendra un recul des cultures vivrières. Tout progrès enregistré dans la culture arachidière se fit au détriment du mil et du riz local, amenuisant les surplus destinés à l'approvisionnement des villes. En définitive, la gloire de l'arachide a ses responsabilités lourdes et nombreuses. Si, à partir des années 1920, les cultures vivrières devinrent déficitaires, si à partir de cette date, les importations céréalières, le riz surtout, connurent une ascension fulgurante, l'arachide en portait la lourde responsabilité, même si des aléas naturels et politiques pouvaient, à leur tour, compromettre l'approvisionnement de la ville.

246 *Le Temps Colonial* du mardi 3février 1931.

2- Les aléas naturels

Il suffit d'un déficit pluviométrique ou d'une invasion acridienne pour que le ravitaillement de la ville soit mis en péril. En réalité, les sécheresses, les inondations, les invasions acridiennes et aviaires entraînaient de mauvaises récoltes et, par là de vives tensions au niveau du ravitaillement de la ville.

Ainsi, en 1913, une « sécheresse exceptionnelle »[247] sévit au Sénégal notamment dans la région du Fleuve et comble de malheur, les invasions d'oiseaux du genre passereaux occasionnèrent de grands dégâts. L'année suivante, la famine frappa dans la région du Fleuve, surtout « à Dagana et Podor où les cultures furent dérisoires du fait de l'absence de la crue »[248]. Cinq ans plus tard, la sécheresse, visiteuse indésirable, frappa de nouveau dans la colonie. Elle se manifeste par un déficit notable de la production céréalière. Celle-ci, évaluée à 430 000 t en 1918, tomba à 240 000 t en 1919[249], soit une diminution de l'ordre de 44 %. Cette année fut aussi une période critique pour le cheptel car « les mares desséchées, les séanes vides et les animaux durent se contenter d'un abreuvement parcimonieux aux puits »[250]. La nourriture fut limitée à la paille desséchée des graminées de brousse aux rares endroits épargnés par les incendies et aux feuilles et tiges d'arbres ou d'arbustes. Dans ces conditions, le ravitaillement des villes en viande de boucherie fut sérieusement compromis car, les animaux, fragilisés par ces conditions défavorables furent « ravagés par des maladies et épidémies comme la péripneumonie ou la fièvre aphteuse »[251].

D'une manière générale, les mauvaises récoltes correspondaient à de vives alertes. D'ailleurs, les disettes furent consécutives à de mauvaises récoltes. Ainsi, en 1906, 1907, 1913,1914 et 1919. Par contre, toute bonne récolte annonçait le retour au calme. Avec les aléas naturels, il n'existait plus de surplus susceptibles d'être dégagés pour pallier le ravitaillement de Dakar. Ce qui engendrait des difficultés réelles dans le système d'approvisionnement de la ville. Pourrait-il d'ailleurs en être autrement pour une ville qui, non seulement grandissait vite, mais comptait sur les surplus dégagés par les campagnes sénégalaises? Dans ces conditions, Dakar était obligée, pour vivre, d'élargir son rayon d'approvisionnement en faisant recours aux greniers de plus en plus éloignés.

Les sécheresses, les périls acridiens et autres perturbations écologiques contribuaient aux déséquilibres alimentaires de Dakar. N'étaient-ils pas

---

247 ANS, 2G 16/4.

248 Thiam I.D, *Le Sénégal dans la guerre 1914-1918 ou le prix du combat pour l'égalité*, Thèse de doctorat d'Etat, Université Paris I, Panthéon Sorbonne 1982-83, p. 1737.

249ANS, 2G 20/1, Sénégal, Rapport économique d'ensemble 1920.

250 Ibidem.

251 Ibidem.

d'ailleurs le principal facteur des difficultés d'approvisionnement de la ville ? Disons, au plus, et avec une certaine réserve, une des causes dans la mesure où l'irrégularité qu'imposaient aux approvisionnements les aléas naturels se trouvait accrue par les vicissitudes de la politique.

3- Les vicissitudes de la politique et les limites du système d'approvisionnement

a- Les vicissitudes de la politique

Les autorités coloniales n'avaient pas une totale maîtrise des approvisionnements de la ville. Ainsi, les effets du recrutement et de la mobilisation à partir de 1912 se firent sensiblement sentir sur les approvisionnements des villes sénégalaises. En fait, en réponse à la nouvelle loi allemande qui accrut les effectifs militaires placés sur les frontières françaises, les autorités coloniales optèrent pour un recrutement massif au niveau des populations indigènes.

L'enrôlement forcé désarticula l'économie de la colonie au regard des indigènes qui abandonnèrent leurs activités agricoles afin d'échapper au recrutement, préférant aller chercher en Gambie un emploi plus fructueux[252]. D'ailleurs, les paysans du Saloum ne trouvèrent d'autre solution que de vendre leurs semences alors que d'autres populations, à l'image des Sérères de Thiès, se réfugièrent dans la forêt[253]. Dans ces conditions, la main-d'oeuvre se raréfia, notamment dans les régions traversées par la voie ferrée où se produisit cet inquiétant exode. Ce qui expliqua les difficultés alimentaires et les pénuries qui rythmèrent les années 1912 et 1913. Dès lors, la colonie se tourna, en 1912 vers le Soudan car « le riz de l'Inde ne pouvait plus alimenter cette année les marchés africains de la côte »[254], plus particulièrement le Sénégal dont les besoins furent estimés à 30 000 t de riz qui, jusqu'à maintenant, venaient d'Asie[255].

b- Les limites du système d'approvisionnement des maisons de commerce

Une autre limite, non moins importante, résidait dans le système d'approvisionnement des maisons de commerce. En fait, grâce aux accords signés avec l'État, les steamers des compagnies maritimes à l'image de la Compagnie des Messageries avant 1910 et de Sud Atlantique après, qui bénéficiaient de la subvention postale, assuraient le transport des vivres de la ville. Les consommateurs ne pouvaient s'approvisionner au niveau des maisons de commerce que lorsque celles-ci retiraient leurs marchandises après l'arrivée

252 *L'AOF* No 204
253 Ibidem.
254 *L'AO*F du 13 janvier 1912.
255 Ibidem.

des navires de ces compagnies au port de Dakar. Ce système d'approvisionnement, contrôlé par les compagnies maritimes, avait ses limites réelles.

Ainsi, quand, à la fin de l'année 1912, la compagnie Sud Atlantique se refusa au transport de vivres de la ville, elle souleva les protestations du commerce et de la Chambre de commerce de Dakar ainsi que des autorités locales. Les Dakarois l'avaient bien perçu lorsque, par rapport à ce système de ravitaillement, ils constataient que « les habitants de Dakar que nous sommes sont mal servis »[256]. Ce système fut sérieusement perturbé par le premier conflit mondial. En réalité, l'insécurité des océans liée à la guerre sous-marine, les difficultés de transport, l'état de guerre conjuguèrent leurs effets pour créer les conditions d'un marasme dans le commerce, d'un renchérissement et d'une pénurie des denrées.

Un autre grief porté à l'encontre de ce système, outre les variations saisonnières et mensuelles des prix, fut sa dépendance poussée à l'égard de l'extérieur. Paul Déferre, conseiller colonial du Sénégal, ne dit autre chose lorsqu'il estime que « tributaire de l'étranger, notre commerce ne peut s'approvisionner qu'au compte goutte et il est obligé de vivre au jour le jour »[257].

La dépendance envers les campagnes avait ses revers car les aléas naturels, les vicissitudes de la politique provoquaient de mauvaises récoltes, aggravant les difficultés de ravitaillement. Dans ces conditions, le système, incapable de subvenir au ravitaillement d'une ville au galop démographique rapide, provoquait des malaises et des pénuries. Ainsi, au gré des stocks, des transports, des aléas naturels et politiques qui présageaient et déterminaient les récoltes, selon les périodes de l'année, les prix étaient soumis à de fréquentes variations qui affectaient la vie des citadins. La situation vivrière était d'autant plus compliquée que les populations, ne disposant de réserves au moment opportun, étaient dès lors exposées aux montées et aux variations saisonnières.

---

256 *Le Petit Sénégalais* No 152 du 6 octobre 1912.
257 *L'AOF* No 1886 du jeudi 27 mai 1925.

DEUXIÈME PARTIE

DE LA DÉPRESSION DES ANNÉES TRENTE À L'ÉCLATEMENT DES HOSTILITÉS (1930 1938) :

URBANISATION ET ACCROISSEMENT DES BESOINS ALIMENTAIRES

CHAPITRE I

DE LA CRISE À L'AVÈNEMENT DU FRONT POPULAIRE 1930 -1936

Dakar a durement ressenti les contrecoups de la grande dépression des années trente. La crise révèle un marasme général dans le commerce et le système bancaire ainsi qu'un fléchissement notable des échanges. La paupérisation des campagnes due à la chute du cours de l'arachide priva de ressources des milliers de campagnards dont beaucoup vinrent gonfler la capitale de l'AOF. Alors que les autorités coloniales et le monde des affaires dakarois s'inquiétaient de la baisse de la main d'œuvre dans les années vingt, on déplore avec la crise économique, l'arrivée de migrants dans les dénombrements officiels et les rapports administratifs. Autant de signes avant coureurs d'une pénurie auxquels les autorités coloniales durent faire face.

I- DAKAR FACE À LA CRISE ÉCONOMIQUE DES ANNÉES TRENTE

A- Mouvement commercial et conjoncture : le fléchissement des échanges, indicateur de l'ampleur de la crise.

A Dakar, la crise se manifeste par un marasme général au niveau des affaires. Dans une économie de traite où la prospérité locale est déterminée par le commerce des oléagineux, l'on comprend aisément l'ampleur des difficultés qui vont caractériser les affaires. Dans une telle perspective, le mouvement général de la navigation au port de Dakar, à travers les entrées et les sorties, les tonnages des navires constituent, sans aucun doute, un indice pour saisir l'ampleur de la crise.

Tableau 14 : Mouvement général de la navigation au port de Dakar

	Navires				Total	
	Entrées		Sorties			
Années	Nombre	Tonnage	Nombre	Tonnage	Nombre	Tonnage
1935	2600	4 793 876	2596	4 802 423	5196	9 596 299
1934	2305	4 451 517	2321	4 571 193	4626	8 908 636

1933	1837	3 926 160	1835	9 204 353	3672	7 846 596
1932	189	861 021	1881	8 749 863	3770	7 736 007
1931	2402	3 699 794	2385	705 177	4787	7404 911
1930	2659	3 794 160	2635	3 771 646	5295	7 565 806
1929	2757	4 359 393	2636	4 214 871	5399	8 574 264
1928	3052	4 641 789	2964	4 607 651	6016	9 249 440

Source : ANS D/Sénégal ; 11D1/ 1287 : Affaires économiques.
Chambre de commerce de Dakar 1925-1942

Le tableau fait état du mouvement de la navigation au port de Dakar de 1928 à 1935. Il permet d'appréhender l'ampleur de la crise par une comparaison entre les périodes d'avant et d'après crise.

Pour les entrées et sorties de navires, l'année 1928 constitue une pointe qui ne sera plus atteinte durant la période. Avec un total de 6016 navires en 1928 (représentant 3052 pour les entrées et 2964 pour les sorties), le mouvement général enregistre un fléchissement notable l'année suivante avec 5399 unités. Ce qui fait une diminution en valeur relative, de l'ordre de 10,25 %. Cette tendance ira s'accroissant pour atteindre un niveau plancher en 1933 avec 3672 navires, d'où une diminution de 2344 unités.

L'évolution négative est perceptible, évidemment au niveau du tonnage ; celui-ci passe de 9 249 000 t en 1928 à 7 846 596 t en 1933, soit une diminution de 15 %. Pourtant, s'agissant du tonnage, le creux de la vague est atteint en 1931 avec un total de 7 404 911 t. Cette chute est imputable au décrochement et à la tendance inverse observés au niveau des cours de l'arachide à partir de 1930. Par exemple, de 1929 à 1934, le quintal d'arachide passa de 241 F à 66 F.

Ce fléchissement spectaculaire des cours se traduisit par un ralentissement des exportations des produits arachidiers qui constituaient l'essentiel des exportations de la colonie et du port de Dakar. Toutefois une tendance inverse est observée à partir de 1934 ; elle s'affirme davantage en 1935 date à laquelle le tonnage, avec 9 596 299 t dépasse celui de 1928 (9 249 440 t). Cela atteste, si besoin en était, la reprise au niveau de la colonie. Cependant, on se gardera bien d'oublier que la crise du trafic portuaire s'accompagna d'une diminution sensible du chiffre des marchandises importées.

Tableau 15 : Commerce général du port de Dakar en 1931 et 1932.
Importations

Provenance	Valeurs en Fr. Différence			
	1932	1931	en plus	en moins
France et Algérie	119 654 056	152306168		32 652112
	13 141 297	16 891 408		3 750 111
	191 923110	172 309 451	19 613 659	
	324 718 463	314 507027	19 613 659	36 402 223

Soit en moins : -16 788 564

Source: ANS, 2G32/22.

Le tableau ci-dessus expose en valeur le mouvement général du port de Dakar pendant l'année 1932 comparativement à 1931. Un éclairage global s'impose à la lecture du tableau. Ce mouvement commercial englobe non seulement l'activité économique de la Circonscription, mais aussi celle du Sénégal et des colonies du groupe (Soudan, Mauritanie, Guinée). En réalité, les marchandises débarquées au port de Dakar sont destinées à Dakar, à la colonie du Sénégal et aux colonies limitrophes. Une partie des produits importés ne faisait que transiter par le port de Dakar.

L'examen de ces chiffres, fait apparaître une baisse notable des importations. La chute est considérable pour les produits en provenance de la métropole et de l'Algérie. En valeur, les importations connurent une chute de 32 652 112 F entre 1931 et 1932, soit 27 %. La même tendance se dégage pour les colonies françaises, quoique de moindre ampleur. La chute des importations en provenance de l'empire français résulte du « repli impérial » caractérisé par l'isolement des colonies après le déclenchement de la crise.

Par contre, les importations en provenance de l'étranger ont connu une augmentation de 19 613 959 F entre 1931 et 1932. Des observations s'imposent. A partir des années trente, l'horizon dakarois s'élargit considérablement par l'ouverture de nouveaux marchés et la réouverture d'anciens comme l'Allemagne. Par exemple, l'Afrique du Sud s'impose comme un partenaire potentiel grâce à la fourniture de légumes et fruits. Le mouvement commercial se caractérise par un fléchissement notable des importations qui vont atteindre 324 718 463 F alors qu'elles étaient de 409 425 682 F en 1925[258],

258 ANS, D/Sénégal, 11D1/1287.

soit une chute de 20,5 %. La baisse des importations est perceptible au niveau des principaux produits de consommation courante.

Tableau 16 : Valeurs de quelques produits d'importation (Fr.) en 1931 et 1932

Désignation de marchandises	1932	1931	Différence
Viandes conservés	2 057 495	2 386 495	-329 000
Lait conservé	1635 839	1 855 321	-219 000
Farine de froment	5 361 857	6 753 540	-1 391 683
Riz	11 736 410	12 997 291	-1 260 881

Source: ANS, 2G32/22

Un coup d'œil sur le tableau appelle quelques observations. D'abord une baisse est notée pour tous les produits. Si la tendance est identique, elle ne traduit cependant pas la même ampleur. D'environ 14 % pour les viandes conservées, cette baisse est de 11,3 % pour le lait conservé, 20 % pour la farine de froment et 9,70 % pour le riz. Néanmoins, pour mesurer l'ampleur du fléchissement, il suffit de comparer les chiffres d'avant - crise à ceux de la période de crise. Si, en 1925, les importations de farine s'élevaient à 7 267 000 F, elles vont baisser sensiblement pour atteindre 5 361 857 F en 1932, soit une diminution de 26,2 %. Ce furent les importations de riz qui vont enregistrer la chute la plus sensible ; elles passèrent de 49 931 000 F[259] en 1925 à 11 7363 410 F en 1932, ce qui fait en valeur relative, une baisse de 76,49 %. En tonnage, les importations de riz de la colonie du Sénégal, de 58 163 T en 1927, vont passer à 37 534 T[260] en 1929.

Pour la Circonscription de Dakar, les importations de riz, évaluées à 28 084 T en 1928, fléchirent considérablement l'année suivante pour atteindre 21 531 T[261]. La chute des importations de riz ne fut pas sans conséquence fâcheuse sur l'approvisionnement de la colonie en général et plus particulièrement au niveau des villes qui dépendaient essentiellement des produits importés. D'ailleurs, dès 1931, la situation vivrière fut préoccupante. La livraison du journal *Le Temps Colonial* en date du Mardi 3 Février 1931 nous

259 ANS, D/Sénégal, 11D1/1287
260 Ibidem.
261 Ibidem.

apprend que « le Sénégal a importé 56 500 T de riz en 1928 contre 38 000 T en 1929, quantité insuffisante pour nourrir les treize cent mille Sénégalais »[262].

En définitive, le fléchissement des importations, indicateur de l'ampleur de la crise, engendra une situation vivrière préoccupante. Pourtant, la baisse des importations n'est que le reflet du marasme qui caractérisa le monde des affaires dakarois à partir des années trente.

B- La crise et ses répercussions dans le monde des affaires dakarois

Le monde des affaires dakarois a durement ressenti les contrecoups de la crise économique. Ainsi, le commerce local a subi en 1929 une sévère crise liée à l'affaissement des cours mondiaux. La crise frappa de manière spectaculaire le cours de l'arachide qui passa de 125 F à moins de 50 F le quintal en 1930, soit une baisse de plus de 75 %. Les cours de l'arachide, de plus de 125 F le quintal avant la crise, fléchirent en 1930 et tombèrent au dessous de 50 F, soit une chute d'environ 75 %[263]. La surproduction observée au niveau des oléagineux eut comme conséquence une baisse générale des prix qui se répercuta sur les affaires, mettant ainsi de nombreuses maisons en difficulté.

Dans une économie de traite où la prospérité locale est régulée par le commerce des oléagineux, l'on comprend aisément le marasme qui caractérisa les affaires. A la diminution du chiffre des marchandises importées, s'ajouta la réduction pour les firmes de plusieurs escales pour ne conserver que les plus dynamiques. Certaines firmes ayant fait faillite déposèrent le bilan ou furent absorbées par des groupes financiers plus importants. D'autres se restructurèrent en faisant appel à la puissance publique. A ce propos, l'exemple de la société d'import-export Peyrissac est instructif à plus d'un titre.

Comme les autres firmes, Peyrissac fut ébranlée par un double mouvement : d'une part la baisse des cours des oléagineux qui lui éroda de manière substantielle ses profits à l'exportation ; de l'autre, la baisse des achats de marchandises puisque « l'indigène retirant moins d'argent de ses produits, avait moins d'argent à apporter aux boutiques »[264]. Secouée par la crise, Peyrissac frôla la faillite et dut adopter des stratégies de survie pour éviter de justesse la catastrophe. Au début de la crise, la firme mit en marche une politique d'autofinancement par la fermeture d'escales jugées non rentables[265].

Ces mesures étant inefficaces devant une crise de plus en plus persistante, Peyrissac fit appel à la protection de l'État colonial contre les concurrents étrangers. Les demandes des firmes en effet, trouveront un écho favorable avec la loi du 6 Août 1933 par laquelle l'État procéda à une réduction

---

262 *Le Temps Colonial* en date du Mardi 3 Février 1931
263 ANS, 2G 31/32.
264 Thiam I.D 1982-1983, op cit, p. 3709.
265 Robin R, op cit, p. 551.

des frais de transport et de certaines taxes à l'exportation pour quelques produits.

A l'image du secteur commercial, le système financier, n'a pas échappé à la Grande Dépression des années trente. Plusieurs banques furent ébranlées. En réalité, le système bancaire recelait des défaillances réelles avec un crédit abusif auquel s'ajoutaient un trafic d'influence et une compétition des firmes commerciales traditionnelles à l'intérieur des banques. En 1931, deux établissements financiers, la Banque Française d'Afrique (B.F.A) et la Banque Commerciale d'Afrique (B.C.A) sombrèrent et firent faillite. Banque de dépôt, la B.F.A fut atteinte dès le déclenchement de la crise par une ruée vers ses guichets et un retrait en massif. En cessation de paiement depuis Juillet 1930, la B.F.A procéda à sa liquidation en 1932 et à la fermeture de ses 23 guichets[266]

Cette liquidation se répercuta sur la banque d'émission, la Banque de l'Afrique Occidentale (B.A.O) venue à la rescousse de la B.F.A. pendant sa tempête financière et qui fut « incapable d'amortir 75 millions de pertes environ sur un portefeuille d'effets »[267] provenant de la banque en crise. La B.A.O ne dut sa survie qu à un secours de l'État colonial soucieux d'éviter les conséquences politiques d'une éventuelle faillite de l'Institut d'Émission. La crise du système bancaire s'accompagna d'une cascade de faillite chez plusieurs commerçants, notamment les Libano - Syriens. Alors que certaines firmes durent se résoudre, « devant les difficultés de l'heure, à fermer leurs opérations et à congédier une partie de leur personnel »[268], de nombreux Levantins émigrèrent vers l'Amérique Latine[269]. Au total, le commerce local et le système bancaire furent frappés de plein fouet par la crise. Dans ces conditions, au marasme général dans les affaires, s'ajouta un fléchissement notable des échanges.

En définitive, la grande dépression des années trente désarticula l'économie coloniale. Au niveau social, elle révèle une crise profonde qui se manifeste par la recrudescence de l'usure, les gages, la vente de bijoux précieux et par la braderie de bétail et de biens. Cette paupérisation engendra un recul accentué de la consommation indigène dans les campagnes avec la régression considérable des produits de consommation courante (riz, sucre, ...). Elle occasionna au même moment un exode massif des campagnards appauvris dont le flot principal se dirigea vers Dakar, engendrant ainsi de sérieuses difficultés liées, pour l'essentiel, aux problèmes démographiques.

---

266 Zinsou-Darlin L, « La Banque de l'Afrique Occidentale dans la crise », *R.F.H.O.M.*, Tome LXII 1973, No 252- 253, pp 506 -517, p.513.

267 Ibidem.

268 ANS, 2G 31/32.

269 Thiam I.D, p. 3707.

II- Du « décollage » démographique de la ville aux problèmes de subsistance

La grande dépression des années trente rend massifs et définitifs les mouvements démographiques qui, jusqu'alors, étaient pendulaires et limités. Frappé par la chute des cours de l'arachide, le monde rural fuit les campagnes et envahit les villes, notamment Dakar. Dès lors, la capitale de l'AOF semble hypertrophiée du fait de l'explosion démographique imputable à l'afflux des flottants.

A- L'estimation de la population dakaroise

La question essentielle dans toute étude démographique est celle du nombre d'individus. Combien y a t-il de Dakarois ? Première et difficile interrogation à laquelle il est malaisé de répondre dès lors qu'on ne peut fournir de chiffres sûrs et seules des approximations restent possibles. Quels sont les facteurs de la croissance ? Autre difficile question s'il en est dont la réponse appelle au préalable une étude minutieuse des soldes naturel et migratoire.

1- Le problème des chiffres

Les données statistiques dont nous disposons sont peu nombreuses et souvent contradictoires. En effet, avant 1955, les chiffres, souvent provenant des services fiscaux, étaient basés sur des dénombrements officiels et des enquêtes démographiques. Certes, des recensements, sous forme de dénombrements officiels furent effectués en 1878, 1891, 1904, 1909, 1910, 1914, 1921, 1926, 1931 et 1945. Mais ils étaient purement administratifs et répondaient à des préoccupations d'ordre fiscal. Or la fraude est le corollaire de tout fisc. Dans une telle perspective, les résultats, connus grâce aux annuaires coloniaux, ne donnaient que des ordres de grandeur avec une forte sous-estimation. Il s'agit ainsi de comptabilités imparfaites avec une forte sous-évaluation pouvant aller de l'ordre de 10 à 22 %. Dans ces conditions, les chiffres méritent d'être recalculés, revus et corrigés.

Un autre élément a contribué à l'accroissement des incertitudes et des sous-estimations. Les données démographiques, dans la plupart des cas, ne concernaient que Dakar ville ou la commune proprement dite, ignorant de ce fait la banlieue. D'ailleurs, la population de l'agglomération dakaroise ne figurera dans *l'Annaire Statistique de l'A.O.F.* qu'en 1926. Tous ces facteurs limitants furent répertoriés par le Haut Commissariat de la République en A.O.F. chargé d'effectuer le recensement démographique de Dakar en 1955. Aussi notait-il : « On ne dispose que d'évaluations approximatives. L'évolution exacte du chiffre de la population, poursuit-il, est difficile à préciser à cause des limites de la commune qui ont varié au cours de son développement et englobé des hameaux, villages qui, au début, se trouvaient en dehors. Évaluer la population d'une telle ville et dans ces conditions peut sembler une gageure car il s'agit d'entreprise difficile »[270].

A la lumière de toutes ces limites, l'on comprend mieux les préoccupations du géographe Jean Gallais qui soutient qu'« au point de vue statistique, l'agglomération dakaroise reste une des grandes inconnues de l'AOF »[271]. Toutefois, une reconstitution de l'évolution de la population dakaroise reste possible en dépit de ces multiples limites. Ces chiffres sont discutables, certainement à cause de l'ignorance de la population flottante. Par contre, ce qui est hors de discussion, c'est l'évidente progression de la population dakaroise.

La progression démographique, soutenue durant toute la période (1878 à 1945), reste sous le signe de l'augmentation de la population. Le passage de l'indice 11 à 23, soit une augmentation de 109 % entre 1891 et 1904 traduit on ne peut plus clairement le gonflement de la population qui a plus que doublé en treize ans. La population passera six ans plus tard, entre 1904 et 1910, de 18 400 à 26 000 hts, équivalant à une augmentation de 7 600 unités, soit 41,3 %. Le rythme de la progression démographique, rapide avant 1910, se ralentit en 1914. Entre 1910 et 1914, la population restera stationnaire. La mobilisation qui précéda la Grande Guerre conjuguée à la léthargie économique de la ville expliquent certainement l'inertie démographique et cet accroissement négligeable. La lenteur de l'immigration jusqu'en 1921 trouve son explication dans l'état du réseau de communication (absence d'automobiles, inexistence d'un véritable réseau routier, ...).

Le boom démographique de la ville s'opéra après la crise économique des années trente. En 1921, la population, estimée à 334 000 habitants passe à 54 000 unités, soit une progression de l'ordre de 61,6 % durant la période. Avant 1930, la population dakaroise ne représentait pas 3 % de l'ensemble sénégalais comme l'illustre le tableau suivant :

---

270 Haut Commissariat de la République en AOF, Recensement démographique de Dakar 1955

271 Gallais J, Les villages Lébous de la Presqu'île du Cap Vert, Les Cahiers d'Outre Mer 1954, pp.137-154.

Tableau 17 : Évolution démographique comparée de l'agglomération dakaroise et du Sénégal

	Année Sénégal	Dakar	Part Dakar dans l'agglomération sénégalaise
1909	1209 700	18 700	1,54 %
1910	1 249 300	24 900	1,99 %
1921	1 207 900	32 500	2,69 %
1926	1354 000	40 000	2,95 %
1936	1779 700	92 000	5,20 %
1945	1 925 000	132 000	6,85%

Source : R. Van chi - Bonnardel, 1978, op. cit, p. 227.

En 1936, la population est évaluée à 92 000 hts, soit une augmentation de 70 % par rapport à 1931. On est passé de l'indice 42 en 1921à l'indice 68 une décennie après pour atteindre 116 en 1936. De 1921 à 1936, en 15 ans, la population a augmenté de 175,4 %. La population ne cessa de croître, à partir de 1930 à vive allure. On passa de la pénurie à la pléthore de main d'oeuvre. Dans ces conditions, un large mouvement a poussé la ville dans toutes ses directions et sur ses marges, surgirent d'affreux quartiers périphériques qui se prolétarisaient de plus en plus.

La saturation fit déborder la Médina vers le nord-est et le sud avec la création des bidonvilles de la zone industrielle : Alminko, Colobane, Mbode, Baye Gaïndé, Darou Khane et Fass-Paillotte. La pression humaine sur la Médina occasionna une « squattétisation » de la zone non edificandi qui séparait le quartier africain du Plateau. Cette zone tampon fut « annexée » et occupée par le quartier africain Champ de Course dès 1930. D'ailleurs, le développement et la croissance spectaculaire de la ville dérouteront Jean Dresch au point qu'il verra de Dakar « une de ces métropoles monstrueuses dont la croissance désespère statisticiens et urbanistes »[272].

Le gonflement de la ville s'accentua en 1938 avant de fléchir durant la guerre. Le fléchissement du chiffre de la population en 1941 est dû à la guerre

272 Dresch J, « Les villes d'Afrique Occidentale », *Cahiers d'outre Mer*, No 11, pp.200-230.

et à ses incidences sur la vie des Dakarois (pénurie, répression, peur d'une répétition de l'épisode de septembre 1940). Mais l'année suivante et jusqu'à la fin du conflit, la population connaîtra une augmentation sensible à cause de l'arrivée massive des troupes alliées, de la sécheresse et de l'invasion acridienne qui poussèrent les ruraux à affluer vers Dakar, « déversoir » des migrants.

Au total, la population dakaroise a enregistré une croissance considérable de 1871 à 1946. Cependant, une bonne interprétation des données statistiques suppose, au préalable, une connaissance des facteurs de la croissance démographique.

2- Les flottants, facteurs de la croissance démographique

Les soldes naturel et migratoire constituent les facteurs de la croissance. Avant la grande dépression des années trente, les migrations des campagnes vers les villes, qui étaient saisonnières et temporaires, répondaient aux nécessités de recrutement de la main d'œuvre urbaine. Les migrations urbaines de travail remontent au XIXe siècle. Les premières formes d'immigration vers les villes furent souvent celles des captifs libérés.

Dans l'esprit des autorités coloniales, il s'agissait, grâce au « principe libérateur du sol français », de drainer la main d'œuvre constituée pour l'essentiel de captifs en quête de liberté. A l'époque, ce mode de recrutement de la main d'œuvre à partir de la captivité domestique était organisé et réglementé par l'État colonial. La procédure utilisée fut celle de l'engagement à temps afin de répondre à la demande en hommes de l'armée, de la colonisation agricole et des établissements publics.

Phénomène ancien, les migrations de travail étaient fréquentes avec les « Navétanes »[273] quittant la Casamance, la Guinée, le Soudan français, la Haute Volta en direction du bassin arachidier. Il en est de même de la migration des habitants de la vallée du fleuve Sénégal vers le Sud à la suite de la crise qui frappa le commerce de la gomme. Ces migrations rurales différaient des migrations urbaines composées de la population flottante. Quelle réalité recouvre cette expression ?

Le problème des flottants est un phénomène ancien dans l'histoire des villes sénégalaises. Déjà, lors du recensement de 1869, l'arrêté du 26 février de la même année avait introduit une nouvelle rubrique appelée « population flottante » comprenant troupes, détenus, vieillards, infirmes ou orphelins ainsi que les équipages des navires de commerce de passage dans les ports. A l'époque, elle était différente de ces immigrés en quête de travail, d'activités commerciales ou de rapines. Plusieurs sources ont confirmé au XIXe siècle, l'existence de population flottante dans les villes comme Gorée et Saint-Louis. Une preuve en est dans ce témoignage de Héricé, négociant en bétail qui, après

273 David P, *Les Navétanes*, NEA, Dakar, 1980, pp.17-57.

avoir déploré « cette foule de gens qui... importent la famine, la corruption, le fanatisme, la superstition »[274], évaluait en, 1846, le nombre de personnes entrées clandestinement dans la ville de Saint-Louis à 1 200. Peu après, A. Boilat estimait à 4 000 le nombre de flottants à Saint-Louis[275] pour une population estimée par les dénombrements et comptages administratifs à 14 000 âmes. Soit plus du quart, ce qui est considérable.

Au XXe siècle, plus précisément dans les années vingt, les migrations de travail des campagnes vers les villes étaient des mouvements saisonniers de flux et de reflux périodiques. Le travail commandait les déplacements des hommes. Le calendrier agricole déterminait la période et la durée des migrations saisonnières. Rares étaient ceux qui se fixaient de façon définitive en ville. A cette période, le salaire administratif était inférieur aux revenus du cultivateur d'arachide, et, dans les zones de traite, la rémunération rurale dépassait celle des villes.

Graphique 5 : Rémunération horaire du travailleur au Sénégal
(indice 100 = Salaire du manœuvre urbain en 1919).

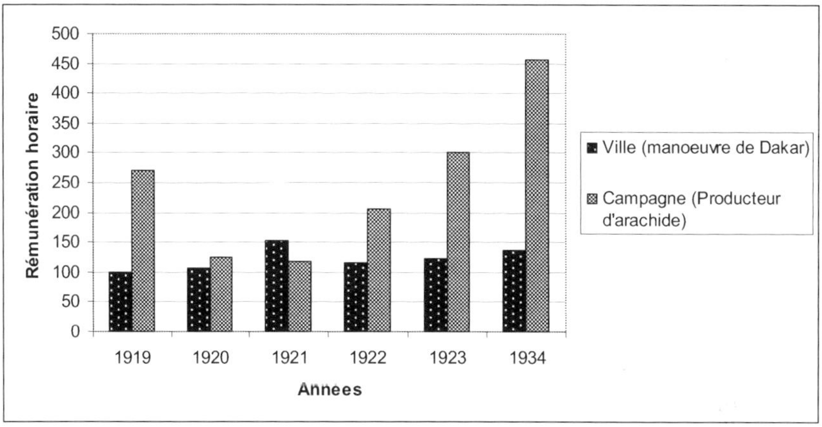

Source : C. Coquery-Vidrovitch, *Afrique noire : permanences et ruptures*, Payot, Paris 1985.

Mais la crise mit au jour une donnée nouvelle : la confrontation des rémunérations horaires moyennes laisse apparaître un décrochement du salaire du manœuvre dakarois sur celui du producteur d'arachide comme du reste l'atteste le tableau ci-dessous :

274 Hérissé, *Mémoire présenté à M. Le Ministre de la Marine et des Colonies*,. Octobre 1846.

275 Boilat A.D, op cit, p.207.

Graphique 6 : Comparaison du salaire moyen du paysan sénégalais et du manœuvre dakarois (base 100 =1890)

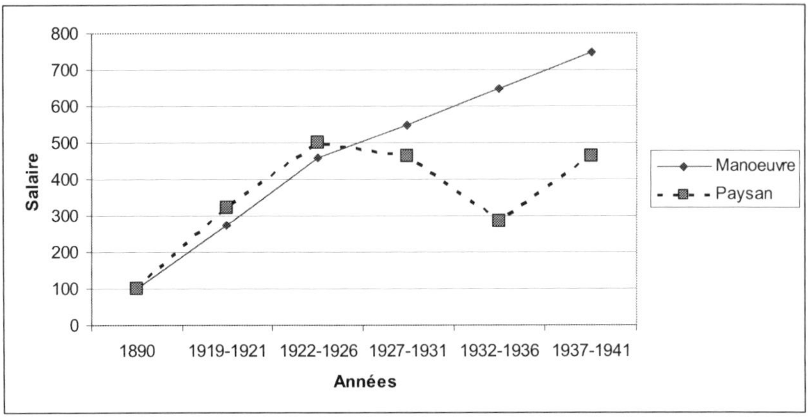

Source Mbodji M, « Sénégal et dépendance : le Sine Saloum et l'arachide 1887-1940 », *Sociétés paysannes du Tiers Monde*, P.U de Lille 1980, pp. 139-154.

Ainsi, avec la grande dépression, le salariat, la création d'industries et l'attrait exercé le port vont rendre massifs et définitifs des mouvements jusque là relativement limités et saisonniers. Au mouvement saisonnier et pendulaire villes/campagnes, succèdent des migrations définitives et dès lors, les départs vers Dakar furent de moins en moins suivis de retours effectifs. Dans une telle perspective, nous pouvons admettre qu'avec la crise, le mouvement migratoire prit une nouvelle tendance pour devenir plus urbain que rural et, facilité par les voies de communication (routes, rails), il va revêtir un caractère souvent définitif.

L'accroissement de la ville n'a été possible que par un apport extérieur ; en fait, pendant longtemps, les décès l'ont emporté sur les naissances.

Tableau 18 : État civil de Dakar 1908-1945

Années	Naissances	Mort-nés	Décès	Solde naturel
1908	600	92	629	-29
1909	533	102	689	-156
1910	495	88	579	-84
1911	505	75	572	-67
1912	514	83	603	-89
1913	558	102	598	-40

1914	573	120	2054 (peste)	-1481
1915	558	126	911	-353
1916	703	128	1506	-803
1921	1149		2562	-1413
1926	1170		1754	-584
1927	1206		1079	-127
1936	2477		1771	+706
1945	5441		3012	+2429

Graphique 7 : État civil de Dakar 1908-1945

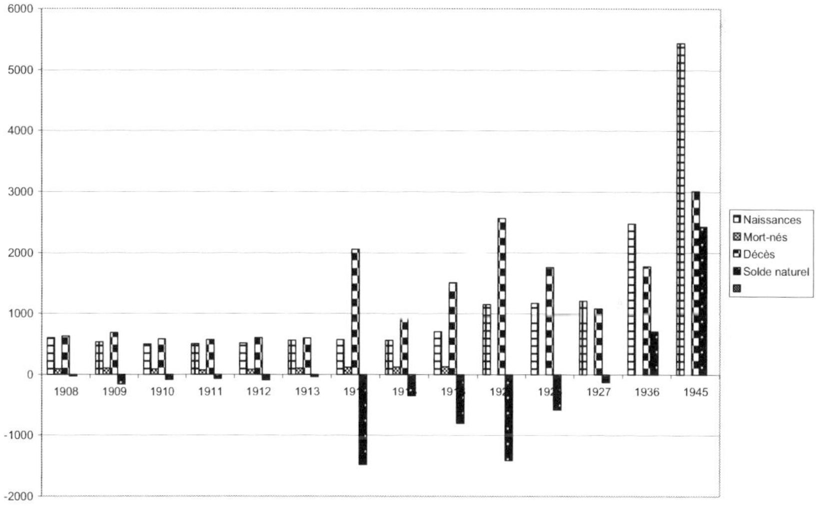

Sauf en 1936 où il fut positif de 706 éléments (à cause de l'apport extérieur), le solde naturel comme son cumul était négatif. Le creux de la vague fut atteint en 1914 avec un déficit de 1481 éléments à cause de la peste qui frappa Dakar cette année. A partir de 1936, la tendance s'inversa et s'accentua. L'évolution favorable du mouvement naturel, liée à l'élévation du taux de natalité générale (27 ‰ en 1946, 41 en 1945) s'ajoutait à une réduction sensible de la mortalité générale (68 % en 1916, 23 en 1945)[276].

Le cumul du solde naturel ne sera positif qu'à partir de 1942-1944. En 1945, les taux de natalité et de mortalité seront respectivement de l'ordre de 4,1 % et 2,3 %, d'où une croissance de 1,8 %[277]. De toute évidence, l'apport extérieur fut l'élément déterminant dans l'accroissement de la population dakaroise avant la deuxième guerre mondiale. A l'époque, Dakar était une ville d'immigrés.

La structure démographique laisse apparaître la prépondérance des hommes de 20 à 30 ans et la faiblesse des vieux ; ce qui caractérise les villes d'immigration. Par exemple, on dénombrait en 1928 dans la banlieue de Thiaroye 2823 hommes pour 100 femmes[278]. En fait, les premiers immigrants de la première moitié du XXe siècle étaient composés par les hommes seuls à la recherche d'un emploi.

B- Les composantes : une structure démographique dualiste

A Dakar, la distribution de la population dans l'espace urbain répond à des critères d'ordre racial. De fait, la composition urbaine de la ville, dualiste, laisse apparaître d'une part un centre européen (Le Plateau) et d'autre part les quartiers indigènes et villages traditionnels lébous rejetés à l'extérieur de ce centre, inscrivant ainsi dans l'organisation spatiale la ségrégation classique de la colonisation.

1- Les indigènes

« Tout Dakar indigène est encore campé dans des cases et des baraques vermoulues occupant une superficie d'environ 30 ha. Que de promesses faites depuis plus de dix ans pour assainir ces quartiers populeux ! Quelle amélioration obtenue ? Aucune ! La population de plus en p l u s dense en augmente l'insalubrité »,

L'A.O.F No 1785. 24 avril 1925, « Ville de Dakar, élections municipales du 23 avril 1925, liste de défense des intérêts locaux sous le patronages des notables indigènes de Dakar. Profession de foi ».

Même électoraliste, ce message n'en illustre pas moins les conditions de vie misérables des indigènes. L'essentiel de la population indigène était concentré dans le quartier africain de la Médina, créé au Nord de Dakar par

276 Verrière L, op cit, p.45.

277 Ibidem.

278 Lakroum M, Le travail inégal: paysans et salariés sénégalais face à la crise économique des années trente, Paris, Harmattan p.141.

décision des autorités coloniales à la suite de l'épidémie de peste de 1914. La Médina « traditionnelle » regroupait à l'origine plusieurs villages lébous déguerpis de Dakar-ville : Thérigne, Ngaraf, Gouye Mariama, Gouye Salane, Diécko, etc. Au nord et au nord-est de la Médina « originelle », s'ajoutèrent, sous l'effet de la saturation démographique, plusieurs quartiers provisoires : Aliminko, Colobane Baye Gaïndé, Fass Paillote. Quant à Dakar - banlieue, elle était constituée des villages traditionnels lébous comme Ngor, Ouakam, Yoff, Cambérène, Hann, Thiaroye.

La population indigène n'est pas homogène au plan juridique. En réalité, la ville obéissait à une conception étroite de la citoyenneté. Lorsque Dakar fut promue commune de plein exercice le 17 juin 1887, elle bénéficia d'un statut privilégié proche de celui des communes françaises. Depuis la Seconde République, les originaires de Saint-Louis et Gorée jouissaient de ce statut. Il faudra attendre la loi communément appelée Biaise Diagne de 1916 pour que la citoyenneté soit reconnue aux originaires des « quatre communes ».

Dans ces conditions, les natifs de Dakar, en vertu des lois du 19 octobre 1915 et du 29 septembre 1916 bénéficiaient d'un statut juridique particulier : ils ont la citoyenneté française, pouvaient voter contrairement aux sujets et accéder à certaines carrières qui leur étaient réservées. Ces privilèges ont été exploités par l'électorat lébou qui se considérait comme propriétaire de la ville, détenant par là les clés de la municipalité. Ce qui fut à l'origine de marchandages pour accaparer le vote lébou lors des élections municipales.

C'est la raison pour laquelle une certaine tension a prévalu entre ces citoyens indigènes (surtout lébous) et les sujets[279] (originaires du Walo, Baol, etc.). En fait, les citoyens de plein droit constituaient une minorité jalouse de son statut et finit par former une sorte de caste face à la majorité des sujets indigènes.

A partir des années 1920, vont s'opérer des transformations dans la répartition des groupements ethniques. Numériquement, le vieux fonds lébou « est submergé et la prépondérance passe aux Ouoloffs »[280]. Si en 1926, les Lébous représentaient le quart de la population[281], cette proportion fut réduite à 16 % en 1938. De toute évidence, les sujets, soumis au statut de l'indigénat étaient plus nombreux que les citoyens.

Une estimation effectuée en 1937 par les autorités responsables dakaroises[282] dénombrait dans la commune de plein exercice 34 918 citoyens contre 55 091 sujets.

---

279 ANS, 13G 15/17 : Divers 1937-1944.

280 Haut Commissariat de la République en AOF 1955, op cit, p.11.

281 Ibidem.

282 ANS, FDDD : Dossier 8.

Tableau 19 : Composition ethnique de la population indigène de Dakar en 1938

Ethnies	Nombre	Pourcentage
Ouolofs	38 210	42,7
Lébous	14 203	15,9
Toucouleurs	12 215	13,6
Bambaras	10 380	11,6
Soussous	4354	5,2
Maures	1470	1,6
Khassonkés	1095	1,2
Sarakolés	890	0,9
Peulhs	608	0,6
Sérères	375	0,4
Divers (Africains)	5 224	5,8
Total	89 319	

En définitive, à la diversité ethnique s'ajoute, au plan politique une division de la population dakaroise. Aussi distingue-t-on les originaires de Dakar jouissant du statut de citoyens (indigènes de statut citoyen) et les sujets ou Dakarois de statut indigène, subissant le statut de l'indigénat comme en pays de protectorat. Cet éclairage politique ne saurait cependant suffire. Derrière cette dualité, se profile une structure sociale et économique. De ce point de vue, le groupe africain, hiérarchisé, peut être divisé en catégories sociales. Au sommet de la hiérarchie, se trouve le vieux fonds lébou (marabouts et aristocratie traditionnelle, propriétaires fonciers) auquel s'ajoutent les fonctionnaires exerçant dans l'administration coloniale, forces de l'ordre, enseignants, commis, postiers, employés de commerce..

Au bas de l'échelle, se trouvent les flottants constitués de migrants en quête de travail et qui furent la préoccupation majeure des autorités coloniales dans les années trente. Ne lit-on pas dans le rapport politique d'ensemble de la Circonscription daté du 18 juillet 1938, l'autorité dakaroise préconiser, après avoir déploré le surpeuplement de la ville, une épuration des éléments indésirables par « une élimination judicieuse des vagabonds et des mendiants »[283]. Les régions voisines (Baol, Cayor) et les zones de la vallée du Fleuve fournissaient l'essentiel des migrants.

Au total, le groupe africain, loin d'être homogène, laisse apparaître des clivages et des divisions d'ordre politique, économique, social et racial.

2- La population européenne et libano - syrienne

a- Les Européens

L'essentiel de la population européenne était composé par les familles françaises dont la présence remonte, dans l'ensemble, au XIXe siècle dans le cadre de l'économie de traite.

Graphique 8 : Évolution de la population française de Dakar

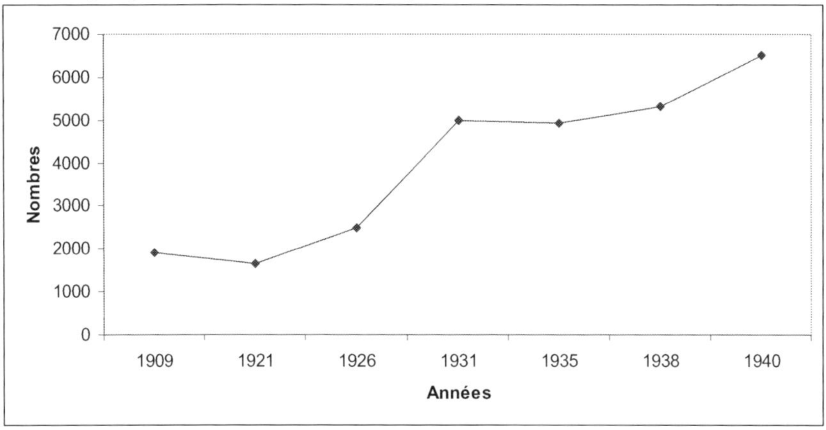

En 1909, il y avait 1899 Français à Dakar. En 1921, ils sont au nombre de 1661 sur un total de 2331 Européens, soit une diminution de l'ordre de 12,53 % par rapport à 1909. La réduction de l'effectif durant cette période est imputable à la première guerre mondiale qui avait occasionné le départ de jeunes Français travaillant dans les maisons de commerce. Jusqu'en 1921, peu de Français s'étaient établis à Dakar à cause de l'état sanitaire et de la récurrence des épidémies (fièvre jaune, peste) auxquels s'ajoutait l'inertie économique. C'est à partir de 1926 que s'amorce une sensible progression de la population

283 ANS, 13G 15/17., Divers : 1937-1944.

française qui a doublé en cinq ans (1926-1931). En 1926, les Français représentaient 2488 unités pour une population européenne estimée à 3202 âmes, soit 77,7 % de l'effectif. De 1931 à 1936, la population européenne, de 6529 à 6508 habitants[2842], reste stationnaire. En 1936, la population française de Dakar avoisinait 5000 éléments pour une population totale estimée à 92000 hts, soit une proportion de 5,4 % par rapport à l'ensemble de la population qui était sous sa domination.

La population européenne se composait de commerçants, représentants et employés des vieilles maisons bordelaises et marseillaises dans le cadre de l'économie de traite, de petits commerçants opposés au monopole des Grands du commerce. Il s'y ajoute les fonctionnaires civils et militaires dont la majorité était affectée après la décision de faire de Dakar la capitale de l'AOF., entraînant du coup l'établissement des services (coiffeurs, restaurateurs, ouvriers d'art, menuisiers,...). Les quartiers européens établis au Plateau et séparés des quartiers indigènes par un espace non edificandi, laissaient apparaître une ségrégation urbaine de fait. Un peu plus au Nord, entre la Médina et le Plateau, se situait la zone tampon occupée par les Libano - Syriens.

b- Les Libano-Syriens

La migration libano - syrienne remonte à la fin du XIXe siècle[285]. Cette migration fut consécutive à la saturation démographique dans la plaine de la Bekaa[286]. En 1897, il y en avait 18 dont une dizaine implantés au Sénégal[287]. L'immigration fut facilitée à l'époque par un réseau de solidarité soutenu par des bailleurs de fonds pour permettre aux premiers immigrants « de faire face aux frais de voyages et de première installation »[288]. En retour les premières implantations réussies furent suivies d'autres départs ; les membres de la famille sont sollicités lorsque les affaires prospèrent.

Les sites de prédilection dans leur implantation étaient les villes de la côte (Dakar, Conakry, Abidjan), les centres de production d'arachide (Kaolack,...), les grands centres de transit fluviaux, routiers, ferroviaires et le voisinage des colonies étrangères à cause des opportunités de contrebande. Le rythme d'implantation s'accéléra à la fin de la Grande Guerre (1914-1918) après que les autorités coloniales encouragèrent l'immigration libanaise au Sénégal.

---

284 Haut Commissariat de la République en AOF, *Annuaire Statistique de l'AOF*,, Editions 1940, Tome I, Tableaux XLIX, p. 90.

285 Colonel Lacheroy, *Les Libano - Syriens en AOF*, Paris, Centre d'Etudes Asiatiques et Africaines, Section de Documentation militaire de l'Union Française 1953, p.9.

286 Desbordes J.L, *L'immigration libano-syrienne*. Poitiers 1938, p.17.

287 Colonel Lacheroy op cit, p.9.

288 Colonel Lacheroy, op cit, p.5.

En effet, le mandat exercé par la France sur la Syrie et le Liban à partir de 1918 (dépouilles de l'empire turc ottoman) et le besoin d'intermédiaires des grandes maisons de commerce pour la collecte de l'arachide décidèrent de la fortune de l'immigration levantine au Sénégal.

L'ascension des Libano - Syriens fut favorisée par une conjoncture économique et politique mise à profit par la première génération d'immigrés qui réussit à occuper le rôle d'intermédiaires entre les grandes firmes commerciales et les paysans autochtones. La crise économique des années trente et la mobilisation consécutive à la deuxième guerre mondiale de nombreux commerçants français et indigènes leur laissa un champ libre qu'ils investirent rapidement à la faveur d'un contexte de pénurie et de renchérissement généralisé.

Graphique 9 : Évolution de la population libano syrienne de Dakar

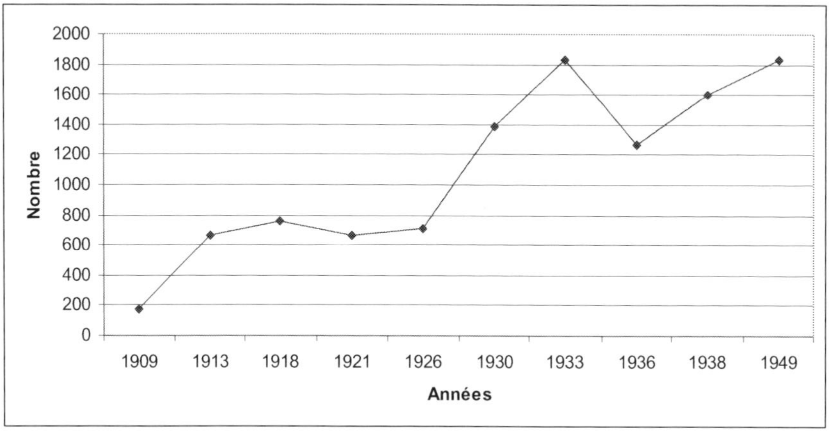

Ils s'insérèrent dans le circuit de l'économie de traite comme intermédiaires entre le grand commerce colonial et les paysans. Ils s'adonnèrent à des pratiques souvent à la limite de la légalité (usure, système dit du "carambouillage", fraude, ravitaillement clandestin des restauratrices) et furent, à la faveur de la pénurie issue du second conflit mondial, l'objet de lourdes sanctions (fermeture de magasins, retraits temporaires de fonds de commerce, emprisonnements,...).En définitive, on peut admettre que Dakar est une mosaïque de peuples, de races et de catégories sociales comme l'illustre le tableau suivant.

Tableau 20 : Population de Dakar en 1938

Français	=	5 322
Européens,		
Etrangers	=	1921
Libano Syriens	=	1419
Ressortissants citoyens	=	29 513
Ressortissants non citoyens	=	55 205
Population totale civile	=	95 810
Européens	=	1185
Troupes Indigènes	=	4 317
Troupes Européennes	=	57
Forces Police Indigènes	=	284
Population totale militaire et forces de l'ordre	=	5 843
Total		101653

La configuration urbaine mettait face à face une minorité française (5,5 %) qui dominait 95 % de la population. Toutefois, derrière cette approche raciale, se profile une structure sociale hiérarchisée aussi bien au niveau de la population noire que de la population blanche.

C- Une situation alimentaire précaire

« Plus une ville est peuplée, plus son ravitaillement reste aléatoire ».
Braudel F, *Les Jeux de l'Échange.*

La grande dépression des années trente occasionna des mutations sociodémographiques caractérisées par l'exode rural, l'apparition des bidonvilles, la croissance du sous-prolétariat et le renversement démographique. Autant de phénomènes de masses qui engendrèrent l'accroissement des besoins alimentaires et des importations céréalières, notamment le riz.

1- De la dépendance aux importations aux changements de goûts alimentaires : l'ascension et la gloire du riz

A partir des années trente, l'hypertrophie de Dakar provoquée par la croissance démographique imputable à l'afflux migratoire va accroître les importations vivrières et renforcer davantage la dépendance alimentaire du Sénégal. En vérité, les importations en riz de l'Inde ou en riz de Caroline débutèrent à la fin de la première moitié du XIXe siècle, plus précisément vers 1849-1850[289]. L'extension et l'essor de la culture arachidière se firent au détriment des cultures vivrières (mil, riz), rendant dans ces conditions de plus en plus nécessaire le recours aux importations liées au déficit céréalier.

A l'époque, pour donner une impulsion à la culture arachidière et faire face à la rareté et à la cherté du riz local, Faidherbe initia une politique de stimulation des importations de riz. Déjà, en 1857, Faidherbe constatait les difficultés d'approvisionnement de Saint-Louis à cause de « la cherté excessive » du mil mais remarquait au même moment que l'abandon par « une partie des Ouoloffs de la culture du mil pour celle de l'arachide, n'est pas un mal »[290]. Loin s'en faut : « Que le Sénégal produise des graines oléagineuses au lieu des céréales, nous lui apportons du riz, il en résultera un plus grand mouvement pour la navigation »[291].

A cette date, Carrère et Holle abondaient dans le même sens lorsqu'ils affirmaient : « Que chacun se pénètre de cette idée : il faut et pour nos intérêts et pour notre honneur que le Sénégal produise sur une vaste échelle une denrée si utile (l'arachide). En travaillant ainsi à son bien-être, cette colonie affranchira sa métropole d'un tribut. Si nous y perdions un peu de mil, le commerce saurait bien vite remplacer cette céréale par le riz dont la consommation donnerait un aliment nouveau à la navigation française de long cours »[292].

En novembre 1860, Faidherbe réaffirmait son option pour la promotion de l'arachide au détriment des céréales. Il ne dit autre chose lorsqu'il affirme : « C'est encourager la culture industrielle que d'importer des denrées alimentaires pour les indigènes et de donner l'habitude de s'en nourrir... Si les Noirs se contentent de cultiver du mil pour le manger, cela ne nous produit aucun commerce. Il y a avantage pour nous à leur faire produire des arachides, du béref, du coton au lieu de mil et de leur vendre pour leur subsistance du riz importé de l'Inde par navires français »[293]. L'orientation de cette politique

289 Pasquier R 1987, op cit, p.199.
290 Faidherbe, « Le Sénégal, situation politique », *Revue Coloniale*, février 1857, pp. 168-174.
291 Ibidem.
292 Carrère P et Holle P, *De la Sénégambie française*, Paris, 1855, p.82.
293 Sénégal, Conseil d'Administration, délibération du 29 novembre 1860, in Pasquier R, 1987, op cit, p.200.

économique, définie par Faidherbe, allait nettement dans le sens de la promotion des cultures industrielles au détriment des cultures céréalières locales ; elle intégrait du coup le Sénégal dans le marché mondiual par ses importations de riz et ses exportations d'arachides..

Pourtant, jusqu'au début du siècle, la situation vivrière n'était pas si préoccupante. En Casamance par exemple, la production de riz était largement excédentaire; En 1909, « les provisions accumulées par les indigènes dépassent de beaucoup celles des autres années et certaines maisons de commerce sont très embarrassées de leurs réserves de riz dit de traite . Raison pour laquelle quelques commerçants manifestent l'intention de tenter l'exportation du riz indigène »[294]. Mais à partir des années trente, face aux besoins alimentaires accrus sous l'effet de l'urbanisation accélérée et au déficit du mil à cause de l'arachide, les villes, Dakar en particulier, furent obligées de recourir aux importations croissantes de riz. Ce qui est illustré par les graphiques et tableaux suivants.

Tableau 21 : Mouvement des importations de riz (en grains) de la colonie du Sénégal

Années	**Quantités (tonnes)**	**Valeurs (Fr.)**	**Sources**
1908	16 083,6	4 187 789	2G9 (6)
1909	17 138,3	3 869 767	2G9 (6)
1911	23 671,2	5 556 056	2G12 (8)
1912	17142,4	4 951476	2G12 (8)
1913	15 539,4		
1915	17 079,4		2G16 (4)
1916	7503,6		2G16 (4)
1924	60 493	81019 000	2G25 (11)
1925	37262	49 931 000	11 D1 (1287)
1926	42 240		11 Dl (1287)
1927	85 549		11 Dl (1287)
1928	84 648		Le Temps Colonial 3 février 1931
1929	59 065		
1931	22 786	12 997291	

294 ANS, 2G 9/6.

1932	20 576	11736 410	
1934	48165	27475 607	11 Dl (1287)
1935	99380,5	53 941 296	11 Dl (1287)
1936	90 623		
1937	117 658		2G35 (26)
1938	36 741		FDDD - Dossier 8
1939	62103		FDDD - Dossier 8

Graphique 10 : Mouvement des importations de riz (en grains) de la colonie du Sénégal

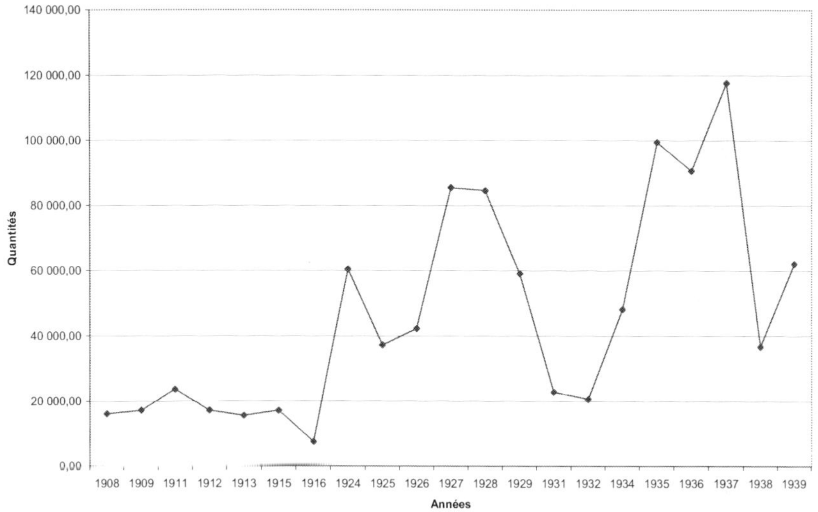

Le constat qui se dégage, c'est l'accroissement considérable des importations de riz qui ont plus que triplé entre 1908 et 1924. Après un fléchissement en 1925 et 1926, s'amorce une remontée à partir de 1927 et 1928 avec respectivement 85 549 t et 84 648 t. Le niveau plancher est atteint en 1931 et 1932 avec moins de la moitié des importations de 1929. Les pics observés en 1935, 1936 et 1937 traduisent l'accroissement des besoins, notamment dans les grandes villes comme Dakar à cause de la croissance démographique occasionnée par l'afflux migratoire.

Somme toute, à partir des années trente, le riz conquiert la ville au détriment du mil. Ce fut dans les grandes villes à l'image de Dakar que le riz bénéficia d'un accueil qui décida de sa gloire et de sa fortune. De toute évidence, il y eut une diminution générale de la consommation de mil qui s'accompagna de rupture d'une alimentation ancienne. Le mil en régression, connut une certaine désaffection au profit du riz qui cesse d'être une denrée de luxe pou devenir un produit de grande consommation. On se gardera bien d'oublier que l'adoption d'une alimentation ou d'une plante favorite répond moins au goût qu'à la nécessité. En réalité, cette gloire, le riz la doit à son prix relativement bas, à sa haute valeur calorifique et à sa facilité de préparation.

A partir de la fin des années 1930, l'approvisionnement des populations citadines en riz constitua une préoccupation majeure de l'administration. Une preuve nous est donnée dans cette correspondance en date du 31 octobre 1940, initiée par le président de la Chambre de Commerce de Dakar et destinée au directeur des Services Économiques qu'il pria, non sans une certaine insistance de prendre toutes les dispositions utiles face à la pénurie de riz. Aussi, notait-il : « La prudence exige une réserve de 10 000 t de riz dans la colonie. Ce sujet mérite une solution rapide. La constitution d'un approvisionnement suffisant de riz devant permettre d'assurer le ravitaillement de la population indigène dans de bonnes conditions est donc pour la colonie, poursuit-il, un gage de calme et de tranquillité »[295].

Au bilan, il faut attendre les années trente pour se rendre à l'évidence de la tyrannie du riz qui occupait dans l'alimentation, une place de plus en plus importante du fait de l'accroissement des besoins de la capitale de l'AO.F.

2- L'accroissement des besoins alimentaires

L'équilibre reste toujours précaire et difficile entre les besoins alimentaires et les possibilités de la production. Surtout que la production locale ne suffit pas à couvrir les besoins de Dakar. Aussi, éprouva-t-on dès les années trente des difficultés croissantes à assurer sa sécurité alimentaire et encore moins son ravitaillement correct. La ville peine à nourrir sa population qui connaît une croissance de plus en plus importante. L'accroissement des besoins alimentaires est illustré par le tableau suivant :

---

295 ANS, FDDD, Dossier 555 : Ravitaillement, Lettre 1332 Dossier 45 - 4 Pièce No 693 du 31 octobre 1940, Président CCD à directeur des Services Economiques.

Tableau 22 : Évolution des besoins alimentaires de Dakar de 1878 à 1945 (riz et viande)

Années	Population estimée	Besoins en riz (par an) en tonnes	Besoins en viande en Tonnes
1878	1560	284,7	199,6
1891	8 700	1 587,7	1113
1904	18 400	3 358	2 355
1910	26 000	4 745	3 328
1914	26 800	4 891	3430
1921	33 400	6 095	4 275
1931	54 000	9 855	6 912
1936	9 200	16 790	11776
1938	101653	18 551	13 011
1941	95 679	17461	12 247
1943	198114	36156	25 358
1945	154 000	28105	19 712

Graphique 11 : Évolution des besoins alimentaires de Dakar de 1878 à 1945 (riz et viande)

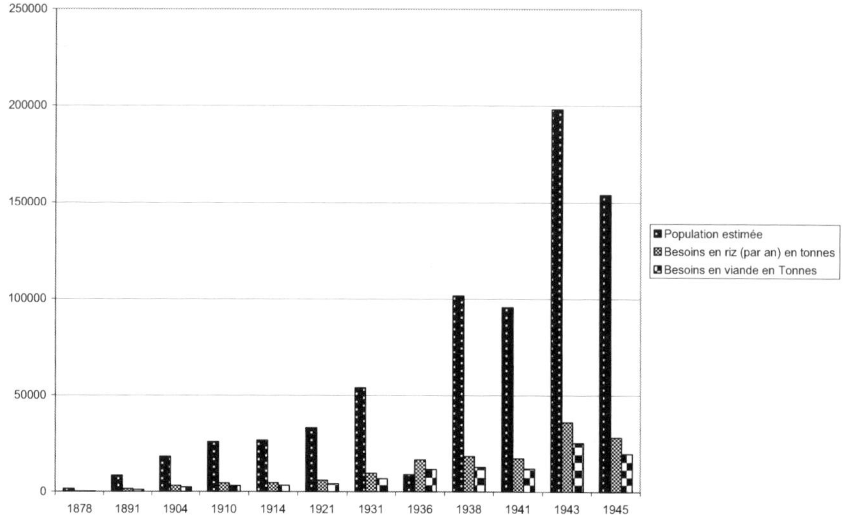

Les besoins alimentaires sont en croissance continue de 1878 à 1945. Ils ont quintuplé entre 1878 et 1891. Les années trente se singularisent par un accroissement considérable des besoins qui ont doublé entre 1931 et 1938 aussi bien pour la viande que pour le riz. Par exemple, il faudrait prévoir tous les jours de l'année 1938 un ravitaillement de 508 t de riz et 36 t de viande fraîche pour couvrir les besoins de la ville. Dakar éprouvait déjà des ennuis pour son ravitaillement. En effet, l'accroissement rapide de la population suite à l'expansion territoriale de la ville entraîne une détérioration de la situation alimentaire et « le spectre de la famine plane au-dessus de Dakar »[296]. En tout cas, la situation d'alors appelait une prouesse qui supposait une organisation minutieuse, voire exceptionnelle des services de ravitaillement.

Or, le système d'approvisionnement, incapable de répondre aux nécessités du ravitaillement, donna lieu à des ennuis et à des alertes. Cela explique d'ailleurs la restructuration de l'administration desdits services en 1936 pour éviter que la situation alimentaire ne devienne intenable. Il s'y ajoute que les poussées démographiques, en entraînant la détérioration des niveaux de vie, augmentent du même coup le nombre de sous-alimentés et de misérables. C'est un fait en tout cas, qu'avec les crises alimentaires apparaissent des régimes à la limite de la sous-alimentation, notamment au niveau des couches sociales les plus défavorisées. Ce que confirme l'enquête effectuée à Dakar en 1936 par

296 ANS, 2G 30/25.

le Docteur Casanove sur l'alimentation quotidienne des manoeuvres qui révèle des carences et des insuffisances réelles[297].

Somme toute, il faut attendre les années trente pour se rendre à l'évidence des ennuis et des difficultés de ravitaillement de la ville. C'est que la poussée démographique finit par entraîner des difficultés de ravitaillement. La situation est telle que les autorités coloniales prirent nombre d'initiatives pour le maintien ou à défaut le rétablissement de l'équilibre alimentaire de la ville.

D- Le volontarisme des autorités locales

La grande dépression des années trente et les marginaux qu'elle occasionna à Dakar constituèrent des dysfonctionnements sur l'approvisionnement de la ville. Phénomène social à partir des années trente, la population flottante constituait une préoccupation majeure des autorités coloniales. Pour faire face à ce problème, elles optèrent pour une politique d'obstruction envers les migrants, de développement de la production agricole locale et de réorganisation du système d'approvisionnement de la ville.

1- La gestion des flottants : l'option pour une politique d'exclusion

Le fléchissement sensible du cours de l'arachide et les effets de la crise économique déversent des milliers de flottants à Dakar devenue le dépotoir de la misère du pays. Dans ce contexte, les autorités se résolurent à la délester de sa « surcharge démographique ». Dans les faits, le problème des flottants est intervenu depuis le XIXe siècle dans le cadre de la gestion de l'espace urbain. Que la famine s'annonce au niveau des campagnes ou que la sécheresse visite les régions productrices, le résultat fut souvent le même : l'afflux vers les villes mieux protégées. Souvent, face à la menace de ces « bouches inutiles », l'administration n'hésite pas à opter pour une politique de refoulement à Saint-Louis. A l'époque, en 1847, Tardieu évaluait entre 1500 et 1200 le nombre de flottants dans la ville de Saint-Louis pour 14 000 hts recensés[298].

La situation était identique à Gorée. En 1849, face à la surcharge démographique de la cité insulaire imputable aux flottants, le commandant particulier de Gorée n'hésita pas à ordonner au maire de l'île de « purger » la ville de son « excès de population »[299]. Quelques années plus tard, en 1856 et en 1864, devant l'afflux de réfugiés essoufflés vers Saint-Louis, la Direction des

---

297 Docteur Casanove, « La nourriture indigène dans une ville africaine », *BCAF*, Mai 1936, pp.289-293.

298 Tardieu A, *Sénégambie et Guinée*, 1847, p.58.

299 ANS, AOF, 4B 15, Commandant particulier de Gorée au Gouverneur, 15 septembre 1849.

Affaires Politiques, sous l'impulsion de Faidherbe, opta pour une politique de refoulement des indigents de la ville. Des affiches contre la mendicité et le vagabondage furent apposés aux différentes places de la ville[300].

A Dakar, la grande dépression des années trente engendra un large mouvement qui poussa la ville dans toutes les directions. La ville, enserrée dans un site presque insulaire semblait débordée par l'accroissement démographique. Très vite, les autorités se décidèrent à réagir contre le phénomène et adoptèrent des mesures énergiques pour se débarrasser de cette épouvantable population flottante. Les lois et mesures contre les indésirables vont de l'interdiction d'héberger les pauvres aux regroupements dans les centres ou maisons de force en passant par des rapatriements. Les amendes, les rafles policières, les interdictions pour faire face à ce fléau étant inefficaces, l'ultime recours fut le refoulement. A partir de 1934, l'administration, les services de sûreté et l'Inspection du Travail se chargèrent de débarrasser la ville des indésirables en organisant des « opérations retour au village »[301] avec comme credo le rapatriement ou « le refoulement volontaire »[302].

Toutefois, avec ces mesures, Dakar finit par déverser une partie de ses « errants, vagabonds et désœuvrés »[303] dans l'hinterland sénégalais. En effet, les sans travail, estimait l'autorité locale, devaient être immédiatement éloignés de Dakar et dirigés de préférence vers les cercles de Kaolack et Tambacounda. En 1935, un pas fut franchi dans la lutte contre « cette gent oisive et paresseuse, vecteur de la prostitution, de l'alcoolisme et du banditisme »[304]. La solution envisagée consistait à parquer les indésirables.

Un caravansérail fut dès lors construit au niveau du quartier indigène de la Médina Ouvert en juillet 1935, il était destiné à loger les travailleurs indigènes constituant la population flottante de Dakar. Le caravansérail, géré par le commissaire de police de la ville, comprenait soixante chambres dans lesquelles s'entassaient, aux dires de l'administration, mendiants, « paresseux », vagabonds, marginaux et vendeurs à la sauvette[305]. Ce caravansérail, prison qui ne dit pas son nom, se chargeait, dans les faits, d'héberger les raflés.

A partir de 1936, les autorités responsables s'insurgèrent contre l'hospitalité indigène et l'aide accordée par les familles aux flottants. Avec la persistance de la pénurie à partir de 1940 consécutive à l'éclatement des hostilités, l'Administrateur de la Circonscription de Dakar et Dépendances intima aux autorités chargées du contrôle des cartes de refuser ou de retirer les

---

300 *Moniteur du Sénégal*, 6 septembre 1864, No 441, pp. 115-116.

301 ANS 2G 34/3 CDD, Rapport annuel d'ensemble 1934.

302 Ibidem.

303 Ibidem.

304 ANS, 2G 35/26, CDD : Rapport annuel d'ensemble 1935.

305 ANS, 2G 35/26, CDD : Rapport d'ensemble sur le fonctionnement des différents services, 1934.

cartes de consommation à tout « indigène vivant d'expédients et abusant de l'hospitalité coutumière »[306]. Pourtant toutes ces mesures n'auront suffi pour venir à bout de cette plaie sociale constituée par la population flottante.

En réalité, omniprésente, pourchassée vainement, la population flottante se moque de l'arsenal répressif dressé sur son chemin. Les refoulés, même chassés, reviennent ou d'autres reviennent quelques temps après. Les refoulements, gestes rageurs, ne traduisent-ils pas l'impuissance des autorités coloniale face à ce fléau social ? En tout cas, l'efficacité des mesures officielles restait très limitée. Devant les insuccès de ces mesures, les autorités coloniales optèrent pour une politique de souplesse envers ce phénomène social permanent avec qui il fallait composer en le contrôlant et en le disciplinant.

Dans les faits, la population flottante est certes une plaie, mais elle est aussi une bénédiction; Plaie à cause de la surcharge humaine et de l'insécurité. Bénédiction si l'on pense à la main d'œuvre qu'on peut se procurer sans bourse délier car il s'agit la plupart du temps d'une main d'œuvre modestement rétribuée. Ainsi, après les mesures de quarantaine prises par les autorités coloniales en Décembre 1912 et le départ des indigènes qui s'ensuivit, la Chambre de Commerce de Dakar, face à la pénurie de manœuvres, sollicita le gouverneur général de prendre des mesures utiles pour ramener dans la ville de Dakar l'élément indigène qui l'avait quittée[307]. Tel fut le cas aussi en 1916 quand la mobilisation et le recrutement perturbèrent la vie économique locale et entraînèrent une cherté de la vie. La population dakaroise, par la voix de *L'AOF,* écho de la côte occidentale d'Afrique du vendredi 14 janvier 1916 notait que « l'incorporation à outrance a privé les principaux centres du Sénégal d'une main d'œuvre de première nécessité, puisqu'il s'agit de notre vie quotidienne. Elle ajoutait : il est certain que la disparition des hommes jeunes de l'élément indigène va occasionner une perturbation considérable dans l'alimentation en vivres frais. Nous sommes menacés de manquer de poisson, de légumes, de volailles, d'œufs. Nous demandons, poursuit-elle, si l'administration ne ferait pas œuvre d'utilité publique en exerçant une pression sur les chefs de village pour que les femmes, à défaut, viennent suppléer les hommes dans le maraîchage et l'élevage local »[308].

C'est un fait, en tout cas, que face à l'inefficacité des mesures prises à l'encontre de la population flottante, la nouvelle approche des autorités coloniales devait dès lors limiter les exclusions grâce à la promotion d'une politique de retour à la terre afin de développer la production locale de l'agglomération dakaroise.

---

[306] Ibidem.

[307] *L'AOF* No 207 du dimanche 29 décembre 1912

308 *L'A.O.F.*, du vendredi 14 janvier 1916

2- Le développement de la production agricole locale

Stimuler la production agricole locale pouvait être un élément de réponse aux difficultés de ravitaillement. Cette politique de promotion des ressources agricoles locales, les autorités coloniales l'ont comprises depuis longtemps. Déjà, dès 1843, face à la persistance des difficultés d'approvisionnement à Saint-Louis, le gouverneur général d'alors, Bouët-Willaumetz prit l'initiative d'installer une partie de la « population exubérante » aux environs de la ville[309]. L'année suivante, 4 566 ha furent défrichés et attribués à 381 concessionnaires à Lampsar, Thiouck et Diaoudon[310]. Grâce à cette initiative, les bénéficiaires mirent en valeur des terres en mil, maïs et s'adonnèrent à l'élevage, prenant ainsi en charge leur propre nourriture. Ce qui les mit à l'abri des fluctuations de la conjoncture.

Avec la crise économique des années trente et l'accroissement démographique qu'elle généra, l'administration prit des initiatives analogues en créant des zones de cultures annexées à la ville. Cette politique de retour à la terre, solution contre le chômage, s'accompagna de mesures incitatives. A la distribution gratuite de graines et au forage de nombreux puits dans la banlieue, s'ajouta la construction de routes afin de faciliter l'évacuation quotidienne des produits vers les marchés[311]. L'initiative fut d'autant plus aisée qu'il se dégageait chez de nombreux autochtones, selon l'autorité dakaroise, « l'ambition d'acquérir des terrains de surfaces suffisantes pouvant contenir une maison d'habitation et un jardin potager complanté d'arbres fruitiers »[312]. Finalement, à Dakar, l'espace urbain le dispute à l'espace rural.

Toute une campagne fut entreprise par l'autorité coloniale sur l'incertitude du marché de l'arachide et sur les dangers de la monoculture. Dès lors, une impulsion fut donnée au maraîchage afin de ravitailler les marchés dakarois et les navires faisant escale à Dakar. En 1934, les efforts de l'administration ont porté sur la nécessité d'obtenir des maraîchers une plus grande variété de légumes, une production en toutes saisons, une amélioration de la qualité des produits et une spécialisation de la production par village. Dans ces conditions, les villages éloignés de Dakar comme Niayes - Diorhane se spécialisèrent dans la culture de légumes résistants tels que poireaux, oignons, choux, pommes de terre et dont le transport, aisé, ne requiert aucune urgence. Les villages proches comme Hann et Thiaroye se chargeaient de la culture des produits périssables comme les tomates.

---

309 Pasquier R 1987,op cit, p..201.

310 Ibidem.

311 ANS, K39 2/39 : Direction générale des TP, Main d'œuvre indigène et étrangère, :Salaires, conditions de travail, embauche et chômage, 1927-1950.

312 ANS, 2G 32/22, CDD : Rapport annuel d'ensemble 1932.

S'agissant des céréales, le service de l'Agriculture procéda à la distribution de variétés de mil Feterita Hegary provenant des cultures de l'Office du Niger et 2000 ha de ces variétés furent ensemencés en 1934[313]. Au même moment, pour donner une impulsion au manioc qui constituait un important appoint dans l'alimentation indigène, 50 000 boutures furent distribuées en 1934. D'autre part, des greniers de réserve de vivres furent aménagés au niveau des villages de banlieue. Le prototype indigène de grenier tronc - comique fut généralisé. Ce grenier, confectionné avec des lianes tressées, mettait les denrées à l'abri des rongeurs, une fois placé sur un socle fait de barils métalliques.

Des expositions et concours agricoles couronnèrent les initiatives. Ils furent organisés en 1933 et 1934 ; le 10 mars 1934, eut lieu un grand concours agricole pour stimuler et décorer les meilleurs agriculteurs. L'administration coloniale a su comprendre que le retour à la terre constituait une solution contre le chômage et la croissance démographique de la ville. Grâce à ces initiatives locales, « les chômeurs n'ont pas persisté dans l'attente nocive d'un travail improbable sur les quais du port ou dans les entreprises commerciales industrielles de la place et sont retournés aux champs »[314]. Ces entreprises, pour être efficientes, devaient être complétées par la réorganisation du système d'approvisionnement de la ville.

3- L'organisation du Service du Ravitaillement

Les prérogatives assignées au Service du Ravitaillement ont été déterminées par la circulaire n°18 du Gouverneur général en date du 17 janvier 1936. Le Service du Ravitaillement devait rassembler les denrées, organiser le transport des produits, fixer les dépôts à constituer pour les besoins ; elle se chargeait en outre de la réception et de la répartition des denrées. Ces attributions s'élargissaient en temps de guerre où une consommation maximale des produits locaux est préconisée au détriment des denrées importées qui devraient subir une réduction sensible.

La constitution de stocks de prévoyance et la réglementation des sorties de grains étaient des moyens de prévenir tout accident fâcheux. Lors des années d'abondance, l'administration avait pour tâche de veiller à l'approvisionnement des silos de prévoyance, magasins de précaution placés sous la surveillance du Service du Ravitaillement. D'autre part, le Service du Ravitaillement devait suivre et fournir périodiquement l'état des stocks grâce à un recensement de vivres. En période de pénurie, ses tâches s'élargissaient à des contrôles stricts et à l'application de peines sévères en cas d'infraction. L'exportation de vivres

313 ANS, 2G 34/3, CDD : Rapport annuel d'ensemble 1935.

314 ANS, 2G 32/22, CDD : Rapport annuel d'ensemble 1932.

étant prohibée en période de pénurie, le Service du Ravitaillement avait pour mission de veiller à la réglementation de toutes sorties de vivres de la ville[315].

Trois branches composaient le Service du Ravitaillement général. A la cellule mobilisatrice chargée de la prévision des besoins, s'ajoutait la section de la production à laquelle il incombait la prévision des ressources, l'établissement des stocks, l'évaluation et la promotion de la production locale. Quant à la section de préparation de la Défense nationale, elle s'occupait de la mise sur pied de plans de ravitaillement destinés, en période d'hostilités, à évaluer les besoins des populations de la Circonscription de Dakar.

La réorganisation du Service du Ravitaillement fut un pilier essentiel de la politique de ravitaillement des autorités coloniales. Celles-ci se distinguèrent par leur interventionnisme dans la prévision des besoins et la constitution de stocks afin de prévoir toute menace de pénurie et diminuer ainsi la gravité des problèmes de ravitaillement. En fait, l'administration coloniale a su comprendre très tôt que les citadins devaient être protégés contre les pénuries et la cherté des grains, autant de facteurs de troubles, de mécontentement, de misère et de menace même pour les bases de la vie urbaine. Pourtant, à partir de 1937, apparurent les signes d'une pénurie à laquelle les nouvelles autorités issues du Front Populaire devront faire face.

---

315 *JO AOF* du 30septembre 1939,. Décret-loi du 12 septembre 1939 prohibant toute sortie de marchandises.

CHAPITRE II

LA POLITIQUE DE RAVITAILLEMENT SOUS LE FRONT POPULAIRE

La victoire de la coalition de gauche du Front Populaire en 1936 coïncida avec la poursuite, voire la consolidation de la mobilisation économique. Il s'agissait, selon l'État colonial, de procéder à l'inventaire des potentialités des colonies de l'AOF. Cette enquête, dite de mobilisation économique, sera à la base des plans de ravitaillement établis par l'autorité coloniale dans un souci de ménager au maximum les stocks d'une ville devenue trop grande et vivant au-dessus de ce que pouvaient lui fournir ses sources d'approvisionnement.

I- Poursuite et consolidation de la mobilisation économique

A partir de 1936, l'État colonial se prépara à la guerre. Dès lors, il procéda à une évaluation de ses forces et potentialités économiques en AOF grâce à une enquête sur les ressources au niveau des huit colonies de la Fédération. Cette enquête, dite de mobilisation économique devait effectuer l'inventaire des potentialités.

A- Un plan de guerre : inventaire, recensement des forces et potentialités

Avec la pénurie et la guerre qui profilait à l'horizon, il incombait à l'État colonial de réagir pour pallier d'éventuelles carences de ravitaillement. Ainsi, tout un ensemble de dispositions furent prises. Cela explique que les archives regorgent d'informations de caractère législatif et de mesures administratives. Déjà, l'Instruction Provisoire du 9 octobre 1926, réaffirmée en 1932, donnait des directives relatives à une mobilisation générale des Territoires Outre-mer. Toutefois, les bases de la Mobilisation Économique seront jetées en 1936 et deux années plus tard, les instructions seront plus précises. Le 7 février 1938, la circulaire n° 714/DN du ministre des Colonies prévoyait l'éventualité « d'une extrême précarité des transports maritimes en cas de conflit »[316] ; ce qui mettrait les colonies dans l'obligation de vivre sur leurs propres ressources durant au moins un semestre après la mobilisation. Une année plus tard, la circulaire no 3078 du 13 mai 1939 du ministre des Colonies excluait toute possibilité de ravitaillement en provenance de l'extérieur avant la fin du premier trimestre des

316 ANS, FDDD, Dossier 8.

hostilités. Ce qui nécessitait, d'après la circulaire, la constitution d'un stock de sécurité.

Cependant, les directives relatives à la mobilisation économiques furent davantage précisées par la loi du 11 juillet 1938 portant organisation de la Nation en période de guerre[317]. Cette loi envisageait l'utilisation, en temps de guerre, de toutes les ressources et déterminait la responsabilité de chaque ministère de la préparation de son département à son rôle du temps de guerre. Il s'agissait, en d'autres termes, de procéder à une évaluation de ses forces et ressources au niveau de chaque colonie par le biais d'enquêtes dites de mobilisation sur les entreprises industrielles, d'estimations des besoins nécessaires après l'éclatement du conflit et d'évaluation des stocks disponibles. A chaque gouverneur, il fut demandé de dresser des tableaux devant comporter d'une part les quantités à réaliser pour constituer un stock égal aux besoins du premier trimestre, compte tenu du disponible dans le commerce local et, d'autre part de la valeur des denrées et produits nécessaires pour compléter le stock.

Les besoins des territoires outre-mer furent classés en trois catégories auxquelles correspondent des modes de satisfaction différents. La première catégorie comprenait les besoins périssables par nature (produits et matériels de première nécessité) et difficilement stockables. Il s'agit de la farine, des vivres, des pâtes alimentaires, des produits d'hygiène (savon, ...), de l'habillement, des combustibles,...

Ces besoins seront satisfaits par les envois de la métropole. Quant à la deuxième catégorie, elle concernait les besoins en produits et matériels lourds et pondéreux, non détériorables (matériel de construction comme le ciment, le fer,...) pouvant faire l'objet d'un approvisionnement à plus ou moins longue échéance. Leur satisfaction requiert la constitution de stocks de réserve correspondant à un semestre de consommation. Enfin, dans la troisième catégorie, figurait le matériel spécialisé peu lourd et peu encombrant, difficilement stockable (matériel d'hôpitaux comme l'alcool, certains médicaments,...). Les besoins de la troisième catégorie feront l'objet d'envois de la métropole compte tenu de la disponibilité des moyens de transport.

Le plan de mobilisation économique insiste sur l'apport des territoires outre-mer qui seront sollicités, en temps de guerre, à participer au ravitaillement de la métropole en produits coloniaux pour lesquels des commandes leur seront passées. La Cellule Mobilisatrice du Ravitaillement, placée à la tête de la Circonscription devait d'abord procéder à l'estimation des stocks existants de denrées importées et de produits du crû. Ensuite, la cellule devait déterminer les besoins alimentaires annuels des troupes stationnées sur le territoire de la Circonscription, des services administratifs locaux et de la population civile européenne et indigène. Enfin, la dernière opération consistait à élaborer des plans de ravitaillement.

---

317 ANS, FDDD, Dossier 98 : Plan de Mobilisation du CLEC.

B- La fixation de rations alimentaires de plus en plus réduites

La composition de la ration alimentaire incombait, dans la plupart des cas aux employeurs et à l'inspection du travail. En effet, une partie des salaires était versée sous la forme d'une ration alimentaire. S'agissant des prisons, la ration des condamnés était déterminée au siège des tribunaux français.

Tableau 23 : Composition de la ration alimentaire des condamnés indigènes des prisons situées au siège des tribunaux français (22 février 1929) et des travailleurs indigènes (12 avril 1929)

Denrées ou produits	Ration pénale (kg)	Ration du travailleur (kg)
Mil	1,00	1,00
ou riz	0,50	
ou niébés	0,30	
Viande	0,25	0,30
ou poisson	0,30	
huile du pays ou graisse animale	0,02	0,03
Sel	1,00	0,02
Bois	0,05 Frs	1,00

Source : ANS, Journal Officiel du Sénégal, 22 Février 1929, p 270 et 12 Avril 1929, 328

Mais à partir de 1936, avec la mobilisation économique et la précarité de la situation alimentaire, il fallait, sinon réduire, du moins déterminer la ration alimentaire des populations. Dès lors, s'imposait une intervention administrative dans la gestion du ravitaillement de la ville. Ainsi, la circulaire N° 18 du 17 janvier 1936 du gouverneur général[318] fixe et détermine les rations des populations civiles et militaires en temps de paix. La même circulaire recommandait, en période d'hostilité, une réduction sensible de la consommation des denrées provenant de l'extérieur ; elle préconisait, au même moment, l'utilisation maximale des produits et denrées alimentaires locaux.

318 ANS, 1Q 313/77 : Ravitaillement général en temps de guerre.

Tableau 24 : Rations journalières en 1936

Populations civiles européennes			
Denrées	Ration (kg)	Denrées	Ration (kg)
Pain	0,500	Vin	0,500
Sucre	0,030	Huile	0,040
		Poisson	0,600
Viande	0,500	Pomme de terre	1

Tableau 25 : Rations journalières en 1936 pour les populations civiles indigènes

Denrées	Ration (kg)	Denrées	Ration (kg)
Riz	0,500	Poisson frais	0,500
Ou mil .	1	Poisson fumé	0,300
Viande fraîche	0,350	Huile	0,020
Sel	0,020		

Source : ANS, 1Q 313 (77) : Ravitaillement Général

Un coup d'œil sur ce tableau appelle quelques observations. Une réduction considérable apparaît dans la ration des civils Européens. Le taux de réduction va de 30 à 50 % selon les denrées : 30 % pour le pain, 40 % pour la viande fraîche, 50 % pour les pommes de terre et 33 % pour le sucre. La réduction ne concernait pas certains produits comme l'huile dont les besoins sont largement couverts par la production des huileries locales.

Pour les enfants, la circulaire préconisait la réduction du tiers de la ration de 8 à 15 ans; au-dessous de 8 ans, le taux sera réduit de 2/3 même s'il est prévu une ration de 250 g de lait. Des produits de substitution étaient envisagés au niveau des rations militaires. Ainsi, une allocation d'un kg de mil peut se substituer à la ration de pain chez le militaire indigène alors que 60 g de pommes de terre pouvaient remplacer la ration de 750 g de pain pour le militaire Européen. La réduction n'a épargné ni les travailleurs indigènes où la ration de riz passe de 500 g à 400 g entre 1929 et 1936, encore moins les civils indigènes. La baisse des rations et la recommandation des produits locaux dès 1936 laisse entrevoir déjà la pénurie qui rythma toute la période de la guerre. Surtout que, dès 1939, les rations sont sensiblement revues à la baisse.

II- Vers la pénurie

A partir de 1937, l'équilibre alimentaire de la ville restait précaire. La précarité de la situation résultait de la demande en rapide croissance d'une ville devenue un peu trop grande et vivant au-dessus de ses possibilités réelles. Autant de signes avant-coureurs d'une pénurie à laquelle Dakar devrait faire face.

A- L'apparition des premiers plans de ravitaillement

1-Les troupes : l'Armée et la Marine

Le ravitaillement des troupes constituait une priorité majeure des autorités coloniales. En effet, la ville était un point d'appui de la flotte de guerre et un important centre de défense terrestre. Dakar regroupait ainsi l'essentiel des troupes de la fédération. En 1938, l'effectif des troupes s'élevait à 5502 soldats répartis entre 1185 Européens et 4317 indigènes[319]. Si, en 1936, les opérations se limitaient à une évaluation des ressources alimentaires stockées dans les intendances[320], l'année suivante, les plans de ravitaillement prennent forme comme du reste l'atteste ce tableau qui dresse les quantités de riz nécessaires[321]. Celles-ci devaient provenir de l'extérieur pour la subsistance de l'armée pendant la première année du conflit.

Tableau 26 : Plan de ravitaillement de l'Armée en riz (1936)

J+ 30	J+ 60	J+ 90	J+ 120	J+ 150	J+ 210	J+ 240	J+ 270	J+ 300	J+ 330
180t	180t	180t	180t	180t	180t	180t	180t	180t	180t

Ce plan de ravitaillement constitue une prévision des quantités de riz importées. Le calendrier des arrivages échelonné pendant toute l'année ne mentionne pas les sources du ravitaillement. Le calendrier est marqué par une certaine constance des quantités, soit 180 tonnes par mois. Ce qui fait un total de 1980 t.

Toutefois, l'insécurité des océans suggère un repli dans l'espace colonial. Dès lors, les colonies du groupe comme le Soudan devaient fournir l'essentiel du contingent. Il faudra attendre 1938 pour voir les plans de ravitaillement, systématisés et rationalisés, prendre en compte l'état des stocks et besoins. Tel

319 ANS, FDDD, Dossier 8.
320 ANS, FDDD, Dossier 8.
321 Ibidem.

fut le cas dans ce plan de ravitaillement qui évalue les besoins à partir des stocks, six mois après le premier jour de l'éclatement des hostilités.

Tableau 27 : Un plan de ravitaillement de l'armée en 1938

Denrées	Stocks (Intendance et Marine)	Besoins J+180
Riz	1771	1080 T
Farine	92 t	50 t
Graisse	1 t	30 t
Pâtes	-	-
Pommes de terre	-	60 t
Légumes secs	3t	107 t
Café	14 t	33 t
Thé	0,280 t	4,500 t
Mil	-	988 t
Vinaigre		30 hl
Lait	-	-
Sucre	16 t	150 t
Sel	0,750 t	54 t
Vin	710 hl	3350 hl
Poivre	0,056 t	5t
Tafia	661	3600 l
Viandes (conserves)	-	190 t

Source : ANS, FDDD, Dossier 8 : Ravitaillement

Le plan de ravitaillement ci-contre expose d'une part les stocks existants dans l'Intendance (Armée et Marine) ; d'autre part, il fait état des besoins couvrant la période du premier semestre après l'éclatement du conflit. A la lecture de ce tableau, trois remarques s'imposent. On distingue d'abord les denrées dont les stocks couvrent les besoins semestriels ; il s'agit de la farine de froment. Certaines denrées, par contre, ne couvrent que partiellement les besoins du fait de l'insuffisance de leurs stocks (sucre, café, vin, légumes, sels, tafia, poivre). Enfin, on note les denrées dont les stocks sont inexistants comme le mil, le vinaigre, les viandes et dont les besoins s'élèvent respectivement à 988 t, 300 hl et 190 t. D'une manière générale, les besoins sont énormes comparés à la modicité des stocks existant dans les Intendances.

Pour se ravitailler, deux possibilités étaient offertes à l'Armée. L'autorité militaire (Intendances) pouvait signaler ses besoins au CLEC qui désignait les organes d'achats (ou répartiteurs) qui devront y satisfaire[322]. Dans l'autre cas, l'autorité militaire pouvait passer ses marchés par appel à la concurrence entre les organes d'achats (ou répartiteurs) des Echanges commerciaux dont la liste lui sera remise par le CLEC. Toutefois, en cas de nécessité, le ministre de la Guerre pouvait recourir à la réquisition par l'utilisation de la main-d'œuvre. Dans ce cas, le ministre de la Guerre déterminerait l'époque où débuterait, sur l'ensemble ou une partie du territoire français, « l'obligation de fournir les prestations nécessaires pour suppléer à l'insuffisance des moyens ordinaires de l'Armée »[323]. Ces prestations donnaient droit à des indemnités représentatives de leur valeur.

2- Les populations civiles

Le ravitaillement des populations civiles ne semblait pas être une priorité des autorités coloniales au regard des prérogatives assignées au CLEC qui devait, entre autres missions en temps de guerre « pourvoir au ravitaillement en produits des Forces Armées, des Grands Services, et éventuellement des populations civiles »[324]. Un train de mesures fut pris, toutes relatives à la sécurité alimentaire. Il fut ainsi interdit à partir de 1938, l'installation de dépôts de vivres dans la banlieue à cause de l'absence de postes militaires. Ensuite l'autorité coloniale recommanda l'éparpillement des entrepôts de stocks de vivres afin d'éviter leur destruction complète en cas de bombardement.

Au niveau des mesures prises, les banlieues de la Circonscription devaient se suffire à elles-mêmes ; elles pourraient cependant, en cas de besoin, être ravitaillées par les magasins dakarois. En cas d'urgence, les besoins en produits vivriers locaux pourraient être satisfaits par les réquisitions de l'autorité par l'intermédiaire de la Station Agricole de Hann. Enfin l'autorité coloniale exhorta les cellules mobilisatrices du Service du Ravitaillement Général de la population civile de prévoir les besoins. A la Section de la Production, il fut demandé de faire l'état des prévisions de ressources (stocks, récoltes attendues). La Section de préparation de la Défense Nationale devait, pour sa part, mettre sur pied des plans de ravitaillement destinés à satisfaire, en période d'hostilité, les besoins des populations civiles de la Circonscription de Dakar et Dépendances. C'est compte tenu de ces prérogatives et sur la base de ces

322 ANS, FDDD, Dossier 98 : Plan de Mobilisation du CLEC.
323 Ibidem.
324 Ibidem.

directives que furent établis les plans de Ravitaillement pour les populations civiles.

Les premiers plans de ravitaillement qui prennent forme à partir de 1936, consistaient à prévoir et à évaluer les quantités de produits d'importation nécessaires pour la subsistance de la ville après l'éclatement des hostilités. En septembre 1936, un plan de ravitaillement établi par la section de la Défense Nationale évaluait, pour la capitale de l'AOF, les contingents de denrées et produits devant parvenir de l'extérieur à partir du 1er jour de la mobilisation. Pour la viande de boucherie, le plan de ravitaillement échelonnait la répartition des arrivages comme suit :

Tableau 28 : Plan de ravitaillement en viande de boucherie (1936)

Colonies	J+15	fin 1er mois	Fin 2e mois	Fin 3e mois	fin 6e mois	Fin 9e mois	Totaux
Sénégal	100 T	100 T	100 T	200 T	200 T	300 T	1000 T
Mauritanie		100 T	100 T	200 T	100 T	100 T	600 T
Soudan				100 T	200 T	100 T	400 T
Totaux	100 T	200 T	200 T	500 T	500 T	500 T	2000 T

Source : FDDD Dossier 8

Le plan de ravitaillement ci-dessus expose la répartition et le calendrier des arrivages pendant neuf mois. Les colonies du groupe sollicitées devaient fournir les quantités de viande nécessaires à la Circonscription de Dakar pendant les trois premiers trimestres après l'éclatement des hostilités. La colonie du Sénégal, compte tenu de sa proximité et de ses potentialités pastorales (Ferlo, « marbat » de Louga) devait fournir la moitié des arrivages, soit 1000 T. Le contingent devra être complété par la Mauritanie (600 T) et le Soudan (400 T) par la voie ferrée Thiès - Kayes.

Les arrivages comme on le constate, passent du simple au double, de la première quinzaine à la fin du premier mois de l'éclatement des hostilités. Mais à partir de la fin du troisième mois, les arrivages prévus atteignent 500 T et ce, jusqu'à la fin du 9e mois. Ainsi, le total des arrivages, équivalent à 2000 T devrait permettre la couverture des besoins estimés à 1902 T[325]. Toutefois, l'exécution de ce plan de ravitaillement après l'éclatement des hostilités nécessitera souvent des réquisitions massives sur le bétail. S'agissant du riz, la Section de la Défense Nationale avait estimé en 1937 les quantités de riz de la ville pendant la première année du conflit. Elle échelonnait les arrivages comme suit :

325 ANS, FDDD, Dossier : 107 bis.

Tableau 29 : Plan de ravitaillement en riz (1937)

	J+ 30	J+ 60	J+ 90	J+ 120	J+ 150	J+ 180	J+ 210	J+ 240	J+ 270	J+ 300	J+ 330
Pop civile	1300T	1300	1300	1300	1300	1300	1300	1300	1300	1300	1300
Armée	180T	180	180	180	180	180	180	180	180	180	180
Total	1480T	1480	1480	1480	1480	1480	1480	1480	1480	1480	1480

Total : 16 280 T

Un coup d'œil sur ce plan de ravitaillement appelle quelques remarques. Les arrivages, échelonnés sur onze mois se singularisent par une certaine constance ; chaque mois, il était prévu 1300 T pour la population civile et 180 T pour l'Armée. Ce qui fait 1480 T par mois. Pendant les onze mois, le total des arrivages était de 16 280 T.

Systématisés, les plans de ravitaillement, établis à partir de 1938, devinrent plus détaillés. Aussi, tenaient-ils compte de trois éléments essentiels : la nature des denrées, l'estimation des besoins et la prise en compte des stocks existants. La preuve nous est fournie par ce plan de ravitaillement échelonné sur le premier semestre après le déclenchement des hostilités.

Tableau 30 : Plan de ravitaillement (1938)

Denrées	Stocks dans le commerce	Besoins J+180
Riz	2 300T	7 800 T
Farine «	471 T	1200 T
Huile	65T	-
Graisse	2, 8 T	36 T
Pâtes	10 T	-
Pommes de terre	60T	390 T
Légumes secs	27 T	90T
Café	60 T	18 T

Thé	7 T	-
Mil	288 T	-
Vinaigre	106 HL	100 HL
Lait	32 T	22,5 T
Sucre	1037 T	180 T
Chocolat	2,6 T	-
Vin	3036 HL	3800 HL
Sel	279 T	300 T
Poivre	8T	15 T
Viande Frigo	30 T	-
Viandes	2T	-
Poissons	8T	-
Légumes	32 T (47 000 Boîtes)	-

Source : ANS, FDDD : Dossier 8.

Le tableau met en relief l'évolution des plans de ravitaillement élaborés en 1938 et 1939 par rapport à ceux des années précédentes. Le plan de ravitaillement fait état des besoins et stocks des populations civiles pour un semestre. Deux catégories de denrées se dégagent. On distingue d'abord les denrées dont les stocks dans le commerce couvrent les besoins de la période. L'huile, les pâtes, le thé, le mil, le chocolat, les viandes, les poissons, les légumes, les conserves entrent dans cette catégorie.

Soulignons que les huileries implantées à Dakar et dans la colonie du Sénégal permettent la couverture des besoins estimés à 6000 T par semestre. D'autre part, le disponible dans la presqu'île du Cap-Vert et dans l'hinterland sénégalais permet de faire face aux besoins en viandes, poissons et légumes. Ensuite viennent les denrées au niveau desquelles un certain déficit est constaté. Ici les besoins dépassent les stocks existants dans le commerce. Il s'agit du riz, de la farine de froment, de la graisse, des pommes de terre et des légumes secs. Leurs déficits s'élèvent respectivement à 5 500 T, 729 T, 33,2 T, 330 T et 63 T. Notons que les approvisionnements en riz ont connu une chute notable du fait des perturbations des liaisons maritimes entre Dakar et Saigon. Pourtant, les déficits de certaines denrées paraissent bien mineurs. On peut citer parmi ces denrées le sucre, les vins et le lait. A partir de 1938, les plans de ravitaillement furent, dans bien des cas, élaborés à l'initiative du Comité Local des Échanges Commerciaux, notamment avec son plan de mobilisation économique.

B- Le réajustement et la réorganisation du commerce : la création du C.LE.C

Les signes de pénurie, l'insécurité des océans liée à la précarité du régime des transports maritimes soumis à des risques, servitudes et aléas dictaient un réajustement et une réorganisation du commerce et des échanges. En effet, la circulaire No 714/DN en date du 7 février 1938 du Ministre des colonies n'écartait guère l'éventualité « d'une extrême précarité des transports maritimes »[326]. Dans ces conditions, les colonies seraient dans l'obligation de vivre en comptant le plus possible sur leurs propres ressources pendant, au moins, le premier semestre après la mobilisation. Une semaine plus tard, le Ministre des colonies, compte tenu de ces conditions commerciales, presque identiques à celles des périodes de guerre, édicta l'Instruction Générale du 15 février 1938[3] portant organisation du Service des Échanges Commerciaux (S.E.C) dans les territoires d'Outre Mer. Cette même instruction créera les Centres Locaux des Échanges Commerciaux (C.L.E.C) qui sont des subdivisions donc des démembrements du Service des Échanges Commerciaux.

Les prérogatives assignées au S.E.C consistaient à préparer avant et pendant la guerre l'achat au commerce local et l'expédition vers la métropole des matières et denrées qui lui sont destinées. D'autre part, le S.E.C devait régler l'acquisition, le transport, la réception et la répartition des denrées, matières et produits provenant de l'extérieur en vue de parer aux besoins principaux des colonies pendant la même période. Dès lors s'imposait, compte tenu de ces contingences et prérogatives assez lourdes, une réorganisation du S.E.C. C'est la raison pour laquelle le pouvoir colonial procéda à une décentralisation du S.E.C. Ainsi, au niveau du chef-lieu de chaque gouvernement, colonie autonome ou territoire, siège un Comité Central des Échanges Commerciaux (C.C.E.C) alors qu'un Centre Local des Échanges Commerciaux est placé au chef-lieu de chaque colonie dépendant d'un gouverneur général.

La Circonscription de Dakar et Dépendances, le Sénégal, le Soudan et la Mauritanie furent placés sous la tutelle d'un même Centre Local des Échanges Commerciaux. Celui-ci, outre la satisfaction des besoins de la Métropole en denrées et produits locaux originaires de ces quatre territoires, fut chargé de la réception, de la répartition ainsi que de la distribution des produits d'importation qui leur étaient destinés tout en assurant le ravitaillement en produits locaux des Forces Armées, des grands services publics et accessoirement des populations civiles de ces mêmes territoires. Par arrêté local du 17 janvier 1939, le CLEC des colonies du groupe fut placé sous la présidence de l'Administrateur de la Circonscription de Dakar et Dépendances.

---

326 ANS, FDDD, Dossier : 98 Ravitaillement.

Avec la persistance de la pénurie, le CLEC procéda à de réquisitions de produits divers : papiers, denrées alimentaires, matériaux de construction, essence, charbon en même temps qu'il s'occupa de l'envoi de marchandises vers l'Afrique du Nord. D'une manière générale, le caractère sélectif et discriminatoire du CLEC apparaît au regard des prérogatives assignées à l'organisme. En accordant la priorité à la métropole, aux troupes et aux grands fonctionnaires, en écartant les populations civiles supposées se suffire à elles-mêmes, l'État colonial préfigurait déjà le scénario de marginalisation des populations noires qui va rythmer toute la période du second conflit mondial.

Au regard des réajustements au niveau du commerce et des échanges, le problème du ravitaillement fut une des priorités majeures des autorités coloniales à la veille du conflit. Cela était d'autant plus préoccupant pour une ville qui, comme Dakar, dépend presque intégralement de l'extérieur pour son approvisionnement. Dès lors, la mobilisation économique et la création du CLEC constituèrent des stratégies de gestion d'une pénurie qui s'accentua davantage comme l'atteste la situation des stocks et des besoins alimentaires.

C- LE BILAN GÉNÉRAL

1- La situation des stocks alimentaires

La formation et le maintien des stocks furent un des leviers de la politique des pouvoirs publics en matière de ravitaillement. En effet, les difficultés de transports liés à l'insécurité des océans et l'instabilité des récoltes commandaient une politique de constitution de stocks. Dans une ville à la croissance démographique rapide comme Dakar, où les populations n'ont guère atteint un degré stable de sécurité alimentaire, l'autorité coloniale était obligée de constituer des stocks afin de prévenir et éloigner, dans la mesure du possible, le spectre de la famine.

La section de la Production, démembrement du Service du Ravitaillement Général, était chargée, outre l'évaluation et la promotion de la production locale, de l'établissement des stocks. Aussi, devait-elle veiller à l'approvisionnement des silos de prévoyance, magasins de précaution placés sous sa surveillance. Ces stocks publics entreposés dans les silos de prévoyance, nécessitaient la concentration de certaines quantités de céréales.

A partir de 1932, pour faire face aux difficultés d'approvisionnement occasionnées par l'afflux des flottants, les autorités coloniales procédèrent à une politique de développement des greniers. Une telle option permettait la constitution de stocks en quantité importante afin de faire face à d'éventuelles pénuries.

Des greniers familiaux de réserve de vivres furent aménagés dans les villages de la banlieue[327]. S'agissant des stocks privés, le service du commerce devait procéder, pour le compte du Service Général du Ravitaillement au recensement de denrées et produits existants dans le commerce. Cela permettrait de connaître la nature des stocks et de déterminer les quantités de vivres nécessaires pour la subsistance des populations.

Évidemment, il se pose la fiabilité des informations sur le montant et la valeur des stocks. En effet, les commerçants avaient tendance à sous-évaluer leurs stocks lors des recensements. Dans ces conditions, ils pouvaient s'approvisionner davantage et attendre ainsi les moments propices de pénurie ou de soudure pour s'adonner à la spéculation. On est dès lors amené à revoir sensiblement à la hausse les chiffres déclarés. Ainsi, les stocks déclarés de la ville au 21 mai 1934 s'élevaient à 663 T de riz, 216 T de farine et 263 T de sucre[328]. Ces chiffres s'avèrent discutables dès lors que le stock de riz déclaré ne devait permettre l'approvisionnement de la ville que pour vingt cinq jours à peine. Ce qui devait être une alerte sérieuse pour les services du ravitaillement.

Pour être à l'abri des surprises désagréables, il fallait disposer d'une marge sécuritaire conséquente. On devait se pourvoir de bonne heure afin d'avoir une marge sécuritaire, à l'abri des imprévus pénibles. Ces dispositions étaient pourtant prises, s'agissant de l'autorité militaire, au niveau des Intendances. Témoin, cette correspondance relative aux stocks de l'Intendance du Capitaine de Vaisseau Ledrain, commandant de la Marine en AOF à l'Administrateur de la Circonscription de Dakar et Dépendances.

327, ANS, 2G :32/22.

328 ANS, 1Q : 33/77.

Tableau 31 : État des ressources alimentaires stockées dans les magasins de l'Intendance maritime au 1er avril 1936

Produits et Denrées	Quantités (kg)
Biscuits de pain de guerre	724 kg
Conserves de bœufs	341
Vin rouge à 12°	24647
Haricots	1200
Riz	6000
Sucre	368
Café vert	1440
Lait concentré non sucré	1638 boîtes de 450g

Source : ANS, FDDD, Dossier 8 : Ravitaillement

Les quantités stockées, exceptés le sucre, le café vert et le lait concentré non sucré, correspondent aux besoins approximatifs trimestriels du temps de paix. Le pain et la viande ne figurent pas dans l'état des stocks. En fait, ils sont fournis au fur et à mesure des besoins, le pain par l'Intendance Militaire et la viande par commandes journalières au niveau des marchés. La consommation journalière moyenne, selon la correspondance, est de 170 kg de pain et 77 kg de viande.

Il faudra attendre la période qui suivit la mobilisation pour voir se préciser davantage les ressources disponibles. A la fin de chaque année, les organismes de ravitaillement étaient chargés de dresser les ressources disponibles afin de pouvoir faire face, avec le maximum de sécurité aux cas de pénurie ou de gêne. A la fin de l'année 1937, l'état des stocks se présentait comme suit : riz 19 490 t ; 1280 t de farine, huile 315 t, 859 t de sucre et 10 t de lait concentré[329].

Essayons maintenant de formuler quelques observations à la lecture de ces chiffres. Le stock de riz existant permet la couverture des besoins annuels estimés à 15 000 t. Quant au stock de sucre, il couvre à peine les besoins semestriels. Pour l'huile, la production des huileries locales, de 15000 t/an peut assurer convenablement l'approvisionnement de la ville. A l'examen de ces chiffres, il apparaît que les stocks constitués à la fin de l'année 1937 devaient

329 ANS, FDDD, Dossier 8 : Ravitaillement, Correspondance capitaine de vaisseau Ledran Commandant de la Marine en AOF à l'Administrateur CDD 23 juin 1936, Objet : Ravitaillement

assurer la subsistance de la population pendant une année pour le riz, un semestre pour la farine et le sucre. Le disponible local règle le problème de l'approvisionnement en huile. Pas de doute, les signes annonciateurs d'une pénurie n'apparaissent pas, du moins pour l'année suivante (1938).

Il suffira, pour s'en rendre compte, de voir les stocks déclarés dans le commerce à la date du 27 septembre 1938.

Tableau 32 : Stocks déclarés dans les maisons de commerce le 27 septembre 1938

Maisons de commerce	Riz	Mil	Huile comestible	Lait	Sucre
Maurel Prom	5 t	2 t	700 kg	2 caisses 100 boîtes	50 kg
Maurel Frères	10 t	-	2 t	-	2000 kg
CFAO	270t	-	2 t	5 caisses de 100 boîtes	1000 kg
Channel et fils	-	4t	11 t (huile de palme)		9300 kg dont Pains 3500 kg, tablettes 4800 kg Scie 1000 kg

Source : ANS FDDD Dossier 8

Les stocks de la ville doivent être revus sensiblement à la hausse. En réalité, le tableau ne fait état que des stocks dans les grandes maisons de commerce. Aucune indication n'est donnée ni sur les stocks publics, encore moins sur ceux du commerce de demi-gros et de détail. Sur les 285 t de riz déclarées, la CFAO s'adjugeait les 270 t, soit 96,42 %. Les stocks de mil s'élevaient à 9,3 t. Si l'approvisionnement en huile pose moins de problèmes, l'état des stocks laissent entrevoir un certain amenuisement des ressources disponibles. Cela fut d'autant plus préoccupant qu'il s'agit de denrées vitales comme le riz, le mil et le sucre. A la fin de 1938, l'état des stocks présageait une pénurie du reste liée à un accroissement de plus en plus considérable des besoins de la ville. Ce qui, du reste, est attesté par l'état des principaux produits mis à la consommation pendant le premier semestre de 1938.

Tableau 33 : État des principaux produits mis à la consommation
1er semestre de1938

Produits	Poids (kg)	Valeurs (frs)	Besoins (t) Semestriels
Conserves de viandes en boîtes	26 039	337 651	31 (-)
Lait en conserve	320 037	1394 585	133 (+)
Farine de froment	2 650 834	5 503 623	1671 (+)
Riz	5157 813	6 714 502	10 100 (-)
Biscuits de mer	63 407	247 529	
Légumes secs	103 965	316 268	
Pommes de terre	1154900	1 011 349	951 (+)
Sucres	2 802 004	5 217 473	217 (+)
Café	40162	234 739	78(-)
Thé	132 288	2 208 858	
Légumes frais	945 837	1 381 645	6900 (-)
Légumes conservés	75 517	442 235	32(+)
Vins ordinaires	1 987 5891	5116 576	8500 hl(-)
Sels	1213484	289 445	579 (+)
N.B.: (+) = Excédent		(-) = Déficit	

Source : ANS, FDDD, Dossier : 8

L'état des principaux produits mis à la consommation pendant le premier semestre de 1938 revêt un intérêt certain. Le tableau expose la consommation réelle des principaux produits et denrées pendant une période déterminée. On peut, non sans difficultés, à partir des données, comparer la consommation aux besoins et dresser ainsi un bilan alimentaire. Essayons de formuler quelques observations sur les consommations. On constate d'une part les produits dont les consommations sont excédentaires : lait en conserves, farine de froment, sucres, pommes de terre, légumes conservées, sels.

D'autre part, un déficit est observé au niveau de la consommation de certaines denrées comme le riz, les conserves de viande en boîtes, le café, les vins ordinaires et les légumes frais. Si le déficit est moindre s'agissant des conserves de viandes en boîtes, il est par contre considérable au niveau des vins avec un taux de couverture d'environ 50 % et pour le café dont les réserves assurent un taux de couverture d'environ 52 %. Reste le cas du riz qui accuse un déficit de 50 %, donc une sous-consommation de moitié. En période de pénurie, le mil est substitué au riz. Pourtant, l'état des consommations ne laisse pas apparaître le mil. Or, au même moment, une surconsommation de farine de froment se dégage avec un excédent de 1000 t. A l'examen, il apparaît que faute de mil, la farine de froment a été utilisée en remplacement de riz dont les stocks étaient certainement ménagés à cause des difficultés d'approvisionnement en Indochine.

En définitive, la situation alimentaire en 1938, même déficitaire au niveau de certaines denrées, restait assez favorable. Si la ville a pu préserver un certain équilibre alimentaire, c'est que les stocks constitués à la fin de l'année 1937 avec 19490 t de riz, 1280 t de farine, 315 t d'huile et 10 t de lait concentré, pouvaient lui permettre de vivre momentanément assez convenablement. Néanmoins, l'équilibre alimentaire déjà précaire, sera rompu à partir de 1939 avec la détérioration de la situation alimentaire imputable à l'accroissement considérable des besoins.

2- Les besoins alimentaires

L'établissement des besoins alimentaires provenait des directives et des orientations du ministre des colonies. Dans les territoires d'outre-mer les autorités locales devaient procéder au classement des besoins trimestriels, semestriels et annuels. Le tableau ci-dessous expose les besoins de la ville de Dakar en 1939

Tableau 34 : Besoins des populations civiles en produits d'importation de la première catégorie de la ville de Dakar en 1939

Nature des produits	Besoins des 3 premiers mois	Besoins des 3 mois suivants	Total
Farine de froment	720 t	720 t	1440 t
Farine de froment en remplacement de riz	3 933 t	3 933 t	7 864 t
Viande salée	8t	8t	16 t
Viande de conserve	5 t	5t	10 t
Poisson sec, salé, fumé	12,5 t	12,5 t	25t
Légumes secs	35 t	55 t	90t
Pommes de terre	350 t	400 t	750 t
Sucre	150 t	150 t	300 t
Sel	150 t	250 t	400 t
Poivre	1 t	2 t	3 t
Lait stérilisé	10 t	20 t	30 t
Lait concentré	16,5 t	20 t	36,5 t
Beurre	8t	12 t	20 t
Vin ordinaire	2 010 hl	2 010 hl	4 020 hl
Huile d'arachide	150 t	90 t	240 t
Vinaigre	60 hl	60 hl	120 hl

Source : ANS, FDD, Dossier 98 : Plan de Mobilisation économique du CLEC.

Prévus pour un trimestre, les besoins couvrent en réalité une période d'un semestre. Un coup d'œil sur le tableau révèle une constance des besoins trimestriels de certaines denrées comme la farine de froment, les viandes, le vin ordinaire, le vinaigre, le sucre. La constance des quantités révèle, sinon l'inexistence, du moins la modicité des stocks constitués au niveau de ces produits. Des produits comme le lait stérilisé et le poivre enregistrent une variation allant du simple au double. D'autres comme les pommes de terre, le beurre, le sel, le lait concentré connaissent des variations moindres.

La dernière observation importante est liée à la substitution éventuelle de la farine de froment au riz pour une quantité de 7 864 t. Ce qui laisse supposer une pénurie de riz en 1939 et les difficultés d'un nouvel approvisionnement pour cette denrée. Mais la nouveauté réside ici dans la nature du produit de substitution, notamment la farine de froment. D'ordinaire, en période de pénurie, c'est le mil qui est substitué au riz. D'ailleurs les rations prévoient souvent une substitution de 2 kg de mil à la place d'un kg de riz.

A l'examen, il est permis de penser à une pénurie ou tout au moins à des difficultés d'approvisionnement en mil. Il faut attendre la fin de 1940 pour se rendre à l'évidence de l'ampleur des difficultés d'approvisionnement en mil dans l'hinterland sénégalais. L'Administrateur de la Circonscription de Dakar dut recourir à des obstructions en interdisant la livraison du riz en transit destiné à la colonie du Sénégal.

Cet éclairage global ne saurait cependant suffire. En effet, que la farine de froment soit substituée au riz au lieu du mil, là n'est pas la question. La vraie question demeure celle-ci : comment expliquer la prévision d'un remplacement du riz La réponse peut être donnée à partir des importations de riz. En 1935, les importations en grains de la colonie du Sénégal et de la Circonscription de Dakar et Dépendances s'élevaient à 99 380,5 t[330]. Après un léger fléchissement en 1936 avec 90 623 t[331], une évolution inverse se dessine à partir de 1937 avec 117 658 t[332], soit une augmentation de 27 035 t en valeur relative.

Mais brusquement en 1938, les importations connurent une chute considérable avec 36 741 t, soit près du tiers du chiffre de l'année précédente. Plusieurs éléments ont participé à la chute des importations : insécurité des océans, élévation du fret maritime payé désormais en dollar. En définitive, les besoins alimentaires à partir de 1935 se caractérisèrent par un accroissement considérable. D'ailleurs, les importations de riz n'ont-elles pas doublé entre 1934 et 1935 en passant de 48 165 t à 99 380,51 ?[333]

330 ANS, 11D 1/1287.
331 Ibidem.
332 ANS, 2G 35/26.
333 ANS, 11D1/1287.

3- Le bilan alimentaire de la ville en 1939

Le tableau suivant expose le bilan alimentaire de la ville au début de 1939.

Tableau 35 : Bilan alimentaire de la ville (début 1939)

Produits et denrées	Besoins annuels	Disponibilités	Excédent (>) Déficit (<)	Taux de couverture
Riz	22 700 t	2 300t	< 20 400 t	10,13 %
Mil	10 045 t	4000t	< 6 045 t	39,82 %
Café	155 t	60t	< 96t	38,46 %
Farine de forment	3 963 t	471 t	< 3 492 t	11,88 %
Sucre	1713 t	1037 t	< 676 t	60,5 %
Vin	18 046 hl	3036 hl	< 15 010 hl	16,8 %
Lait	266 t	32 t	< 234	12%
Huile d'arachide	12 000 t	15 000 t	> 3000 t	125%
Légumes frais	13 800 t	12 000 t	< 1800 t	86,95 %
Vinaigre	906 hl	106 hl	< 800	
Pomme de terre	2 400 t	60t		
Viande	1902 t	30t		

Sources : ANS, FDDD, Dossier 8, 98, 07, 107 bis.

Le tableau qui dresse les besoins annuels et les disponibilités, fait état du bilan alimentaire à l'orée de 1939. Celui-ci est largement déficitaire. Hormis l'huile d'arachide dont la production locale couvre largement les besoins, tous les autres produits et denrées se caractérisent par un déficit, les disponibilités ne couvrant pas les besoins. Toutefois, les déficits ne revêtent pas la même ampleur. Les disponibilités de certains produits et denrées, même déficitaires, couvrent plus de 60 % des besoins.

Il s'agit du sucre dont les stocks dans le commerce sont de 1 037 t alors que les besoins annuels égalent 1 713 t, soit un déficit de 676 t. S'agissant des légumes frais, la production locale couvre 87 % des besoins. Ici, le déficit n'est que de 1 800 t. En effet, la presqu'île du Cap-Vert bénéficie d'atouts certains dans le domaine maraîcher. Pour le mil et le café, les stocks couvrent à peine 40 % des besoins. Cependant, l'hinterland sénégalais, grand pourvoyeur en mil, est sollicité au fur et à mesure que les besoins se feront sentir. A partir de 1940, des réquisitions furent effectuées dans le Sine Saloum pour satisfaire aux besoins de la ville.

Par contre, des déficits considérables sont observés pour des denrées comme le riz, la farine de froment, le vinaigre et le lait. Le taux de couverture des besoins tourne autour de 10 %. Ce qui est d'autant plus préoccupant qu'il s'agit de denrées dont l'approvisionnement est assuré par des sources à long rayon à une période caractérisée par la précarité des transports maritimes. Les disponibilités en pommes de terre et viande étant dérisoires, leur taux de couverture s'élève respectivement à 2,5 % et 1,5 %. Néanmoins, pour la viande, la situation est moins préoccupante. En fait, la zone sylvo - pastorale du Ferlo, la Mauritanie et le Soudan peuvent, par des envois successifs, satisfaire pour l'essentiel, les demandes de la ville.

Au total, le bilan alimentaire de la ville en 1939 est déficitaire. Le pronostic est donc défavorable : les consommations, pour l'essentiel de la population, devaient rester au-dessous de la ration des physiologistes et des diététiciens. L'équilibre alimentaire était dès lors rompu. Il est sûr que la situation alimentaire s'est détériorée peu à peu à partir de 1936 et sans doute jusqu'au voisinage des années cinquante.

Dakar, à la veille du conflit, tarde à trouver son équilibre alimentaire rompu par un ensemble de facteurs. La capitale de l'AOF était devenue une grande ville vivant au dessus de ce que pouvait lui fournir en denrées et produits, ses sources d'approvisionnement qui avait ses limites réelles. La situation fut d'autant plus préoccupante que les problèmes alimentaires ont été hâtés par l'immigration massive qui a fait éclater les cadres anciens de la ville. Ce qui laissait présager une pénurie à laquelle Dakar devait faire face pendant la deuxième guerre mondiale.

TROISIÈME PARTIE

DAKAR À L'ÉPREUVE DU SECOND CONFLIT MONDIAL :

LA PÉNURIE AU POINT CULMINANT

CHAPITRE I

L'ADMINISTRATION COLONIALE A L'ÉPREUVE DE LA PÉNURIE

La deuxième guerre mondiale s'accompagna de difficultés conjoncturelles liées à une pénurie généralisée. A la liberté totale du marché en temps de paix, se substitua un dirigisme économique pur imposé par l'état de guerre. Cette situation mit l'administration coloniale devant de nouvelles responsabilités qui justifient la mise en œuvre de mesures autoritaires à l'image du rationnement et des réquisitions massives que requiert l'effort de guerre. La France Libre dut d'ailleurs assumer le lourd héritage qui en découle.

I. La situation alimentaire à l'éclatement des hostilités

Le déclenchement des hostilités intervint dans un contexte d'amenuisement des stocks et d'accroissement des besoins. Autant de signes annonciateurs d'une pénurie à laquelle devaient s'attendre l'administration coloniale et la population dakaroise.

A La situation alimentaire

En septembre 1939, la situation alimentaire devint préoccupante à cause de l'ampleur des besoins. Ce qui est, du reste, illustré par ce tableau faisant état des besoins des populations civiles.

Tableau 36 : État des besoins des populations civiles de Dakar au début de septembre 1939

Denrées ou produits	Quantités (t)	Denrées ou produits	Quantités (t)
Maïs	22 955	Manioc	105 200
Mil	53 865	Patates	5 625
Riz	78 348	Produits maraîchers	8 200
Orge	50	Cultures fruitières	1900
blé	80	Viande fraîche	31320
Huile d'arachide	7 000	Café	262,5
Huile de palme	12	Sel	6 780

Source : ANS, FDDD : Dossier 98.

Un coup d'œil sur le tableau ci-dessus appelle quelques observations. Les besoins exprimés sont considérables et pour beaucoup de produits, la couverture dépasse la période d'une année. Il s'agit du riz et du mil dont les besoins annuels avoisinent respectivement 20 000 t et 10 000 t. On peut supposer à partir de ces besoins qui peuvent couvrir quatre, voire cinq mois que les stocks devaient être négligeables. Dans ces conditions, les besoins exprimés, une fois constitués, devraient permettre de prolonger au maximum la durée des stocks existants. Une autre remarque s'impose : l'apparition de céréales supplétives et secondaires comme le maïs, l'orge, le blé qui sont consommées notamment en périodes de soudure. Il en est de même des tubercules comme le manioc et les patates. C'est que la pénurie alimentaire stimule toujours l'accroissement de la consommation des plantes de secours.

La mention de céréales de secours et de tubercules dans les besoins annonce une pénurie qui ne dit pas son nom. En effet, si la situation alimentaire d'alors n'était pas alarmante, elle devait être tout de même préoccupante. Déjà le 2 septembre 1939, un arrêté interdisait toute sortie de denrées vivrières (riz, mil, maïs, niébés, fonio, manioc, patates) et de textiles[334]. Une semaine plus tard, un autre arrêté créait des services annexes de guerre et réorganisait le Service du Ravitaillement Général de la population civile. Au même moment, fut entamée une campagne de sensibilisation contre le gaspillage.[3] A partir du 10 septembre 1939, un arrêté rendait obligatoire la déclaration des stocks de denrées de première nécessité, des effets et objets d'habillement et de matériel sanitaire.

Nous pouvons donc admettre que la situation alimentaire à l'éclatement des hostilités avait franchi un seuil critique. Ce fut une chaude alerte et l'administration dut prendre un train de mesures graduelles : interdiction de sorties de marchandises, déclaration obligatoire de stocks, etc. Derrière ces mesures, se profile une pénurie qui, d'ailleurs, va s'aggraver davantage après la « bataille de Dakar ».

B- Le rôle et l'impact du ravitaillement dans la « bataille de Dakar »

A l'orée des années 1940, Dakar constituait un enjeu géostratégique de premier ordre dans le dispositif colonial français. En effet, la ville avait ses caractères spéciaux : chef-lieu du gouvernement général, port d'escale d'importance mondiale et premier port de transit de l'AOF, troisième port de commerce français à trafic intense après Marseille et le Havre, dépôt de combustibles, centre de lignes aériennes françaises et internationales à mi-chemin entre l'Amérique et l'Europe, point d'appui de la flotte de guerre, centre

334 *JO AOF*, 1939, Arrêté 2176 du 2septembre 1939.

de défense terrestre. Tout cela faisait de Dakar un point tant convoité par les différents protagonistes.

L'importance de la ville pouvait-elle expliquer l'intervention anglo-gaulliste ? Pouvait-on accepter l'argument du ravitaillement invoqué par De Gaulle pour justifier cette opération militaire ? Avant d'en arriver là, faisons la rétrospective de quelques péripéties qui ont mené à ces événements sanglants.

Lorsque l'armée allemande envahit le 1er Septembre 1939 la Pologne, l'effet de cette agression fut la généralisation des hostilités, en ce sens que la France et l'Angleterre déclarèrent aussitôt la guerre à l'Allemagne. Bientôt, l'invasion de la Pologne fit place à ce qu'on est convenu d'appeler « la drôle de guerre » (Septembre 1939 au 10 Mai 1940), c'est-à-dire l'attitude des Français et Anglais consistant à ne pas s'engager réellement dans le conflit : on se déclare la guerre sans pour autant la faire.

Pourtant, à partir de Mai 1940, les événements prirent une autre tournure caractérisée par l'offensive allemande. En deux jours, du 10 au 12 Mai 1940, les Pays-Bas et la Belgique furent occupés puis, en quelques semaines, la France fut envahie et son armée mise en déroute sur tous les fronts. La signature de l'armistice (25 Juin) et l'appel de Londres le 18 Juin 1940 du Général de Gaulle allaient diviser les milieux coloniaux entre partisans du Maréchal Pétain, collaborateur de l'occupant allemand et gaullistes adversaires de la capitulation.

A Dakar, nombreux étaient les partisans de la Résistance. Si le gouverneur général, Cayla, fut au début pour la continuation de la lutte, le refus de l'Afrique du Nord, avec le général Nogués, de se mettre aux côtés des gaullistes va influencer l'AOF qui finira par s'aligner sur le Commandement d'Afrique du Nord. Entre temps, l'attaque navale de Mers el Kébir, durant laquelle le cinquième de la flotte française fut détruit par les Anglais, amena plus d'un d'hésitant à rejoindre le camp pro vichyste. A partir de ce moment, les événements vont s'accélérer car, pour De Gaulle, la lutte de libération nationale dépassait le cadre métropolitain pour s'étendre jusqu'aux colonies qu'il fallait empêcher, coûte que coûte, de rejoindre Vichy et c'est précisément dans ce cadre que Dakar fut impliquée militairement dans la deuxième guerre.

Ainsi, dès le 7 Juillet 1940, un contre-torpilleur pro gaulliste fut refoulé à Dakar tandis que, le lendemain, le « Richelieu » fut attaqué et immobilisé dans le port de Dakar. Or, en ces moments, l'AEF, par la voix de Félix Eboué, rejoignait la résistance alors que Cayla, soupçonné d'être pro gaulliste, fut muté à Madagascar et remplacé par Pierre Boisson qui, bien que versatile et hésitant au début, finit par opter pour la collaboration. Pour De Gaulle, le ralliement de Dakar à sa cause permettrait à la France Libre d'avoir des moyens matériels et humains pour continuer la lutte, mais aussi une assise territoriale et politique pour un État virtuel qui n'existait que sur du papier. Or le ralliement de l'AEF poussa les autorités de l'AOF à prendre des mesures préventives pour protéger ses bases contre toute attaque anglo-gaulliste. C'est dans ces conditions que De Gaulle se présenta au large de Dakar le 23 Septembre 1940.

Au petit matin, des avions britanniques survolèrent Dakar, jetant des tracts de sympathie et souhaitant le ralliement de l'AOF aux côtés des Alliés, de la France Combattante dans quatre heures, auquel cas serait exclu l'usage de la force matérialisée par cette importante flotte anglaise prête à entrer en action. Peu après, une corvette portant le drapeau blanc, conduite par le capitaine Thierry d'Argenlieu, se détacha de l'escadre aux fins de parlementer et, ce faisant, convaincre Boisson à se rallier. A peine arrivée, elle fut mitraillée, blessant le parlementaire qui se retira à la sauvette. Vers treize heures et devant le mutisme du gouverneur général après l'ultimatum, Dakar fut violemment bombardée par la flotte anglo-gaulliste commandée par le vice-amiral John Gunningham.

Ce que Jacques Mordal appelle « la bataille de Dakar »[335] venait de commencer. Les hostilités vont durer deux jours, mais Dakar résista farouchement, persuadant De Gaulle de battre en retraite pour regagner Freetown au soir du 25 Septembre 1940. Les pertes matérielles et humaines furent lourdes : le bilan officiel, rapporté par le journal Paris Dakar, dans sa livraison du 26 septembre 1940, s'élevait à 175 morts et 350 blessés, alors que les sources officieuses faisaient cas de centaines de morts. Qu'est-ce qui avait motivé ces bombardements de Dakar ? Pour y voir clair, il suffit d'examiner les tracts parsemés dans la ville en ce lundi 23 Septembre 1940. Dans l'un des tracts largués à partir des avions britanniques, il était écrit :

« Nous venons défendre Dakar avec vous ! Nous venons ravitailler Dakar ! » Un autre tract contenait le message suivant : « Dakar est menacé par l'ennemi et par la famine. Il faut garder Dakar à la France ! Il faut ravitailler Dakar. C'est pour cela qu'arrivent les forces françaises sous mes ordres. De puissantes forces alliées sont prêtes à les soutenir. Je prie les autorités civiles et militaires de se mettre en rapport avec moi. Je demande à tous les éléments des forces de terre, de mer et de l'air de rester chacun à sa place et de prendre liaison avec les troupes françaises qui viennent les renforcer. J'invite la population à manifester dans le calme son patriotisme et à faire fête à mes soldats. Vive Dakar Français ! Vive l'Afrique française ! Vive la France » Général De Gaulle. Puis, dans un autre message adressé à la population le 23 Septembre à 15 h, c'est-à-dire deux heures après le déclenchement des hostilités, De Gaulle dit :

« Nous vous apportons la liberté en même temps que des vivres, des armes pour vous défendre. Nous venons à vous en frères, les bras ouverts et les quelques hommes qui veulent nous imposer leur propre honte osent nous accueillir en ennemis. Français de Dakar, ne vous laissez pas mener par ces mauvais bergers. Vous savez où se trouvent les ennemis de la France : à Paris, à Bordeaux, à Brest, à Lille et à Strasbourg, et leurs complices attendent leur heure pour envahir la Corse, la Tunisie. Allez-vous les laisser ensuite venir à

---

335 Mordal J, *La bataille de Dakar*, Paris, Ozanne, 1956.

Dakar ? Français, il est temps encore, n'hésitez pas une minute de plus, nous pouvons vous délivrer de ces chefs indigènes qui vous mènent directement à la ruine et au déshonneur, il ne tient qu'à vous de prendre le chemin de l'honneur et de la victoire. Haut les coeurs ! Et ralliez-vous aux forces du Général De Gaulle ».

A la lecture de ces messages, on se rend compte que l'un des motifs évoqués par De Gaulle était d'assurer le ravitaillement de la ville. Etait-ce un motif valable ? Bien sûr que non. De Gaulle savait que la situation alimentaire déplorable, constituait une corde sensible sur laquelle il pouvait agir pour obtenir le ralliement de Dakar à sa cause. En fait, les troupes anglo-gaullistes comptaient sur la pénurie pour obtenir la révolte des populations, surtout européennes, contre le pouvoir vichyste local. Toutefois, l'absence de denrées destinées aux populations à bord des navires nous amène à chercher ailleurs les raisons de l'intervention.

En réalité, De Gaulle voulait prendre Dakar pour plusieurs raisons. D'une part, il y avait la position géostratégique tant convoitée par les Anglais pour déplacer le théâtre des opérations anglo-allemandes en AOF, tandis que De Gaulle y voyait le moyen de se donner une assise politique et territoriale. D'autre part, les anglo-gaullistes comptaient récupérer une partie des réserves d'or de la Banque de France et des banques nationales belge et polonaise, soit 1000 T plus 60 à 70 millions de francs or évacuées au Soudan (Kayes) par train spécial pendant l'offensive du Reich. C'est compte tenu de tous ces facteurs que De Gaulle et les Anglais attaquèrent Dakar. L'évocation de la question du ravitaillement n'était qu'un moyen, un prétexte utilisé pour rallier la population dakaroise de plus en plus confrontée à une pénurie liée à l'accroissement des besoins locaux et à l'amenuisement des stocks.

La principale conséquence de l'échec des anglo-gaullistes à Dakar fut le renforcement du blocus et la généralisation des mesures de rationnement tandis que sur le plan politique le régime de Vichy se durcit avec la suppression de toutes les libertés acquises sous le Front Populaire. En fait, alors que le blocus des Anglais s'exerçait sur Dakar (multiplication des arraisonnements et des captures de navires), les réserves constituées par les commerçants s'épuisèrent et les possibilités de réapprovisionnement, résultant des relations autrefois fréquentes avec la métropole, devinrent quasi inexistantes.

Aux niveaux politique et syndical, tous les acquis démocratiques sont mis entre parenthèse : dissolution des partis politiques, des syndicats, des conseils municipaux, arrestation de juifs et des partisans de Cheikh Hamalla, d'opposants (Alfred Goux, maire de Dakar, le président de la Chambre de Commerce de Dakar, etc.). Ceux qui sont soupçonnés de résistants sont arrêtés et incarcérés, s'ils ne sont pas exécutés. Parmi les résistants fusillés à Dakar, on peut citer : Ngagne Diba, Idohou Albert, Wabi, Derwole Aloysinos, etc. La reprise des activités politiques ne fut effective qu'en 1943 suite au ralliement de l'AOF aux Forces Alliées et l'arrivée massive de militaires américains à Dakar qui améliorèrent la situation alimentaire sans pour autant endiguer la pénurie qui, d'ailleurs, se poursuivra à bien au-delà du second conflit mondial.

C- Les stocks et les besoins en novembre 1940

En 1940, la situation alimentaire de la ville n'était pas des meilleurs. Le contrôle des mers par les Alliés fit tomber les importations à un niveau presque nul. Ainsi, la pénurie de riz consécutive à la rupture des relations maritimes entre Dakar et Saigon devint inquiétante. En octobre 1940, le stock de riz de la ville s'élevait à 10 964,4 t[336]. A la fin de l'année 1940, les stocks se réduisirent sensiblement à cause de l'absence de nouveaux arrivages. Ainsi, au 1er décembre 1940, les stocks de riz étaient de 9 600 t, la part du Sénégal y comprise. Le tableau ci-dessous donne un éclairage sur la situation alimentaire de la ville en mi-novembre 1940.

Tableau 37 : Situation alimentaire de Dakar au 14 novembre 1940 (en Tonnes).

Produits et	Besoins		Disponibilités			Manquants
	Mensuel	Annuel	Stock au 14/11/1940	Récolte attendue	Totaux	
Riz	700	8 400	8 670	75		
Mil	350	4200t	371	4 000		200
Sucre	120	1440	1800			
Farine	250	3000t	427			2 573
Maïs				3 000		
Manioc				1300		
Patates				1500		
Niébés				1100		

Source : ANS, FDDD, Dossier 8.

Sur le stock de 8 670 t de riz, Dakar s'adjugeait 4 670 t et le Sénégal 4 000 t. Le stock de Dakar couvrait les besoins d'un semestre car les besoins annuels s'élevaient à 8 400 t. Le stock de mil, de 37 t était insignifiant et ne couvrait que le dixième des besoins d'un mois estimés à 350 t. La colonie du Sénégal devait livrer 4 000 t après les récoltes. La diminution des besoins de riz qui passèrent de 16 000 t en 1938 à 8 400 t en 1940 pouvait s'expliquer par la

336 ANS, FDDD, Dossier 107 bis.

rupture des commandes passées en Indochine et la surconsommation du mil substitué au riz. Dans une telle perspective, les besoins annuels en mil évalués à 1 200 t en 1939 passèrent à 4 200 t en mi-Novembre 1940. S'agissant du sucre, le stock de 1 800 t couvrait l'ensemble des besoins annuels estimés à 1 440 t. Par contre, le stock de farine constitué, avec 427 t n'assurait une couverture des besoins que pour quarante cinq jours environ. Ce qui explique l'ampleur du déficit estimé à 2573 t.

En définitive, la situation alimentaire était largement déficitaire du fait de la modicité des stocks, bien en deçà des besoins des populations. Dans ces conditions, l'inquiétude s'était emparée des populations à cause des difficultés croissantes de ravitaillement. Ainsi, les populations européennes déploraient la rareté du beurre, du fromage, des pommes de terre, du lait imputable aux réquisitions militaires sur ces denrées au moment où les indigènes s'alarmaient de la spéculation des commerçants levantins et de la hausse généralisée des prix[337]. Tout compte fait, l'équilibre alimentaire, longtemps rompu, rendait la situation précaire, voire critique. D'ailleurs, elle s'aggrava avec le blocus exercé sur l'AOF par la Royal Navy depuis l'échec anglo-gaulliste à Dakar.

D- Les blocus anglais et ses incidences sur l'approvisionnement de la ville

L'insécurité des océans du fait de l'état de guerre et le blocus de la Royal Navy sur l'AOF eurent des répercussions fâcheuses sur l'approvisionnement de la Fédération en produits alimentaires et industriels. Pourrait-il en être autrement pour une ville qui, comme Dakar, reste le symbole du gouvernement de Vichy en Afrique noire. Or, depuis la signature de l'armistice, le gouvernement britannique considérait le régime de Vichy et les colonies sous sa tutelle comme des territoires sous le contrôle de l'ennemi allemand. Dans ces conditions, les colonies, compte tenu de l'extrême précarité des transports maritimes aggravée par le blocus, devaient compter sur leurs propres ressources locales et ménager au maximum les stocks existants.

Il faudra attendre l'échec des anglo-gaullistes à Dakar pour se rendre à l'évidence des effets du blocus. Nous en trouvons d'ailleurs la confirmation dans une correspondance du président de la chambre de commerce de Dakar adressée au directeur des Services Économiques et dans laquelle il déplorait la rupture des relations maritimes avec Saïgon[338]. De toute évidence, les importations de riz indochinois vont enregistrer un fléchissement considérable avec 117 377 t en 1937 pour chuter à 36 7411 en 1938 avant de se redresser en

---

337 ANS, 2G 150/108 : Impressions recueillies sur le moral des populations européennes et indigènes.
338 ANS, FDDD, Dossier 555 : Ravitaillement.

1939 avec 62 103 t.[339] La situation empira l'année suivante puisque aucune commande ne sera passée avec l'Indochine. Dans les faits, la guerre sous-marine, le blocus, l'élévation du fret désormais payé en dollars conjuguèrent leurs effets pour dissuader plusieurs navires. D'ailleurs, les arraisonnements et les captures vont se multiplier. C'est le cas notamment lorsque le 10 février 1941 le s/s Eridan en direction de Dakar fut capturé par les Anglais avec un chargement de 750 t; le s/s Desirade subira le même sort avec un chargement de 987 t le 20 août de la même année[340].

Devant cette nouvelle situation, les autorités coloniales préconisèrent un repli dans la fédération et la relance du cabotage intercontinental afin de ravitailler Dakar à partir du Togo, de la Guinée, du Dahomey et de la Côte d'Ivoire. Dans tous les cas, la rupture de plusieurs sources d'approvisionnement entraîna un amenuisement des stocks et hypothéqua les possibilités de réapprovisionnement extérieur. En 1941, le blocus s'aggrava à telle enseigne que le Bureau Economique ne put s'empêcher de mettre en garde les autorités de la gravité de la situation. Il souligna en effet dans un de ses rapports que les « captures successives engagent à ne guère compter sur un nouvel approvisionnement en riz d'Indochine ou de Madagascar tant que durera la situation internationale actuelle »[341].

II- Diagnostics établis, remèdes proposés : l'État colonial face à la pénurie

L'accroissement considérable des besoins en relation avec l'augmentation de la population, la diminution des stocks, le souci d'accroître l'aide à la métropole, le blocus anglais furent autant de facteurs qui nécessitèrent, à partir de 1941 des restrictions d'où l'institutionnalisation d'un système de rationnement. Ces mesures, prises sous Vichy, complétées par l'effort de guerre et les réquisitions, devaient assurer une répartition équitable des ressources de la colonie et prolonger au maximum la durée des stocks existants. Après le ralliement de l'AOF, le gouvernement de la France Libre va s'inscrire dans une dynamique de continuité dans les méthodes de gestion de la pénurie, même si les forces alliées vont concourir davantage au ravitaillement de la ville.

339 ANS, FDDD, Dossier 8 : Ravitaillement.

340 ANS, 2G 41/37, CDD : Rapport sur l'activité du Bureau Economique 19941.

341 Ibidem.

A- La politique de ravitaillement sous le gouvernement de Vichy

1- La généralisation du rationnement

La ration exprime une quantité de vivres mesurée, distribuée ou autorisée à acheter pour une période déterminée. Individuelle ou collective, la ration peut être journalière ou mensuelle, mais doit tenir compte des normes énergétiques. Ainsi, l'Inspection des Services Sanitaires et Médicaux estimait, en 1942 à 2 520 calories par jour le taux optimum de la ration individuelle. Un acheteur est dit « rationné » si la quantité de biens qu'il désire acheter est supérieure à la quantité de biens disponibles sur le marché. Devant cette situation comme c'est le cas de Dakar lors du second conflit mondial, il s'agit du schéma de rationnement dit de guerre.

a- Au niveau administratif

a- l. Les fondements des mesures et les cadres réglementaires

Les mesures de rationnement trouvent leurs cadres réglementaires dans le décret du 2 mai 1939 portant règlement d'administration publique pour l'application aux colonies de la loi du 11 juillet 1938 sur l'organisation de la nation en temps de guerre[342]. En son article 10, le décret donnait pouvoir au gouverneur général de réglementer la circulation, l'utilisation, la détention et la mise en vente de certaines ressources qu'il pouvait taxer et rationner. Le même texte élargit les pouvoirs du gouverneur général qui pouvait rendre obligatoire la déclaration des objets, produits et denrées détenus par des producteurs et commerçants. Par arrêté du 15 septembre 1939, le chef de la Fédération pouvait déléguer son pouvoir aux gouverneurs des colonies de l'AOF et à l'Administrateur de la Circonscription de Dakar et Dépendances[343]. C'est en vertu de cette délégation de pouvoir qu'il a été possible à l'autorité locale responsable d'utiliser les mesures de rationnement dans la ville. Ainsi, chaque mois, l'administrateur de la Circonscription fixait le taux des rations et les numéros des coupons affectés pour le mois à chaque denrée rationnée.

Toutefois, les mesures furent graduelles, allant dans le sens de restrictions progressives. Déjà en 1940, prévalait un rationnement qui ne dit pas son nom. Dans les faits, le rationnement débuta en 1940 par diverses restrictions sur les denrées et produits de première nécessité même si l'administration coloniale préférait parler de « mesures tendant à restreindre la consommation ». Ces premières restrictions ne firent pas l'objet d'arrêtés locaux

342 *JO AOF,* 1939, p.758.
343 *JO AOF* , 1939, p.1216.

et ne prévoyaient que la déclaration des stocks des produits considérés tout en limitant la vente soit par contingents périodiques, soit à une certaine catégorie de consommateurs. C'est le cas pour les laits et eaux minérales réservés aux malades et aux enfants. En outre, la consommation de farine, de pain et de viande était assujettie à une stricte réglementation : limitation des quantités de pain fabriquées dans les boulangeries, interdiction de vente de pain frais (vente au minimum 24 h après la sortie du four), interdiction de vente de pain de fantaisie et de pâtisserie certains jours ; interdiction de vente de viande le lundi et le vendredi, etc.

Entre le 20 juin et 2 juillet 1940 furent délivrés les premiers carnets de consommation pour le lait et les eaux minérales. Le système du carnet de consommation avec le ticket entra en vigueur en mars 1941. En fait, à compter du 10 juin 1941, la vente du pain, de la farine, du riz, du mil et du maïs était subordonnée à la présentation d'un coupon détaché du carnet de consommation. Le taux de la ration de pain, fixé à 250 g par jour fut maintenu jusqu'au 28 février 1945, époque à laquelle elle fut portée à 300 g. Le rationnement du savon débuta le 1er juillet 1941 alors que l'huile d'arachide fut rationnée à compter du 18 février 1942 sur la base de 2 litres par mois. Quant au vin, c'est à partir du 1er septembre 1941 qu'il fut rationné aux Européens ou assimilés habitués à une alimentation européenne et familiers à la consommation du vin aux repas.

La généralisation des mesures de rationnement entra en vigueur en 1942, date à laquelle tous les produits ou presque furent soumis au rationnement : matières grasses, pommes de terre, pâtes, viandes, farine lactée, orge, quinine, produits pharmaceutiques, textiles... La généralisation des mesures de rationnement élargit le champ d'action et d'intervention de l'administration dans le domaine économique. En vertu des nouvelles prérogatives, l'autorité administrative devait permettre aux consommateurs d'effectuer leurs achats de produits rationnés par la délivrance d'autorisations obligatoires, c'est-à-dire de carnets de consommation ou de bons d'achats; elle devait aussi assurer un suivi sur la situation alimentaire à partir du niveau de consommation, des arrivages et des expéditions de denrées rationnés tout en procédant à la vérification périodique des déclarations faites par les commerçants et au contrôle strict de leurs stocks. Le CLEC et le Bureau Economique apportèrent leurs concours pour la réalisation de tels objectifs grâce à un contrôle permanent des stocks, à la tenue d'une comptabilité, à la réception et à la répartition des arrivages.

a- 2- La création du Bureau Économique et l'action du CLEC

Avant la guerre, le problème du ravitaillement relevait du commerce. Avec les hostilités, la question du ravitaillement ne pouvait plus être entièrement laissée aux soucis du commerce et devait faire l'objet de plans concertés. Ainsi, les questions d'ordre économique étaient désormais du ressort du CLEC qui s'efforça de suppléer le commerce d'importation et prit en charge le ravitaillement. L'institutionnalisation des mesures de rationnement à partir de 1941, nécessita la mise sur pied d'un nouvel organisme, le Service du Ravitaillement chargé de la répartition des cartes et tickets d'alimentation à la population. L'ampleur de la tâche incita l'administration à scinder cet organisme en deux services. Alors que l'un sis à la place Protêt dans les bureaux du SITAOF (Syndicat d'Initiative du Tourisme en Afrique Occidentale Française) est chargé du ravitaillement des Européens et des assimilés, le second service, installé dans le quartier Sandaga devait s'occuper de la population indigène de la Médina.

Finalement, l'administration procéda a une unité de direction de ces organismes par leur fusion à partir de juillet 1941 en un Bureau Économique placé sous la tutelle du gouverneur Administrateur de la Circonscription qui assurait en même temps les fonctions de maire. Le Bureau Économique était chargé de l'élaboration des arrêtés et décisions nécessaires à la mise en pratique des mesures de rationnement, de l'étude des questions d'ordre économique et du développement de la production locale. Il devait en outre faire venir de l'extérieur les denrées de première nécessité par l'intermédiaire du CLEC.

Quant au CLEC, il s'occupait de la réception, de l'emmagasinage, de la répartition et de la livraison aux commerçants de la place des produits, denrées ou marchandises nécessaires au ravitaillement de la Circonscription. Il assurait aussi la réexpédition de marchandises sur le Sénégal, le Soudan, la Mauritanie, les colonies du Sud, l'Afrique du Nord et la métropole. Par ailleurs, le CLEC effectuait la comptabilité de toutes ces opérations et la correspondance y afférente.

Ainsi, en 1941, 8150 t de farine en 26 arrivages venant du Maroc ont été reçues et réparties par le CLEC. L'année suivante, 27 025 t ont été réparties entre la Circonscription de Dakar et Dépendances (11 552 t), l'Intendance Militaire (2 386 t), le Sénégal (10 087 t)[344], la Mauritanie (1950 t) et la Coopérative Indigène Dakar-Niger (1 050 t). Les années suivantes, toutes les opérations de réception et de répartition du bétail ont transité par le CLEC. En 1943, le CLEC avait reçu de la colonie du Sénégal 9 599 bœufs et 12 920 moutons contre 13 459 bœufs et 30 792 moutons du Soudan alors que la Mauritanie avait livré 4 188 bœufs et 14 457 moutons[345]. Ce qui faisait un total de 27 246 bœufs et 58 169 moutons.

Cette quantité de viande de boucherie nécessaire au ravitaillement de la ville fut répartie par les soins du CLEC entre les trois groupes de consommateurs que sont la population civile, les intendances militaire et maritime, soit 43,4 % pour la Circonscription, 42,9 % pour l'Intendance

---

344 ANS, FDDD, Dossier 107 bis..
345 ANS, 2G 43/52.

militaire alors que l'Intendance maritime s'adjugeait les 13,7 %. Sous la France Libre, un autre organisme, le Comité du Commerce Extérieur se substitua au CLEC à partir du 1er octobre 1943 pour toutes les opérations de réception, de répartition et de livraison des marchandises. Dès lors, l'activité du CLEC se limita à la vente et à la liquidation de certaines marchandises.

b- La réorganisation du commerce et de la distribution

L'achat des marchandises rationnées était subordonné à la présentation de bons spéciaux délivrés par les autorités compétentes. Dans ces conditions, les produits et marchandises soumis au rationnement étaient distribués aux consommateurs suivant le système des cartes et bons spéciaux. Ces cartes et bons spéciaux étaient délivrés à la population par les soins du Service du Ravitaillement constitué de deux bureaux : le premier installé dans les locaux du SITAOF (Syndicat d'Initiative du Tourisme en AOF) sis place Protêt pour les Européens, Levantins et certains militaires et les originaires qui ont opté pour le bénéfice de l'alimentation européenne à base de pain (cartes surchargées) ; le second, situé au quartier Sandaga, assurait la remise des cartes et bons à la population autochtone dont le régime alimentaire était à base de céréales. Aux autochtones, étaient délivrées les cartes dites non surchargées.

Pour distinguer les coupons de consommation surchargés (destinés aux Européens) de ceux non surchargés (régime indigène), des lettres furent jointes à chaque type de coupon. Puis à chaque coupon, fut affecté un numéro qui en garantit la validité pour une période déterminée. Sur présentation de ses cartes et bons au commerçant détaillant, le consommateur recevait en échange de la lettre, du numéro ou du coupon imprimé sur les cartes les denrées alimentaires et marchandises correspondantes dont la valeur était fixée périodiquement par l'autorité locale compétente, puis portée à la connaissance du public par les avis de la presse et de l'affichage, Au début de la généralisation des mesures de rationnement, étaient délivrées des cartes de consommation familiales ou individuelles qui ne pouvaient être ni vendues, ni prêtées. La carte de consommation familiale qui n'était délivrée qu'aux chefs de famille (européenne ou assimilée) donnait droit à des tickets de consommation ou à des feuilles de coupons pour les produits rationnés. La carte individuelle pouvait être attribuée à des particuliers isolés, après enquête de police. Seulement, elle était souvent réservée aux Européens.

C'est à partir de septembre 1941 que furent délivrées les cartes dites de priorité qui donnaient droit aux titulaires la priorité dans tous les magasins et dans toutes les administrations. En signe de distinction des deux régimes alimentaires, deux modèles de cartes furent institués. Les cartes de priorité de couleur rouge furent réservées aux cas sociaux c'est à dire les Européens amputés, femmes enceintes, mères de famille ayant au moins quatre enfants de moins de seize ans vivant avec elles ou deux enfants de moins de quatre ans, à condition que ces enfants soient légitimes ou reconnus. Quant au modèle de couleur jaune, il était délivré aux Africains autochtones dont le régime était à base de céréales et pour l'achat de ces denrées.

Toutefois, à partir de 1942, les cartes octroyées aux indigènes furent retirées avant d'être élargies aux seuls invalides de guerre. Les abus et les fraudes avec ces cartes de priorité constatés chez les Européens poussèrent l'administration locale à ne réserver ce privilège qu'aux seules mères de famille de nationalité française pourvu que ses enfants soient légitimes ou reconnus, exerçant une profession ou un métier hors de chez elles et ayant la charge d'un ménage.

Pour les autochtones, l'obtention de carnets de consommation fut assujettie à des conditions draconiennes. Aussi devaient-ils s'acquitter au préalable de l'intégralité de leurs impôts. D'autre part, ils étaient tenus de signaler à l'administration tout changement intervenu dans la composition de la famille (naissances, décès, mariages). Ensuite, les inspecteurs chargés du contrôle des cartes étaient tenus de refuser ou de retirer les cartes de consommation à tout indigène vivant d'expédients ou abusant de l'hospitalité coutumière de ses compatriotes ; quant aux chefs de famille, ils étaient invités d'urgence à renvoyer « ces oisifs » vers leurs villages d'origine. Le tableau ci-dessus résume la situation du nombre de tickets d'alimentation délivrés à Dakar de 1943 à 1945.

Tableau 38 : Nombre de tickets d'alimentation délivrés à Dakar de 1943 à 1945.

Années	Europ. Nb. Rationnaires	Indigènes	Passagers	Allocations cartes lait	Rations suppl. Enf 13-20 ans	Nbre travailleurs de force
An 1943 31/12/1943	17807	108974	11137 soit 125521 rations journalières	2940 enfants soit 27825 rations	247	14581
An 1944 31/12/1944	16405	110754	8655 feuilles de tickets	2800 (14ans), 20870 bons	330	15654
An 1945 31/12/1945	16515	104240	6635 soit 118855 rations	1779 (5ans), 137(malades) 15203 (bons)	225	10637

Les nouvelles dispositions prises concernaient au premier chef les commerçants qui devaient déclarer leurs stocks et ne vendre tout produit ou denrées qu'après la remise par l'acheteur d'un ticket de consommation ou d'un bon d'achat. Il fut dès lors interdit à tout commerçant en gros et demi-gros de vendre ou de céder à quelque titre que ce soit à des particuliers, des produits ou denrées rationnés.

Le réapprovisionnement des commerçants s'effectuait à l'aide de permis d'achat qui leur étaient fournis par le Service du Ravitaillement. Le montant des bons était proportionnel au nombre d'inscriptions reçues lorsqu'il s'agit de commerçants européens, soit au nombre de tickets de consommation présentés en justification des ventes (détaillants indigènes). Chaque commerçant détaillant disposait d'un carnet d'approvisionnements spécial avec mention des dates de livraison et des quantités accordées contre remise des tickets de consommation. Un tel procédé facilitait le contrôle des détaillants et proportionnait la distribution des denrées à la vente effective de chaque magasin.

Les commerçants devaient conserver les tickets de consommation et les coupons remis par leurs clients. A la fin de chaque mois, ils remettaient ces tickets et coupons à leur fournisseur (grossiste ou demi-grossiste) chargé de leur livrer une quantité égale à celle qu'ils auront vendue au cours du mois écoulé, attestée par les coupons et tickets. Les grossistes à leur tour, remettaient ces tickets et coupons au Service des cartes afin de justifier la diminution de leur stock.

Au niveau de la Médina, la vente des produits rationnés était effectuée par des boutiquiers désignés par l'administration dans chaque quartier. Les chefs de famille détenteurs d'un carnet de consommation étaient tenus de se faire inscrire chez un de ces boutiquiers. Ceux-ci recevaient une liste nominative de leurs clients inscrits mentionnant le nombre de personnes composant la famille de chacun d'eux. Une ampliation de cette liste était remise au commissariat de police, au service des cartes ou au chef de quartier. Somme toute, les mesures de rationnement édictées officiellement en 1941 et généralisées en 1942 s'accompagnèrent de dispositions réglementaires contraignantes dans la consommation et la distribution. Ces nouvelles dispositions s'élargirent au commerce avec le régime des antériorités instauré depuis décembre 1940.

c- Le régime des antériorités

Le régime de Vichy, en vertu de la loi du 6 décembre 1940 mit fin à l'activité des syndicats patronaux et des chambres de commerce qui furent remplacés par des groupements professionnels répartis en quatre corporations : production agricole et forestière, organisme de crédit, transport, commerce. D'après la loi, ces groupements, traits d'union entre l'initiative privée et la puissance publique, notamment les services publics, devaient impulser l'économie coloniale, procéder à l'étude et au règlement des différends tout en s'attelant à la répartition des matières premières et des produits importés. Cette dernière disposition jetait les bases légales du « régime des antériorités », c'est-à-dire « la répartition des marchandises métropolitaines contingentées et des marchandises étrangères acquises sur contingent entre les commerçants ayant effectué des importations de l'espèce »[346].

Sur la base de ces nouvelles disposition, toutes les importations effectuées par voie administrative étaient réparties selon la règle suivante : pour chaque type de produits, un pourcentage était affecté aux anciens importateurs au prorata des quantités importées par chacun d'eux durant les trois années antérieures à 1940 (1937; 1938, 1939). Selon l'administration, une telle discrimination s'expliquait par la pénurie du fait de l'état de guerre, les efforts déployés dans le passé par les bénéficiaires appelés les « antérioritaires », la croisade contre la spéculation et le gaspillage des produits et enfin la nécessité d'un contrôle administratif du reste facilité par un nombre d'attributaires restreint.

Dans les faits, la nouvelle organisation de l'économie coloniale renforçait la position des grandes firmes et élargissait les marges bénéficiaires substantielles occasionnées par la pénurie. Elle consacrait du coup l'institutionnalisation d'un monopole de fait exercé par les grandes maisons d'import-export[347]. Par exemple, sur les 176 tonnes de maïs importées en 1944, la SCOA, la CFAO et la NOSOCO s'adjugeaient ensemble plus de la moitié au titre de leur part « d'antérioritaires ».

Sous Vichy, le Groupement Professionnel du Commerce Colonial se vit octroyé un monopole exclusif des importations de produits. Dans une telle perspective, la SCOA fut presque l'importatrice unique désignée par l'administration. Pour le lait de conserves, la SCOA était chargée, à elle seule, de l'exécution des commandes passées par le gouvernement et de la répartition des arrivages entre les diverses colonies. D'ailleurs « à ce titre, la SCOA était chargée de garder en dépôt le stock de sécurité constitué pour la Circonscription de Dakar et qui, au 31 décembre 1941, était composé de 120,6 t de lait concentré sucré, 36,8 t de lait condensé non sucré et 2,3 t de lait en poudre »[348]. Le SCIMPEX qui prit le relais sous la France Libre à partir de 1943 n'opéra guère de rupture significative. C'était l'expression achevée de l'hégémonie et de l'omnipotence des grandes entreprises commerciales consolidées et renforcées par le régime des antériorités.

Quant aux autochtones, ils brillèrent par leur absence dans la répartition des marchandises et produits importés. Sans doute, s'agit-il là d'un élitisme économique instauré par le système des antériorités qui consacra la mise au pas

346 ANS,, 1Q 300/301.
347 Thioub I, op cit, p. 102.
348 ANS, 2G, 41/37.

des petites et moyennes entreprises et le blocage, voire le verrouillage de toute possibilité d'émergence d'opérateurs économiques autochtones. La promotion d'un autochtone à l'image d'Amadou Assane Ndoye - qui réussit à gagner le marché de la fourniture de viande aux établissements publics de Dakar pendant la guerre - constitue, à n'en pas douter, une exception qui confirme la règle[349].

La diversification des sources d'approvisionnement après Vichy obéissait, bien souvent, moins à l'expression d'une libéralisation des échanges qu'à une situation de pénurie en métropole. Les options, du reste fort timides, pour la promotion d'un milieu d'affaires autochtones sous la France Libre relevaient moins d'une tentative de remise en cause du régime des « antériorités » que de l'indice d'une stratégie de l'administration coloniale visant à amortir la radicalisation des opérateurs économiques locaux dans un contexte de nationalisme en pleine effervescence. Toutefois, ces nouvelles orientations furent le départ d'un réveil et d'une entrée en scène des hommes d'affaires autochtones sur la scène économique.

Sous Vichy, les autochtones, dans la plupart des cas, ne jouèrent qu'un rôle de figurants sur la scène économique. Ainsi, les commerçants autochtones Dakarois exerçant un commerce d'alimentation avant l'institution des mesures de rationnement et du système des « antériorités », cessèrent de tenir ces articles dès que débutèrent ces nouvelles dispositions. Du coup la vente de ces produits se trouva en fait concentrée dans les magasins de quelques grandes firmes commerciales (CFAO, NOSOCO, Lacoste, SCOA...).

Pourtant, dès que prit fin la pénurie, les firmes commerciales, au nom de la liberté du commerce, n'hésitèrent pas à rejeter le système des « antériorités » qui, jadis, leur avait largement profité. Seules, la possibilité et les opportunités d'un nouveau réapprovisionnement auprès des puissances alliées où elles disposaient de bureaux d'achats, contrairement aux petites et moyennes entreprises, pouvaient expliquer un tel revirement.

2- L'effort de guerre

a- Une priorité accordée à la métropole

Comme toute guerre, celle-ci entraîna des malheurs parmi lesquels on peut citer les pertes en vies humaines, les difficultés de ravitaillement en denrées essentielles sans parler des restrictions de toutes sortes. Dakar, du fait de l'occupation de la métropole, ne pouvait plus recevoir l'essentiel des produits dont elle avait besoin. Et pourtant, elle devait non seulement assurer sa survie, mais aussi et surtout subvenir aux besoins de la métropole. Dès lors, les colonies durent s'adapter à un immense effort de guerre en direction de la métropole. D'ailleurs, l'administration ne cessa de rappeler que le souci

349 Thioub I, op cit.

d'intensifier l'aide à la métropole fut l'une des raisons de l'institutionnalisation des mesures de rationnement.

La guerre était l'occasion de la remise au goût du jour de toutes les charges possibles et imaginables. Déjà, en 1939, des souscriptions volontaires au service de la « Défense Nationale » ou du « Secours National » mobilisèrent toute la colonie. A la fin de janvier 1941, 10 millions de Frs furent versés par le « Secours National ». Des centaines de tonnes de poissons et légumes, de viande et d'huile furent expédiées vers la métropole afin de subvenir à ses besoins.

Dans la livraison du Paris - Dakar en date du 21 février 1941, le gouverneur général Boisson précisa : « Je veux qu'on sache que l'Afrique noire n'a qu'un souci : celui de venir en aide à la métropole. Nous sommes des privilégiés. L'Afrique noire nous est clémente. Les restrictions que nous connaissons nous touchent à peine »[350]. Une année plus tard, le même journal notait que le rationnement de l'huile à Dakar fut consécutif à la pénurie de matières grasses dans la métropole[351]. La même livraison insistait sur la nécessité, de la part de l'AOF, de fournir le plus grand effort pour venir en aide à une métropole occupée. Dans une telle perspective, pour maintenir le ravitaillement de la métropole à « un niveau efficace »[352], il s'imposait la réduction de la consommation dakaroise à 2 litres par personne et par mois. Sur fond de propagande et de campagne médiatique, les autorités insistèrent sur les privilèges des Dakarois en matière de ravitaillement, comparés aux métropolitains : ration mensuelle de 750 g de sucre à Dakar contre 500 g en France, 2 litres d'huile contre 450 g de matières grasses.

Après le ralliement, le nouvel effort de guerre s'intensifia. La contribution de Dakar s'élevait à 160 millions sur les 600 millions versés par l'AO.F, soit 26,6 % du total. En définitive, l'aggravation de la pénurie à Dakar, dans bien des cas, fut moins l'indice d'une pénurie des denrées de première nécessité que la résultante des ponctions opérées par les autorités pour répondre aux besoins de la métropole. Pour faire face aux nécessités de son ravitaillement, Dakar puisait dans ses greniers proches qui devaient, eux aussi, participer à l'effort de guerre.

b- L'aide des colonies voisines

Pour faire face à la pénurie, les autorités responsables recoururent à des réquisitions massives effectuées dans les colonies voisines. Ainsi 11 600 t de maïs furent livrées par le Dahomey et le Togo pour le ravitaillement du groupe

---

350 Paris –Dakar, 21 février 1941.
351 Paris –Dakar, 25 février 1942.
352 Ibidem.

(Sénégal, Dakar, Mauritanie)[353]. La rupture des livraisons indochinoises entraîna un repli sur la Guinée, devenue brusquement fournisseur de riz ; en 1942, 1 500 t de riz furent livrées par la Guinée contre 680 t en 1943 et 650 t en 1945[354]. Le Sénégal, grenier situé aux portes de la ville, restait le principal pourvoyeur de Dakar en mil. En 1941, il avait fourni 600 t et deux ans plus tard, la Casamance, à elle seule, livra200 t[355].

Du Soudan, provenaient du riz, du mil, des légumes, des fruits et autres vivres du pays. En 1943, la contribution du Soudan en mil s'élevait à 4 000 t[356] ; de même, une grande quantité de riz avait été importée du Soudan par les grandes maisons de commerce grâce à la facilitation des autorités coloniales. En 1943, 3 000 t de pommes de terre [357] furent livrées par le Soudan et 6 500 t de riz en 1945. Les principales colonies pourvoyeuses de viande furent le Soudan, la Mauritanie et le Sénégal. L'Afrique du Nord n'était pas en reste. En 1941, le Maroc avait fourni 8 150 t de farines en 26 arrivages et en 1943, 1637 t de maïs. Les colonies du groupe reçurent 10 000 hl de vins ordinaires livrés par l'Algérie en 1941.

D'autre part, des réquisitions massives furent effectuées chez des commerçants, dans des cargaisons de bateaux et dans les colonies voisines (réquisitions de récoltes et taxes en produits vivriers chez les paysans et du bétail chez les éleveurs). En 1940, plusieurs réquisitions ont été faites sur les marchandises des divers bateaux immobilisés dans le port de Dakar. Cette année 265 réquisitions ont été enregistrées pour les besoins locaux sur un tonnage de 700 t représentant une valeur de 17 millions Frs.

Au niveau local, des réquisitions furent faites par les militaires sur les marchés. Pour survivre, Dakar et le Sénégal durent s'adapter à un immense effort de guerre. La situation fut d'autant plus critique que la famine s'installa à la faveur du déficit vivrier (100 000 t de mil en 1941 et 185 000 t l'année suivante). Et pourtant, il fallait encore donner plus avec l'obligation impérative de faire rendre au maximum les colonies. Dans ces conditions, les autorités coloniales ne se rendaient pas compte qu'il était devenu impossible de tirer plus des colonies. Elles surévaluèrent dès lors les stocks, entraînant ainsi des conséquences douloureuses comme en décembre 1942 à Effok quand la troupe a voulu réquisitionner le riz diola. Somme toute, l'effort de guerre et les réquisitions accompagnèrent les mesures de rationnement qui se traduisirent par des restrictions importantes sur les consommations alimentaires. Un lourd passif que devaient assumer les gaullistes après le ralliement.

353 ANS, 2G 41/37.
354 ANS, FDDD, Dossier 107 bis.
355 ANS, 2G 41/37..
356 Ibidem.
357 Ibidem.

B- La politique de ravitaillement sous la France Libre : une continuité dans la gestion de la pénurie

A la fin de l'année 1942, l'AOF passa sous le contrôle allié avec le gouvernement de la France Libre. Les nouvelles autorités s'efforcèrent, autant que faire se peut, de tenir en main le ravitaillement, non sans une certaine continuité dans les stratégies de gestion de la pénurie. Certes, le ravitaillement allié suscita nombre d'espoirs avec l'arrivée des marchandises américaines. Mais pour autant, il ne réussit guère à écarter la pénurie qui, d'ailleurs devait se prolonger bien après la guerre.

1- L'héritage de la France Libre et les nouvelles données

Le ralliement de l'A.O.F. à la France Libre fut consécutif au débarquement allié du 8 novembre 1942 en Afrique du Nord. Après la capitulation des troupes italiennes et allemandes de Tunisie le 13 mai 1943, toute l'Afrique s'était libérée, et dès le 30 mai, De Gaulle s'installa à Alger où, deux jours plus tard, il créa le Comité Français de Libération Nationale. C'est à l'approche de la victoire que fut créé le Gouvernement Provisoire de la République Française.

Certes, en 1942, l'administration de vastes territoires ne constituait guère la préoccupation des gaullistes au regard de la situation intérieure en France marquée par la Résistance et où les attendaient les affrontements politiques de l'après-guerre. Toutefois, De Gaulle avait créé à Brazzaville le Conseil de Défense de l'Empire. Suite au débarquement allié en Afrique du Nord Française, l'armée allemande entra en zone de Vichy le 11 novembre 1942. Seule l'A.O.F. restait vichyste et Pétain demanda à Dakar de résister. Mais aussitôt débutèrent des tractations. Des messagers alliés arrivèrent à Dakar et les pourparlers entamés se terminèrent par une volte-face des autorités locales. Boisson rejoignit l'amiral Darlan et l'A O F. se rangèrent aux côtés des Alliés. Dès lors, Dakar devint gaulliste. Le ravitaillement suscita beaucoup d'espoirs au sein de la population dakaroise et des autorités de la France Libre qui, pour pallier les carences d'approvisionnement héritées de Vichy, se tournèrent du côté américain.

2- La solution américaine : le recours au ravitaillement allié

Les relations entre la colonie du Sénégal et les USA remontent au XIXe siècle. Déjà, vers 1849 apparaissaient dans les archives des marchés relatifs à la livraison de riz de Caroline à la colonie du Sénégal. Au début du siècle, les USA fournissaient du tabac en feuilles et de l'huile de coton et du pétrole. Ainsi, les USA avaient livré du tabac en feuilles pour une valeur de 1 657 491 F en

1911 et 1 294 167 F en 1912 ; quant aux livraisons de pétroles, elles s'élevaient à 142 819 F en 1911[358].

Pendant la Grande Guerre, les difficultés de communication avec la métropole et la fermeture des marchés allemand et belge intensifièrent les échanges entre le Sénégal et les USA. D'ailleurs en 1916, au mois de février, le consul des USA à Dakar, M. Yerby prit l'initiative de mettre en contact les commerçants dakarois avec les Américains pour s'approvisionner en cotonnades, tabac, farine, conserves, bois, ciment, automobiles et autres matériaux de construction[359]. Selon M. Yerby, l'état de guerre offrait un nouveau débouché à l'activité de la colonie[360]. A l'orée des années vingt les véhicules de marque américaine Ford et Overland étaient fortement représentés. Toutefois, la grande dépression des années trente ralentit considérablement les échanges entre Dakar et Washington.

Il faudra attendre la deuxième guerre mondiale pour qu'une nouvelle impulsion soit donnée aux relations commerciales sénégalo - américaines. La présence des troupes américaines à Dakar en décembre 1942 fut consécutive au ralliement de l'AOF aux côtés des Alliés. Les accords Eisenhover – Darlan - Boisson du 7 décembre 1942 mettaient ports et installations diverses à la disposition des Alliés. Des bâtiments furent réquisitionnés et affectés aux Américains ; de même, des prestations furent faites pour le compte de l'armée américaine. C'est en vertu de ces accords que des militaires américains s'installèrent au Repos Mandel, à l'école Malick Sy, à l'Inspection des Colonies, à la Maison Galinier, à Fann et à Ngor alors que les forces britanniques étaient stationnées au lycée Van Vollenhoven.

Pour l'occupation des bâtiments privés, il fallait l'accord de leurs propriétaires pour ce qui concerne notamment la location et le remboursement des charges et consommations diverses ; il s'agissait entre autres, du hangar Pertersen, Garage Citroën, COTOA. Par ailleurs, en vertu des accords d'Alger en date du 25 septembre 1943 entre les USA et le Comité Français de Libération Nationale, l'établissement d'une aide réciproque devait permettre la poursuite de l'effort de guerre. Avec le gouvernement britannique, les accords furent passés le 8 février 1944. Au terme de ces accords, applicables dès leur signature en Afrique du Nord et en AOF, les USA devraient livrer aux autorités françaises le matériel et les services indispensables pour soutenir l'effort de guerre français : aide militaire sur la base d'un prêt-bail, fournitures civiles payées en dollars. La contrepartie française devait assurer aux USA des marchandises et des services payés en dollars

L'aide fournie par les USA au Sénégal était constituée de marchandises nécessaires aux besoins essentiels de la population et destinées à encourager la

---

358 ANS, 2G 12/8.

359 *L'AOF* No 745 du vendredi 11février 1916.

360 Ibidem.

production locale. Par poste, ces marchandises étaient composées de produits de ravitaillement (riz, sucre, produits laitiers, pâtes alimentaires, pommes de terre,... autrement dit les denrées alimentaires), de semences, textiles et chaussures : ces marchandises comprenaient aussi de produits industriels (huiles, ciment, produits chimiques, camions), des produits pharmaceutiques, du matériel de chemin de fer, du charbon industriel et des produits industriels. Les commandes de la circonscription de Dakar et Dépendances en produits pétroliers pour le mois de novembre 1944 s'élevaient à 1500 fûts (chaque fût contenant 200 litres) d'essence, 600 fûts de pétrole et 1200 fûts de gasoil.

Pour le premier semestre de 1943, les commandes passées aux Alliés par le groupe Sénégal, Mauritanie, Circonscription de Dakar s'élevaient à 6300 t de sucre et 1200 t de pommes de terre. Au premier février 1944, les arrivages de marchandises américaines étaient de 886 t de sucre et 233 t de riz. En novembre 1943, les USA avaient livré à la Circonscription 46 véhicules Chevrolet et des camions Ford. La contribution alliée a permis d'améliorer sensiblement la situation alimentaire de la ville.

Ainsi l'arrivage des céréales américaines (riz, maïs, semoule) permit le remplacement progressif des céréales et denrées de secours que la population avait de plus en plus du mal à digérer (blé concassé, fèves, orge et pois chiches). D'autre part, l'arrivée massive de la farine américaine améliora sensiblement la qualité du pain qui, à partir d'octobre 1944, était entièrement fabriqué avec de la farine alors qu'auparavant, une grande proportion de semoule entrait dans sa composition.

Cependant l'apport américain en matière de ravitaillement fut décisif dans le domaine des textiles. D'ailleurs, le rationnement des tissus fut supprimé à la suite des importants arrivages américains par arrêté général 3839/SEC/6 du 5 novembre 1943 même si la déclaration des stocks restait obligatoire. En 1943, il fut importé par les colonies du groupe 19 047 009 mètres de tissus alliés et les stocks, au 31 décembre 1943 s'élevaient à 3 146 001 m dont 2 178 147 m de tissus alliés, soit 69,2 % des stocks[361]. Du 1er janvier 1944 au 31 juillet 1944, il a été vendu 1 513 785 m de tissu à Dakar et en fin juillet 1944, les stocks s'élevaient à 1 295 176 m. L'arrivée des textiles américains apporta un soulagement notable au niveau de la pénurie des textiles. La présence américaine s'accompagna de l'introduction et de la diffusion de nouveaux produits comme le chewing-gum et les tabacs blonds, laissant ainsi des impressions favorables au niveau des populations locales.

3- Rumeurs, opinion publique et ravitaillement

Pendant la guerre, la question du ravitaillement dépassait en importance tout autre problème puisque de sa solution, dépendait la paix intérieure et la

361 ANS, 2G 43/52.

stabilité politique. Vichystes et gaullistes, Américains et autorités locales exploitèrent la situation de pénurie auprès de l'opinion publique à des fins de propagande. Les problèmes de ravitaillement sous Vichy et la contribution décisive américaine en denrées alimentaires et en textiles furent à l'origine de la sympathie des Dakarois à l'égard des soldats américains considérés comme de nouveaux sauveurs. Cette situation fut exploitée par les Américains afin de discréditer le colonialisme français.

Le 27 novembre 1942, le bruit courut dans les quartiers indigènes que sept bateaux de commerce américains viendraient à Dakar le lendemain pour apporter des denrées alimentaires et des tissus[362] à la suite des offres de ravitaillement qui auraient été faites par l'Amérique. Par ailleurs, les renseignements généraux mentionnaient les agissements du consul des USA à Dakar, M. Barnes qui s'évertuait à faire connaître aux indigènes les tractations en cours afin de régler le problème du ravitaillement de la ville par l'Amérique.

Au niveau de l'action sociale, les soldats américains n'étaient pas en reste avec l'ouverture de dispensaires dans leurs camps (Repos Mandel, École Malick Sy) où la gratuité des soins fit affluer la population indigène. En outre, les Américains procédèrent à des actions de bienfaisance par des distributions gratuites de vivres et de cageots de pommes dans les hôpitaux dakarois[363].

Dans les milieux indigènes, on se déclarait très satisfait des Américains qui, non seulement leur apportaient des vivres, mais leur témoignaient un grand intérêt et, avec une générosité débordante, n'hésitaient pas à payer aux manœuvres 75 à 100 F par jour chaque fois qu'ils les employaient. Le 15 décembre 1942, le colonel américain Anderson assista à une séance de lutte aux « Arènes sénégalaises » où il fit don d'une somme substantielle aux jeunes de la Médina après avoir filmé le spectacle. Un accueil chaleureux lui fut réservé par les indigènes qui déclaraient « donner à cette manifestation le sens d'une protestation contre les souffrances, la pénurie dont ils furent victimes pendant deux ans de la part des autorités françaises assimilées au fascisme »[364].

Alors que les autorités françaises voyaient dans ces agissements américains des errements pouvant porter atteinte à la souveraineté nationale ou à l'intérêt français, la population européenne, pour sa part, éprouvait certes des inquiétudes liées à une éventuelle mobilisation qui pourrait découler de l'arrivée des Américains; mais pour l'essentiel, elle fut ravie de leur présence pouvant entraîner une amélioration de la situation alimentaire.

Pourtant les soldats américains se sont livrés à des exactions et eurent des comportements de désinvolture. Ainsi, un policier noir du nom de Séga fut égorgé par des soldats américains alors qu'il effectuait des contrôles routiers sur eux. Ce qui fut à l'origine de l'expression et de la mode « rendi seega » qui veut

---

362 ANS, 13G 15/17.
363 Ibidem.
364 Ibidem.

dire « mettre de la poudre blanche autour du coup » pour marquer la désapprobation de ce meurtre. Par ailleurs, les témoignages oraux s'accordent sur la mort d'un voleur tué pour s'être infiltré dans le camp américain. Peu de temps après, le camp américain de Ngor fut violemment ravagé par un incendie nocturne attribué, d'après les témoignages, au mauvais sort que l'imam de Ngor aurait jeté sur le camp.[365]

La pénurie fut, d'une manière générale, une arme efficace utilisée par les Américains pour discréditer le colonialisme français. Après ces agitations, beaucoup d'indigènes n'hésitèrent pas « à demander la liberté de choisir leurs maîtres, ceux qui apportaient vivres, étoffes, laissaient de l'argent partout où ils passaient et rémunéraient fortement les manœuvres »[366]. D'autre part, les rivalités entre gaullistes et vichystes qui aboutirent à la chute du gouverneur général Boisson se déroulèrent sur un fond d'exploitation de la pénurie. En effet, dès décembre 1942, la population avait tendance à se faire l'écho de propos défavorables à Boisson répandus par les gaullistes. Il se colporta partout dans Dakar l'attitude du gouverneur général Boisson s'opposant à l'arrivée massive de denrées et de tissus des Alliés destinés à soulager la population. Ce qui intensifia les marques d'hostilités envers Boisson qui atteindront leur paroxysme le 6 juin 1943 avec la manifestation grandiose contre son maintien à la tête de la fédération. Peu après, il fut relevé de ses fonctions et remplacé par Pierre Cournarie.

Nous avons de bonnes raisons de penser que la pénurie fut utilisée par les gaullistes pour soulever la population dakaroise et provoquer ainsi la chute de celui qui fut, pendant longtemps, considéré comme le porte drapeau du vichysme en AOF. Une fois installés, les gaullistes, pour consolider leur position, distribuèrent des suppléments en riz, mil et sucre lors de la libération de Paris et des visites d'autorités françaises comme celle du Général De Gaulle en 1944.

En définitive, l'arrivée des marchandises américaines améliora la situation alimentaire de la ville. Mais celle-ci fut compromise par la croissance démographique de Dakar occasionnée par la présence des troupes et l'arrivée massive de campagnards chassés de la brousse par les sécheresses de 1941 et 1942 et l'invasion acridienne de 1943. Dans ces conditions, l'espoir et l'enthousiasme suscités en novembre 1942 par le ralliement devaient faire place à la déception. Le ravitaillement ne s'améliora pas, les tissus promis n'arrivaient pas toujours et la guerre se prolongeait. C'est la raison pour laquelle la ration globale n'a pas pu être augmentée en 1944 et les mesures seront maintenues même après la fin des hostilités. Les autorités coloniales ne dirent pas autre

---

365 ANS 13G 15/17.
366 Ibidem.

chose en soulignant qu'il faut absolument renforcer les mesures de rationnement dont les principes avaient été établis en 1940 et 1941[367]

4- Une option pour l'industrialisation : l'exemple des huileries

« La guerre n'aura qu'une conséquence positive au Sénégal : elle rendra possible un commencement d'industrialisation avec le développement des huileries ».
Jean Suret-Canale, *Afrique noire Occidentale et Centrale*, Tome II L'ère coloniale (1900-1945) Paris. Éditions sociales 1964.

Il fallut attendre le second conflit mondial pour que s'amorçât une accélération du processus d'industrialisation dans les colonies françaises d'Afrique. Auparavant, le caractère embryonnaire de l'industrie et la prédominance de l'économie de traite écartaient toute possibilité d'épargne locale et d'investissement notable d'origine interne en ce sens que les profits étaient rapatriés en métropole. La production, par l'intermédiaire du marché, était contrôlée par le commerce.

Cependant la guerre changea la donne et créa les conditions d'une grave pénurie dans la métropole et en A.O.F. Du coup, se pose avec acuité la question de l'industrialisation des colonies. Les autorités coloniales s'y attelèrent afin de pourvoir l'Afrique du Nord et la métropole. Cette mutation économique était-elle due aux difficultés conjoncturelles ou était-ce le prélude à une remise en cause de « l'exclusif colonial » ? En tout cas, toutes les politiques précédentes furent mises sous le boisseau et on lança des slogans axés sur la nécessité de développer l'industrie locale.

Progressivement, on prit conscience de « l'hérésie économique qui consistait à faire traverser les graines la Méditerranée pour venir de Dakar à Marseille et refaire le trajet inverse sous forme d'huile d'arachide avant de se faire consommer en Afrique du Nord »[368]. Il devenait dès lors plus économique, à la lumière des contraintes imposées par la guerre, de « traiter sur place les graines d'arachides que de les transporter jusqu'à Marseille pour les y transformer ». Dans ces conditions, certaines unités industrielles furent délocalisées à Dakar, comme l'huilerie Lesieur après la destruction de ses usines de Dunkerque dans le Nord de la France. Le contingent en 1941 fut porté à 45 000 t dont 40 % furent fournis par Lesieur. En 1942, sur les huit huileries existant au Sénégal, la moitié s'était installée à Dakar. Une année plus tard, les HSOA, la SEIB, la SHROA et la SEIC avaient le monopole du raffinage avec la Société des Huileries de Rufisque et avaient traité, en 1943, plus de 14 000 t d'huile brute.

---

367 ANS, 2G 44/60, CDD : Rapport économique annuel 1944.
368 Paris –Dakar mercredi 4 mars 1942

Les industriels métropolitains s'opposèrent à la réforme économique. Mais rien n'y fit. Le processus devint irréversible et les exportations d'huile prirent la courbe ascendante. La Conférence de Brazzaville bloqua toute possibilité d'industrialisation de grande envergure même si une certaine priorité fut accordée aux industries de transformation locale[369] (huileries, sacheries, tanneries, ateliers de réparation,...). Seules, la peur et la méfiance à l'égard d'une prolétarisation massive, facteur de troubles, de contestations et de remise en question de l'ordre colonial, pouvaient expliquer cette timide option d'industrialisation de l'AOF.

369 Suret - Canale J, op cit, p.164.

CHAPITRE II

LES CONSOMMATIONS ALIMENTAIRES

Les mesures de rationnement s'accompagnèrent d'un ensemble de restrictions sur les consommations alimentaires. Les rations, réduites au strict minimum, occasionnèrent une détérioration de la situation alimentaire. Parmi les régimes défavorisés et déséquilibrés, figuraient les rations indigènes qui n'assuraient pas les calories nécessaires à une vie active. Au paroxysme de la pénurie, l'administration chercha à compléter les rations par des calories immédiatement disponibles : blé concassé, orge, pois chiches, alpistes difficilement acceptés par les populations indigènes.

I- La consommation indigène

Le régime africain se réduit, pour l'essentiel, en nourritures céréalières toujours monotones. En fait, le riz et le mil tiennent une place centrale dans la consommation indigène. Toutefois, avec la pénurie chronique de céréales principales, les autorités eurent recours aux céréales de secours (orge blé concassé,...) auxquelles devaient difficilement s'adapter les indigènes.

A- Les céréales principales

1- Le riz

A partir des années trente, le riz avait conquis une place de choix dans l'alimentation des Dakarois. En temps normal, sa ration est fixée à 500 g par jour et par personne. Le rationnement du riz débuta en mai 1941 même si en avril 1941, déjà un arrêté subordonnait la vente du riz à celle d'une quantité de maïs ; ainsi, aucun consommateur ne pouvait acheter du riz sans en faire autant pour une quantité égale de maïs.

La ration fut réduite à 4,5 kg par mois en octobre et novembre 1941 (soit 150 g/jour) pour chuter davantage à 3 kg au mois de décembre. La tendance à la baisse va se maintenir en 1942. La ration, de 3 kg au mois de janvier fléchit à 2 kg en février, mars et avril. Le creux de la vague fut atteint à partir de mai 1942 jusqu'en juillet quand la ration fut fixée à 0,5 kg par mois. Un redressement est observé à partir d'août avec 1,5 kg, puis 3 kg de septembre à novembre avant de fléchir le mois suivant avec 2 kg.

L'année 1943 fut marquée par des variations incessantes : 2 kg en janvier, 1,5 kg en février jusqu'en juin, 3 kg en juillet et août. A partir de septembre, la pénurie devint chronique et l'administration dut supprimer les rations, le blé concassé étant substitué au riz à raison de 5 kg par mois. Un léger mieux fut enregistré en 1944 avec le retour aux rations de riz qui restèrent faibles, voire insignifiantes. Le retour effectif à la normale en 1946, maintint les rations entre 0,5 et 0,4 kg par personne et par jour.

Graphique 12 : Consommation mensuelle de riz à Dakar 1941-1943 (kg)

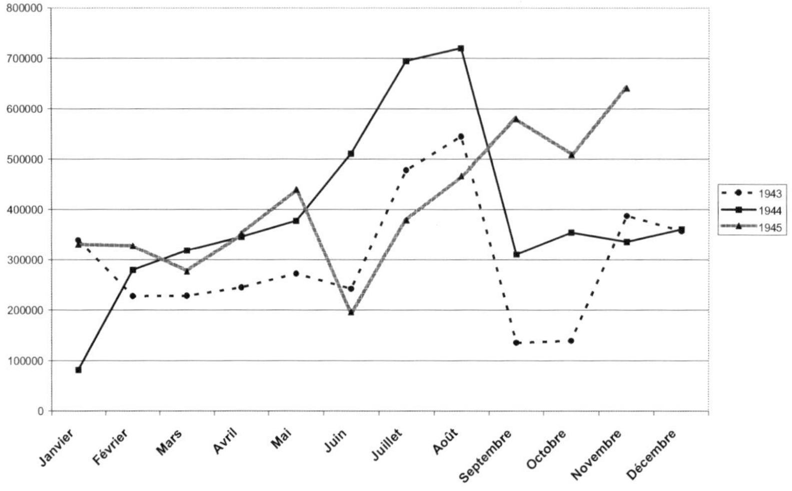

L'évolution de la consommation globale laisse apparaître un pic en 1941 avec 9 500 t ; c'est un record qui ne sera plus atteint. La courbe avec un pic en 1941 descend vite avant de s'écraser en 1942 pour atteindre son niveau plancher. En fait, la chute fut vertigineuse en 1942 avec environ le tiers de la consommation de l'année précédente avec 2 258,5 t. Un léger redressement s'opéra l'année suivante avec 3 600 t. La tendance, qui se poursuivra, certainement à cause de la levée du blocus, fut compromise par la croissance de la population. Celle-ci, de 138 154 hts (population civile) en 1942, atteindra 198 114 hts en 1943 du fait du renforcement des effectifs militaires. Les consommations mensuelles connurent des hausses à partir de 1944 (graphique 13). Dans tous les cas, la sous-consommation de riz fut largement compensée par une forte consommation de mil.

2- Le mil

Le rationnement du mil débuta en 1941. La ration mensuelle, de 1 kg/mois, de janvier à avril 1942, fut portée à 3 kg/mois de septembre à novembre, période durant laquelle fut supprimée la ration de riz. De 1205 t en 1941 avec une moyenne mensuelle de 100,4 t, la consommation de mil passa à 8 600 t l'année suivante, soit une augmentation de 613 %. Après un fléchissement notable en 1943 avec 1599 t, s'amorça une nette remontée l'année suivante suivie d'une autre chute à partir de 1945. La consommation monte vite à partir de 1941 et culmine en 1942 avec une pointe vive ; puis elle descend vite avant de s'écraser en 1943 pour atteindre son niveau d'étiage. Toutefois, dès 1944, les bonnes récoltes au niveau du Sénégal et de la fédération font augmenter sensiblement les consommations comme du reste l'illustre le graphique ci -dessous.

Graphique 13 : Consommation mensuelle de mil à Dakar 1941-1943(kg)

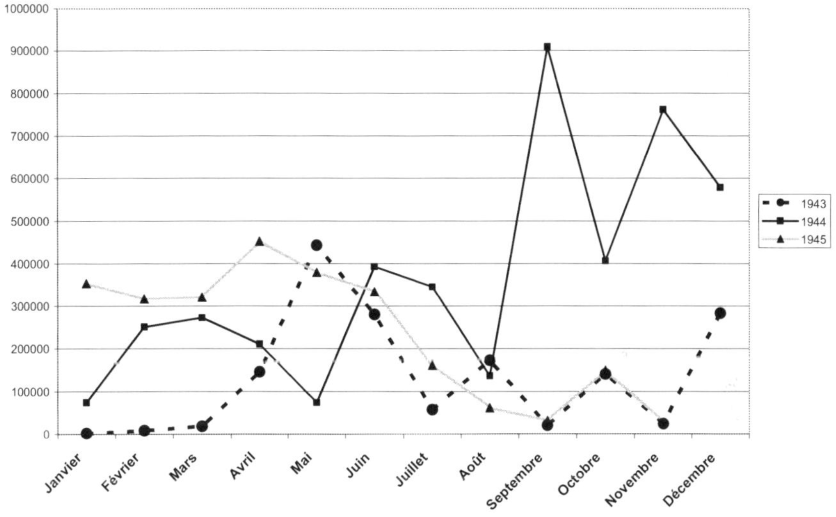

D'une manière générale, le mil constitue une céréale de substitution au riz. Sa consommation devient importante en période de pénurie, ce que traduit l'allure de leurs courbes qui ont des évolutions inverses. En 1941, la forte consommation de riz occasionna une chute sensible de la consommation de mil. L'année d'après la surconsommation de mil fut consécutive à la pénurie de riz devenu introuvable au dernier trimestre de 1942. D'ailleurs, la persistance de la pénurie poussa les autorités responsables à recourir aux céréales de secours.

B- Les céréales supplétives

1- Le maïs

Il faudra attendre la seconde guerre mondiale pour voir le maïs tenir une grande place dans l'alimentation indigène. La diffusion du maïs dans l'alimentation des masses était liée à la nécessité de ménager les stocks le plus longtemps possible et à la pénurie de riz et de mil. Dès lors, Dakar devait se rabattre sur le maïs du Togo et du Dahomey.

Le rationnement du maïs débuta en 1941. La ration de 4 kg par mois fut maintenue jusqu'en janvier 1942, date à laquelle fut ajouté un supplément de 750 g jusqu'au mois d'avril. La montée de la consommation de maïs est liée à la diminution de la consommation des céréales principales (riz, mil) qu'elle entraîne. Ainsi, la réduction de la ration de riz de 2 à 0,5 kg à partir de mai 1942 fut compensée par une forte ration de maïs qui passa à 7 kg, puis à 10 kg en juin et juillet avant de revenir en août à 7 kg.

Par contre, en 1942, surtout en novembre, la légère détente observée au niveau de la consommation de riz avec une ration mensuelle de 3 kg, entraîna une baisse de la consommation de maïs dont la ration fut réduite à 3 kg. Nous pouvons donc admettre que les consommations de maïs et de riz ont des évolutions inverses. Nous trouvons d'ailleurs confirmation de cette tendance dans les niveaux de consommation globale de riz, de mil et de maïs. La pointe de consommation de maïs en 1942 s'accompagne d'une réduction drastique de la consommation de riz qui atteint le creux de la vague avec 2 258,5 t. L'accalmie après la fin du blocus apporta un léger mieux dans la consommation de riz qui oscilla entre 3 600 et 5 000 t jusqu'à la fin des hostilités. Au même moment, une chute est observée au niveau de la consommation de maïs avec 6 532, 8 t en 1943, 3 367,5 t et 3 955 t respectivement en 1944 et 1945. La persistance de la pénurie et la disette poussèrent les populations à adopter des plantes de secours, plus par nécessité que par goût. Il s'agit de l'orge, de la fève, de l'alpiste, des pois chiches et du blé concassé. Les maximales sont notées en 1943 à cause de l'ampleur de la pénurie de riz et de mil (Graphique 15)

Graphique 14 : Consommation mensuelle de maïs à Dakar 1941-1943 (kg)

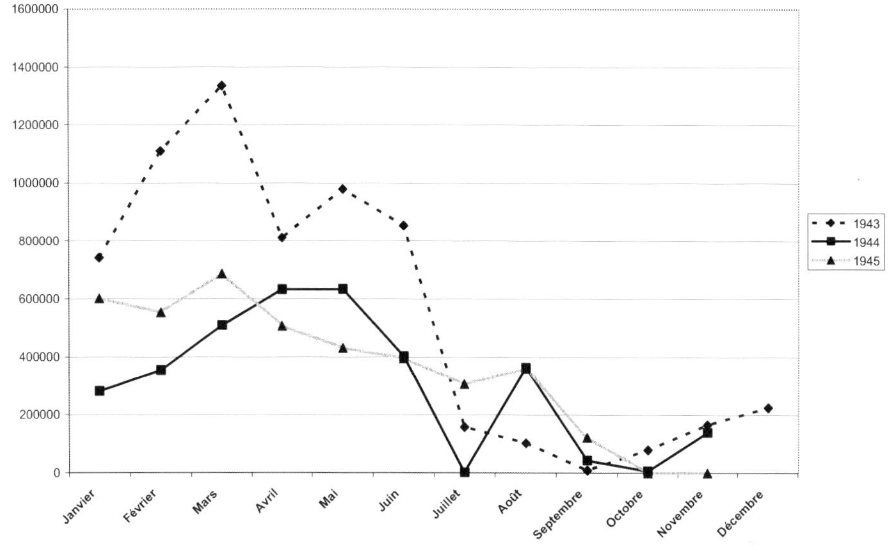

2- L'orge et la semoule d'orge

La consommation d'orge bat des records en période de pénurie chronique. En fait, toutes les fois que les consommations de riz, de mil et de maïs côtoient le seuil tolérable. Les choses sont dans leur rapport naturel. Il suffit que les pénuries de ces céréales s'aggravent pour que la famine frappe aux portes de la ville. Dès lors on recourt souvent à une alimentation de substitution à base d'orge. Véritable plante supplétive, l'orge constitue un rempart contre la disette.

A Dakar, le rationnement de l'orge débuta en 1942 lorsque la pénurie devint chronique. La ration, fixée à 0,5 kg par mois entre janvier et avril 1942, fut portée à 5 kg en octobre avant d'enregistrer une baisse sensible le mois suivant pour coter 7 kg en décembre; Durant le premier semestre de 1943, les rations suivent des oscillations saccadées avec une pointe de 7 kg en janvier et un minimum en juin (2 kg) ; de février à avril, les rations mensuelles de 3 kg, furent portées à 4 kg au mois de mai.

Graphique 15 : Consommation mensuelle d'orge à Dakar 1941-1943 (kg)

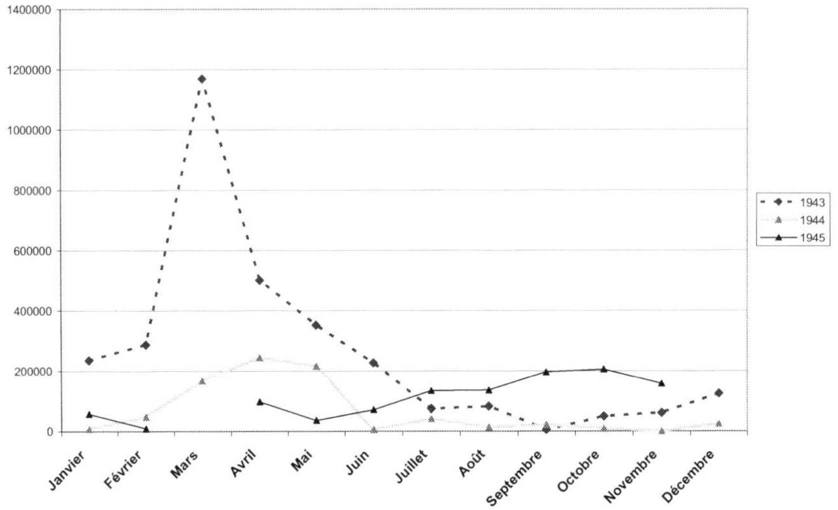

La consommation globale de 1 154 t en 1942, doubla en 1943 avec un pic de 3 270 t. La détente qui suivit s'accompagna d'un fléchissement sensible de la consommation avec 796,6 t en 1944. Pourtant, une hausse est observée en 1945 avec 1099 t. Ce qui du reste reflète la persistance des problèmes de ravitaillement qui, d'ailleurs, se prolongèrent bien au-delà du second conflit mondial. Les consommations mensuelles maximales enregistrées en mars et avril 1943 avec respectivement 1 169 933 kg, 501 102 kg traduisent, si besoin en était, la sous-consommation de mil et de riz; en février et mars 1943, les consommations de riz s'élevaient en effet à 228 656 kg et 245 076 kg contre 18 525 kg et 146 225 kg pour le mil. Nous pouvons donc admettre que l'orge, denrée de substitution n'atteint des pointes vives dans sa consommation que lorsque les céréales principales se font rares, voire introuvables.

La semoule d'orge, comme l'orge, fut rationnée en 1942 avec une consommation annuelle de 133 t. L'institutionnalisation du rationnement de l'orge et de la semoule d'orge fut accueillie non sans amertume et protestations par les Lébous[370] qui eurent du mal à s'adapter à cette nouvelle céréale. A l'origine de ce mécontentement, la substitution aux céréales principales (riz, mil) de l'orge, du blé moulu et des fèves. L'amertume des indigènes fut d'autant plus grande que la préparation de ces denrées constituait une pénible corvée pour les ménagères. Aussi, l'orge, avant d'être consommée, devait-elle être pilée, décortiquée, mise dans de l'eau chaude avant d'être cuisinée.

En définitive, la chute sensible de la consommation de riz est toujours compensée par une consommation élevée de mil d'abord, puis de maïs. C'est le

370 ANS, 17G 10/1.

premier acte. Second acte : la pénurie de ces céréales fait appel aux céréales de secours - fèves, blé concassé, semoule de blé, orge, alpiste, pois chiches - difficilement acceptées par la population africaine. Le recours à ces aliments de famine traduit, on ne peut plus clairement, la dureté des conditions de vie des indigènes et la dégradation de son niveau de consommation contrairement à la population européenne.

II- La consommation européenne

D'une manière générale, la consommation européenne constitue une nourriture minoritaire. Reflet d'une dénivellation sociale, le régime européen, varié et équilibré, est composé de viande, de vins, pain, beurre, sucre, fruits, légumes, etc.

A- Le pain et la farine

L'institutionnalisation du rationnement du pain s'accompagna de l'arrêté 807 du 17 avril 1941 rendant obligatoire l'incorporation de 15 % de farine de maïs à la farine panifiable. Jusqu'en juillet 1941, les consommateurs pouvaient choisir entre la ration d'ensemble de pain et farine d'une part et la ration d'ensemble de riz, mil et maïs. Ainsi, en juin et juillet 1941, la ration, subordonnée à la représentation d'un coupon détaché de la feuille afférente au carnet de consommation était fixée à 250 g/jour; elle pouvait être remplacée par 200 g de farine ou bien 200 g de riz et 100 g de mil et 100 g de maïs. Cette procédure fut supprimée en septembre 1941 avec l'installation de la différenciation entre Européens et indigènes dans l'organisation du rationnement. A partir de décembre 1941 une ration journalière de 250 g était attribuée aux Européens titulaires de coupons surchargés contre une ration mensuelle de 1,5 kg aux indigènes disposant de coupons non surchargés.

Cette ration mensuelle de 1,5 kg substituable à 1,2 kg de farine, fut maintenue jusqu'en avril 1942 date à partir de laquelle elle est réduite à 1kg. Le second semestre de 1942 resta sans ration pour la population indigène, le pain étant réservé aux seuls Européens sur la base de la séparation entre les deux régimes. Du coup, la consommation journalière passa de 7 à 4 tonnes, provoquant la grogne des boulangers. Dès lors, la ration fut ramenée à 1 kg/personne/mois pour les indigènes alors que durant toute la période, la ration constante de 250 g/jour était maintenue pour les Européens. De surplus, une ration supplémentaire mensuelle de 1,5 kg était attribuée aux enfants Européens âgés de 13 à 20 ans contre 3 kg aux travailleurs de force Européens.

Le graphique faisant état de la consommation de farine laisse apparaître une phase descendante jusqu'en 1944, date à partir de laquelle il emprunte une pente ascendante jusqu'à la fin des hostilités, situation sans doute résultant du ralliement à la France Libre qui apporta la détente sur le marché. La consommation, de 2 235 t en 1944, s'améliora sensiblement en 1945 avec 4 126 t, soit une augmentation de l'ordre de 84,6 % Cette tendance haussière devait se renforcer en 1945 suite à l'arrivée croissante de quantités de farine alliée.

Graphique 16 : Consommation mensuelle de farine à Dakar 1941-1943 (kg)

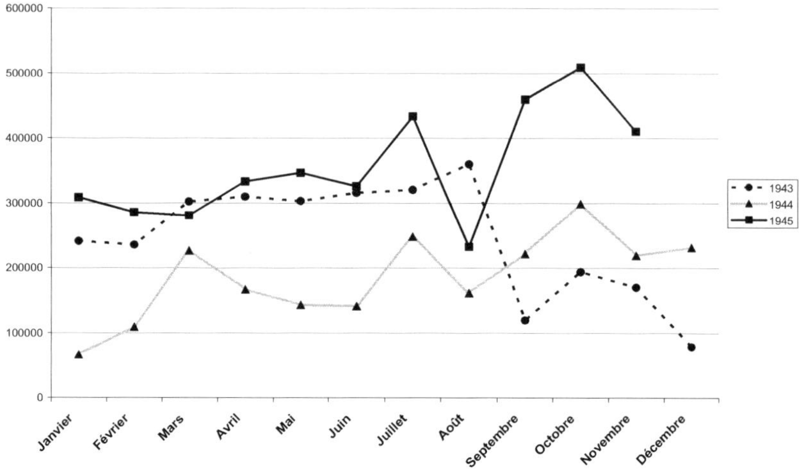

Graphique 17 : Consommation mensuelle de semoule à Dakar 1941-1943 (kg)

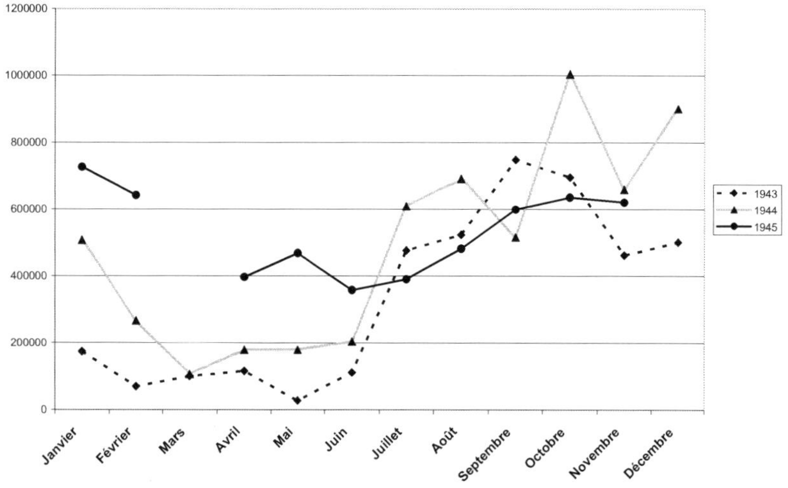

B- Les produits laitiers et les matières grasses

1- Les produits laitiers

La pénurie des produits laitiers fut ressentie à Dakar dès octobre 1939 lorsque les mères de famille commençaient à marquer une réelle appréhension du fait de la rareté du lait condensé ou sucré et des farines lactées[371]. En juin 1940, des arrêtés locaux réglementaient la vente et la consommation de lait en conserves limitées aux malades européens et aux enfants. Le stock de sécurité constitué par la Circonscription de Dakar s'élevait à la fin de 1941 à 135,5 t de lait condensé sucré, 42,385 t de lait condensé non sucré et 2,6 t de lait en poudre. Le tableau ci-dessous expose la consommation de lait en 1942 et 1943.

Tableau 39 : Consommation de lait en 1942 -1943

Années	Concentré sucré	Lait évap. non sucré	Lait poudre	Moy. mensuelle	Totaux
1942	109.943	46.726	1452	13.177	158.121
1943	72.511	272.293	3736	29.045	348.540

Source : A.N.S, Fonds Délégation Dakar et Dép : Dossier 107 bis.

Le doublement de la consommation en 1943 résulte de la contribution des forces alliées avec les arrivages de lait américain. D'ailleurs à partir de septembre 1943, une détente s'amorce au niveau du rationnement. Dans ces conditions, les quantités de lait évaporé américain allouées mensuellement aux enfants d'origine où de souche métropolitaine étaient fixées à 30 boîtes pour les moins de 3 ans, 20 boîtes pour les enfants de 3 à 5 ans et 15 boîtes de 5 à 13 ans. Toutefois, un fléchissement notable est observé en 1943 pour le lait concentré qui a enregistré une baisse de 34 %.

De toute évidence, l'état de guerre occasionna la réduction dans une grande proportion des envois de lait condensé à Dakar. Après l'institutionnalisation d'une carte professionnelle pour les vendeurs de lait, les autorités responsables, en réponse à la pénurie de produits laitiers, procédèrent à la création de cinq centres de récolte de lait à Keur Ndiaye Lô, Niakoulrab, Niaga, Gorom I et Gueudouffe[372]. Dans chacun de ces centres, le personnel était constitué d'un surveillant Européen et de moniteurs africains. Le lait était collecté après la traite du troupeau laitier au niveau des centres avant d'être

371 ANS, 2G 43/52.
372 ANS, 21G 150/108

acheminé à Sangalkam[373]. Ensuite, le lait était filtré, mesuré et les bidons mis dans une caisse placée sur une camionnette qui assurait le transport jusqu'à Dakar pour approvisionner la ville. La laiterie de Sangalkam, qui produisait en même temps du fromage et du beurre, avait livré 51 737 litres de lait en 1943 contre 30 000 litres l'année précédente[374].

2- Les matières grasses : l'huile et le beurre

L'arrêté 350 du 1er février 1942 étend le rationnement à l'huile et à ses sous-produits, notamment le beurre Les raisons de la mesure sont rapportées dans la livraison en date du 25 février 1942 du quotidien *Paris-Dakar* qui notait que « la sécheresse et la nécessité de maintenir le ravitaillement de la métropole à un niveau efficace ont poussé l'autorité dakaroise à réduire la consommation locale en la fixant à 2 litres/mois/personne, soit une ration quatre fois plus forte que celle de la métropole (450 g) »[375]. Cette mesure s'accompagna de cartes spéciales de matières grasses pour les indigènes et de cartes huile - beurre pour les Européens.

Cette distinction devait permettre la réservation du beurre aux Européens et la diminution de la consommation de l'huile d'arachide par les indigènes dont la ration maximale était fixée à 10 litres/mois/famille durant le second semestre de 1942. En juin 1942, la ration mensuelle jusqu'ici attribuée est réduite de moitié ; elle passe de 2 à 1 litre / personne et est complétée par 500 g d'huile de palmiste. Le beurre, rationné depuis mai 1942 était réservé aux consommateurs Européens pourvu qu'ils renoncent à une part de leur ration d'huile.

La pénurie chronique de l'huile d'arachide s'accompagna d'une « recrudescence des vols dans les magasins et ateliers du Dakar - Niger »[376]. Plusieurs témoignages s'accordent sur des vols d'huile d'arachide stockée dans les trains de marchandises et d'huile ou graisse de moteurs de locomotive consommée après traitement. La solution préconisée par l'État colonial fut axée sur l'industrialisation et l'augmentation de la production des huileries pour ravitailler la métropole et l'Afrique du Nord. Le tableau suivant résume le mouvement de la consommation d'huile d'arachide à Dakar durant le second conflit mondial.

---

373 Ibidem.
374 Ibidem.
375 Paris –Dakar mercredi 25 février 1942
376 ANS, 13G 15/17.

Tableau 40 : Consommation d'huile d'arachide (en t) Dakar

Années	Cons. totale	Moy. mensuelle	Cons. maximale	Cons. minimale
1942	1 978	247	Août : 286 t	Mai : 205,5 t
1943	3 388	282	Juillet : 311	Nov. : 251
1944	3 687	307	Mai : 338	Février : 250
1945	3 4.03	309*	Août : 345	Juin : 278

Source : ANS, FDDD, Dossier 107 bis. NB * Moyenne pour 11 mois, décembre étant non concerné.

La consommation globale, après une progression de 71,2 % entre 1942 et 1943 se stabilise autour de 3 500 t environ jusqu'à la fin des hostilités. Ce qui est mis en exergue par l'allure de la courbe qui s'étale sur un long plateau à légères ondulations s'étirant jusqu'en 1945.

Graphique 18 : Consommation d'huile d'arachide à Dakar 1941-1943 (kg)

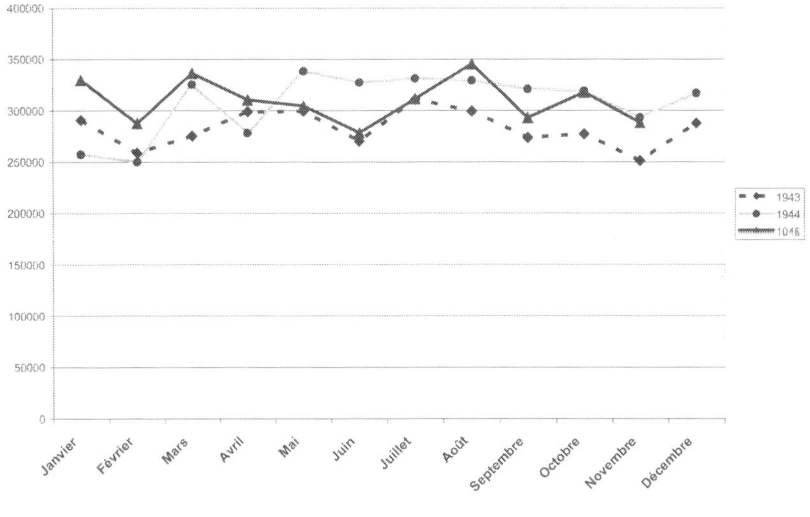

C- Vins, fruits et légumes

1- Les vins

L'approvisionnement en vins, tributaire des relations avec l'Afrique du Nord française et la métropole, dut subir les effets du blocus allié. Raison pour laquelle fut instauré dès 1941 son rationnement. Jusqu'en 1944, la ration journalière était fixée à un demi-litre pour les hommes contre 0,3 litre pour les femmes alors que les enfants s'adjugeaient 0,15 1 par jour. La consommation globale laisse apparaître un fléchissement entre février et juillet 1943 où les rations furent inexistantes hormis le mois de juin (245 254 kg). Un léger mieux est enregistré les années suivantes avec des pointes de 692 299 kg en février 1944 et 491147 kg en février 1945.

La consommation annuelle a plus que doublé entre 1943 et 1944 lorsqu'elle passe de 1966 t à 4370 t. La progression notable de la consommation durant cette période est due à la vente libre devenue effective en 1944. Par contre, un tassement est observé entre 1944 (4 370 t) et 1945 (4 314 t). La baisse de la consommation, alors qu'on aurait dû s'attendre à une hausse, s'explique par la libération de Paris et les nécessités de ravitaillement d'une grande métropole[377].

2- Les fruits et légumes

Une comparaison, à elle seule, permet de saisir l'ampleur des difficultés d'approvisionnement en fruits et légumes. Ainsi en 1939, Dakar avait importé de la métropole, d'Afrique du Nord, d'Afrique du Sud et d'Amérique du Sud 2 016 t de légumes frais, 324 t de légumes conservés, 862 t de purée de tomates et 2 003 t de fruits frais.

Quatre années plus tard, les importations vont diminuer sensiblement. Dans ces conditions, elles se sont réduites de janvier à juillet 1943, dans des proportions considérables : 556 t de légumes et purée de tomates, 108 t de fruits frais. Grosso modo, cinq fois moins d'importations pour une population européenne qui a quadruplé (7 800 personnes en 1939 contre 31700 en 1943). S'agissant des pommes de terre, une des bases essentielles de l'alimentation européenne, les chiffres, assez éloquents, parlent d'eux-mêmes. De 3317 t en 1938, les importations fléchirent sensiblement pour n'atteindre que 71,6 t de janvier à juillet 1943. La solution préconisée par les autorités responsables fut axée sur le développement de la culture maraîchère locale et le recours aux colonies voisines pour approvisionner la ville en fruits et légumes.

377 ANS, 2G 44/19 CDD : Rapport annuel d'ensemble 1944.

D- Le sucre et le savon

1- Le sucre

La généralisation du rationnement du sucre fut effective en mai 1941 avec une ration mensuelle de 750 g. Jusqu'ici, la vente du sucre n'était effectuée que les lundi et jeudi de 7h 30 à 9h pour les consommateurs et de 9h à 10h pour les détenteurs des cartes de priorité. Le stock constitué au 31 décembre 1940 s'élevait à 1 017 t ; ce qui, en tablant sur une consommation mensuelle de 150 t, couvrirait 6 à 7 mois.

Tableau 41 : Consommation de sucre à Dakar 1941-1945 (en tonnes).

Années	Cons. Totale	Moy. mensuelle	Cons. maximale	Cons. minimale
1941	1760	146,6	Septembre : 172	
1942	1544	128,6	Août : 263	Avril : 98
1943	2 211	184	Août : 199,7	Février : 132,61
1944	1 512,7	126	Juillet : 198,5	Mai : 77,6
1945	1443	131		Janvier : 100,4

La consommation totale, de 1 760 t en 1941, enregistre une baisse de 12,27 % l'année suivante avant que ne s'amorce une nette remontée en 1943 vite remise en cause en 1944 et 1945. En fait, ni le ralliement, ni l'arrivée du sucre américain n'ont pu juguler la pénurie. D'ailleurs, jusqu'à la fin de l'année 1945, des arrêtés locaux vont procéder à la suspension sur tout le territoire de la Circonscription de Dakar et Dépendances, de la fabrication de sirops, bonbons, confiserie et de tout produit nécessitant l'emploi du sucre.

La courbe glisse en pente douce entre 1941 et 1942 avant de culminer l'année suivante du fait du ralliement à la France Libre qui va diminuer la tension au niveau des marchés. A partir de 1943, la courbe s'effondre pour atteindre son niveau plancher en 1944 avant de s'étaler sans ondulations jusqu'en 1945. Les périodes de consommation maximale enregistrées en septembre 1942, en août 1943, août 1944 et juillet 1945 résultent des rations supplémentaires de 500 g attribuées pendant les mois de ramadan qui se singularisent par une forte demande de sucre.

Graphique 19 : Consommation mensuelle de sucre à Dakar 1941-1943 (kg).

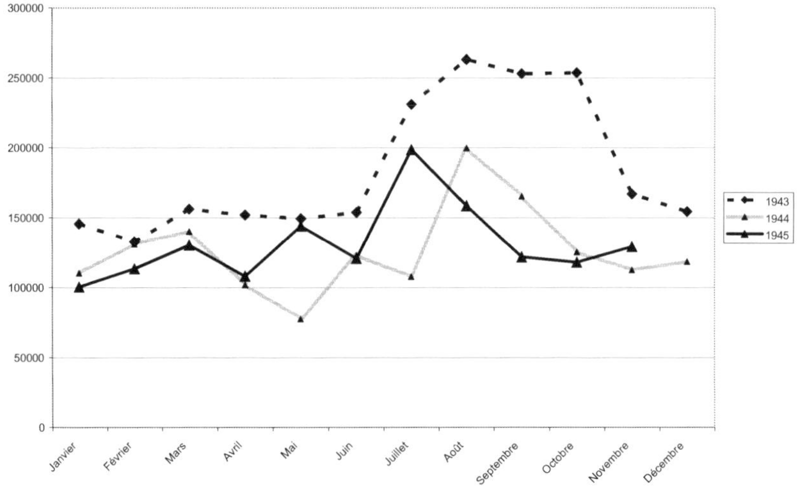

Au total, le ralliement aux forces ne réussit guère à endiguer la pénurie de sucre qui, du reste, se prolongea bien au-delà de la guerre du fait de la priorité accordée à la métropole en matière de ravitaillement suite à la libération de Paris en 1944. Nous en trouvons confirmation dans la circulaire du gouverneur général du 14 mars 1947, relative au maintien des mesures de rationnement[378], particulièrement le sucre. La détente apportée par le ralliement fut bientôt compromise à partir de 1944 par « la libération des territoires occupés puis de toute l'Europe [qui] a entraîné un accroissement des parties prenantes et une diminution de la part de denrées affectées à l'AOF »[379] En réalité, si l'AOF importait 16000 t de sucre avant la guerre, le contingent alloué à la fédération fut fixée à 9 000 t en 1946,[3] soit une diminution d'environ 40 %. Dans ces conditions, la ration mensuelle fut réduite en 1946 à 0,5 kg alors qu'elle était fixée à 750 g les années précédentes.

2- Le savon

Comme pour l'essentiel des denrées et produits, le rationnement du savon fut effectif à la fin du premier semestre de 1941. En juin 1941, le taux de la ration mensuelle était fixé à 1 kg pour les Européens et à 500 g plus 2 bougies pour les indigènes. De juillet jusqu'en novembre, un supplément mensuel de 500 g fut apporté à la ration. Cette ration mensuelle de 1,5 kg fut maintenue le mois suivant pour les Européens même si le tiers de la ration

[378] ANS, FDDD, Dossier 107 bis.
[379] Ibidem.ANS, FDDD, Dossier 107 bis

pouvait être remplacé par 2 bougies. Aux indigènes n'était attribuée qu'une ration de 500 g par mois qui pouvait être remplacée par deux bougies. L'année 1942 fut sans ration pour les indigènes, le savon étant réservé aux seuls Européens.

La levée du blocus en 1943 ramena la ration au niveau de 300 g pour les indigènes et 1 kg pour les Européens. La consommation globale de savon, de 778,7 t en 1942 (soit une moyenne de 70,7 t) est portée à 808 t en 1944. La pénurie de savon ne fut pas sans conséquences fâcheuses sur la population africaine dont les conditions d'hygiène vont se détériorer sensiblement. Le corollaire à la pénurie fut le pullulement des parasites - poux, puces, punaises - voyageurs infatigables à travers les foyers indigènes qui apportèrent des épidémies, notamment la gale. Les indigènes, face à la pénurie de savon de fabrication industrielle, eurent recours au savon artisanal local (saabu wolof) devenu un véritable rempart contre les épidémies comme la gale.

E- La viande

L'autorité coloniale a souvent hésité dans l'application d'une véritable politique de promotion en direction de l'élevage. Les conflits qui, souvent, ont opposé pasteurs nomades et agriculteurs sédentaires furent tranchés dans la plupart des cas, en faveur de ces derniers. Dans ces conditions, Dakar fut mise à rude épreuve pendant les deux guerres mondiales, confrontée qu'elle était au sérieux problème d'approvisionnement en viande. Pendant la Grande Guerre de 1914-18, une expérience fut menée à Lyndiane pour faire face au problème de ravitaillement en viande[2]. Mais la tentative devait se terminer par l'échec, la ruine et la désolation.

Lors du second conflit mondial, des réquisitions massives effectuées dans les colonies expéditrices (Sénégal, Soudan, Mauritanie), engendrèrent des pertes nombreuses (mortalité et saisies) avoisinant 25 % du chiffre total. En 1944, les convois libres se substituèrent aux réquisitions et la vente libre fut instaurée afin d'améliorer la qualité et la quantité de la viande. Dans cette perspective, les autorités locales prirent des mesures incitatives comme la prime de tissu accordée à tout dioula importateur à raison d'une dizaine de mètres de tissu par bœuf amené au foirail.

Face à l'aggravation de la pénurie de viande occasionnée par les difficultés de transport, l'épuisement du cheptel et le surpeuplement de Dakar du fait de la concentration des troupes, l'administration dut instaurer deux jours sans consommation de viande par semaine. A partir de 1942, elle recourut à l'abattage de quelques chevaux pour la boucherie : 29 têtes en 1942, 849 en 1943 et 342 en 1944. La pénurie de viande de porc engendrée par la rupture des fournitures de l'Argentine et du Danemark fut compensée en partie par les envois de la Petite Côte et de la Casamance.

Le tableau et le graphique suivants exposent le mouvement du bétail à Dakar

Tableau 42 : Mouvements aux abattoirs de Dakar de 1938 à 1944

Années	Nombre d'animaux abattus	Quantité de viande nette
1938	39.537	1.901.815 kg
1939	48.259	2.406.554 kg
1940	62.714	3.051.486 kg
1941	82.947	3.874.774 kg
1942	83.856	4.036.738 kg
1943	86.301	3.616.923 kg
1944	68.505	2.828.724 kg

(A.N.S. FDDD. Dossier 107).

Graphique 20 : Quantité de viande consommée à Dakar de 1938 à 1944 (kg)

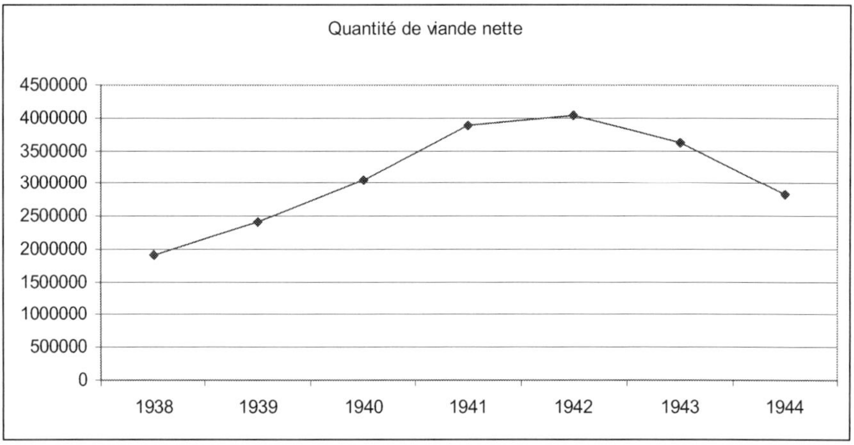

D'une manière générale, deux périodes se dégagent. De 1938 à 1942 s'amorce une augmentation continue de la quantité de viande consommée à Dakar : 26,53 % entre 1938 et 1939, 26,79 % de 1939 à 1940, 26,98 % entre 1940 et 1941, 4,18 % de 1941 à 1942. Ainsi, de 1938 à 1942, la consommation de viande nette a plus que doublé. Par contre, à partir de 1942, la quantité de viande consommée enregistre une baisse en dépit de l'augmentation du nombre d'animaux abattus qui passe entre 1942 et 1943, de 83856 unités à 86301, soit une augmentation en valeur relative de 2,9 %.

Alors, comment expliquer la baisse de la quantité de viande dès lors qu'on aurait dû s'attendre à une hausse au regard de l'augmentation du nombre d'animaux abattus? La réponse, nous la trouvons dans la sécheresse de 1942 à 1943 et les réquisitions massives qui affectèrent sensiblement le bétail, amenuisant ainsi son rendement en viande nette. En vérité, les rendements par animal abattu ont varié de 48 kg en 1938, 49 kg en 1939, 48 kg en 1940, 49 kg en 1942 contre seulement 41 kg fournie à l'unité en 1943 et 1944[380]. Donc des bêtes pas assez lourdes. D'ailleurs, les rapports administratifs de 1943 et 1944 ouvrent des lucarnes lorsqu'ils mentionnent « l'arrivée lamentable du bétail »[381] sans oublier les rendements médiocres des bœufs abattus, trop souvent étiques, de peu de poids.

D'une manière générale, la population dakaroise fut largement éprouvée par le ravitaillement en denrées alimentaires. Ce qui se traduisit par des restrictions alimentaires sensibles et par rapport à l'évolution de la population, la ration globale, marquée par une instabilité, n'a pu être augmentée. Pourtant s'agissant de la population européenne, la consommation s'est caractérisée par la régularité et la constance au niveau des rations. Autant que possible, l'administration a pu maintenir les rations européennes à des niveaux stables contrairement aux rations indigènes caractérisées par des réductions drastiques. Le recours à des denrées de substitution telles que fèves, blé concassé, pois chiches illustre, on ne peut plus clairement, la dureté des conditions de vie des indigènes.

380 ANS, 2G 44/19, CDD : Rapport économique d'ensemble 1944.
381 Ibidem.

CHAPITRE III

LES CONDITIONS DE VIE DES INDIGÈNES : DISCRIMINATION, INDIGENCE ET PAUVRETÉ

Le second conflit mondial fut marqué par de sensibles restrictions, notamment au niveau des consommations indigènes. Avec la pénurie, s'installa la famine, puis la peste qui ne cessa ravager la ville, avec de véritables hécatombes surtout dans les quartiers indigènes. En réponse à la pénurie, les populations locales développèrent des alternatives et des initiatives en donnant une nouvelle impulsion à la production agricole et à l'artisanat local. En outre, la pénurie modifia sensiblement les régimes alimentaires des populations locales qui s'adonnèrent à des pratiques à la limite de la légalité en contournant les dispositions réglementaires.

I- Les discriminations dans le ravitaillement

En matière de ravitaillement, l'équité n'a jamais prévalu. Autant qu'elle le put, l'administration coloniale s'arrangea pour accorder la priorité aux troupes. Les indigènes, dont les rations se situaient bien en dessous des normes physiologiques, s'exposèrent à des carences et déséquilibres qui occasionnèrent une plus grande fragilité biologique, une vulnérabilité aux épidémies et un relèvement du taux de mortalité.

A- Une priorité accordée aux troupes

La présence à Dakar des services centraux administratifs et de garnisons militaires occasionna une forte demande de produits et services liés à la présence d'une importante population européenne. D'après une classification - du reste assez contestable - effectuée par l'administration, il existait trois groupes de consommateurs : l'intendance militaire, l'intendance maritime et la population civile. Dans ces conditions, les troupes regroupaient deux entités distinctes dont chacune était considérée comme un groupe de consommateurs : l'Armée et la Marine.

En 1943, après la réception de 85 415 têtes de bétail par le CLEC, la répartition entre les trois groupes de consommateurs s'effectua selon le pourcentage suivant : 42,2 % pour la population civile, 42,9 % pour l'Intendance militaire (Armée) et 13,7 % pour l'intendance maritime (Marine). Les troupes, à elles seules, s'adjugeaient 56,6 % du bétail. En 1942, sur la contribution de la Guinée en riz paddy, les tonnages, arrivés en 7 vapeurs, étaient répartis comme suit : 679 t de riz net 48 t de paddy pour la circonscription de Dakar contre 862 t et 206 t pour les intendances[382]. Sur un total de 1795 t, les troupes se retrouvaient avec 1068 t, soit 60 % des arrivages.

Dans une telle perspective, les problèmes de ravitaillement rencontrés par la population civile s'expliquaient en grande partie par les réquisitions des autorités militaires et l'accaparement des produits alimentaires sur les marchés. Tel fut le cas en 1943 avec la rareté du porc consécutive aux achats massifs de l'Armée et de la Marine. Au marché, la Marine et l'Armée étaient les maîtres absolus. L'accaparement du marché fut d'autant plus pénible que le personnel militaire, payant tout sans discuter, les denrées subirent une hausse vertigineuse; ce qui restait était livré à un prix inabordable pour les petites bourses.

Par ailleurs, le rationnement de la viande s'expliquait en partie par la concentration des troupes. D'une manière générale, la pénurie, dans bien des cas était plus l'indice d'une discrimination dans la répartition en faveur des troupes que l'expression d'un épuisement des stocks. Elle resta entière après le ralliement à la France Libre du fait de la concentration massive de troupes à Dakar : de 6 500 unités en 1938, les troupes passèrent à 33 500 après le passage dans le camp allié, soit une augmentation de 27 000 unités.

Quant aux civils Européens, ils constituaient des privilégiés indéniables, comparés à la population indigène. La première discrimination concernait la composition du rationnement basée sur la distinction de deux régimes : un régime européen fort varié, constitué de pain, viande, beurre, lait et un régime africain à base de céréales. Toute la guerre durant, l'administration s'arrangea pour maintenir la ration européenne à des niveaux stables et acceptables (250 g de pain par jour, 750 g de sucre par mois) alors que chez les indigènes, le riz, aliment de base, a toujours fait défaut et les denrées de substitution comme le blé concassé, l'alpiste, les pois chiches, les fèves étaient à peine comestibles.

Dans les magasins, la priorité était accordée aux Européens qui disposaient des seules cartes de priorité. Aux enfants européens, était allouée une ration supplémentaire de pain alors que les indigènes furent exclus des rations de lait réservées aux malades et enfants européens.

B- Les indigènes, laissés pour compte

Malgré les statistiques surévaluées et les propos élogieux de l'administration, tout porte à croire que la pénurie resta entière. Lorsque le Bureau Économique soutint, en 1943 que l'administration avait assuré une « distribution équitable entre tous les éléments de la population », que « les denrées n'ont jamais fait défaut » avant de conclure que « le consommateur

382 A.N.S, FDDD,. Dossier 107.

dakarois est privilégié à tous les points de vue »[383], nous n'ignorons guère le décalage entre ces propos et la réalité des faits.

En vérité, l'équité n'a jamais prévalu entre les éléments de la population en matière de ravitaillement. La première discrimination résidait dans la constitution du rationnement et la distinction des deux régimes. De surcroît, la ségrégation et l'humiliation pour les indigènes résidaient moins dans la composition du rationnement que dans les modalités de distribution. Devant les magasins, se formaient trois files à l'image de la structure démographique de la ville (Européens, Levantins et indigènes). La priorité était accordée aux Européens d'abord ; puis venait celle des Levantins et enfin était servie la ligne des autochtones pourvu qu'il restât des stocks disponibles. Ce qui d'ailleurs expliquait les bousculades et les longues files d'attente qui se formaient depuis minuit devant les magasins[384]. Mais la distribution cessait souvent dès que débutait la file des indigènes.

Le ravitaillement posait surtout des problèmes au niveau des textiles. La population indigène a durement ressenti la pénurie des textiles. C'est l'arrêté général 269/S.E du 22 janvier 1942, modifié le 3 juin de la même année qui organisa le rationnement des tissus par la création d'une carte de points tout en instituant un barème donnant le nombre de ceux-ci nécessaire à l'achat de chaque article. Pour ménager les stocks, le système des contingents mensuels reste superposé à celui des cartes. Chaque mois, les contingents étaient fixés par l'administrateur de Dakar. Ainsi l'arrêté 382 du 18 février 1942 les a fixés à 1/100e pour les tissus en coton et à 1/24e pour les tissus en coton - soie et la friperie.

Ces contingents furent à l'origine des files d'attente qui se formaient au début de chaque mois, chacun voulant acheter avant que les contingents ne soient épuisés. Avant le ralliement, la réduction progressive des importations incita l'administration à repartir la consommation par le pourcentage mensuel de 1/24e afin de couvrir une période de deux ans (soit 24 mois). En 1942, les besoins annuels de la Circonscription s'élevaient à un million de mètres ou 2 millions de mètres pour les deux ans sur la base de 8 mètres auxquels donnait droit chaque carte. Or, le contingent alloué à Dakar pour la même période de deux ans ne s'élevait qu'à 770 000 mètres. Dans ces conditions, le gap à combler pour honorer l'intégralité des cartes distribuées était de 1 230 000 mètres.

Pour ménager les stocks de tissus, l'administration prit des mesures drastiques ; elle ira même jusqu'à interdire en 1942 aux commerçants de vendre aux indigènes de l'étoffe contre tickets à l'occasion de la « korité » (fête musulmane célébrant la fin du mois de jeun ou ramadan). Les bons d'achat

383 ANS, 2G 43/52.

384 ANS, 17G 10/1 : Notes et renseignements sur les conditions de vie des indigènes.

n'étaient délivrés qu'en cas de décès pour la confection des linceuls. Dans ces conditions, il était fréquent de voir - et les témoignages oraux s'accordent la - dessus - certains s'habiller avec les vides de sacs de semoule ou de farines lavés et reteints, mais dont on dissimulait difficilement les imprimés alors que d'autres n'hésitèrent pas à voler les linceuls en percale dans les tombeaux pour les revendre.

Malgré la suppression du rationnement des tissus par arrêté 3839/SE du 5 novembre 1943 suite aux importants arrivages américains, la vente resta limitée à Dakar afin de ravitailler les centres de production d'arachide du Sénégal où le mètre de tissu s'échangeait à 25 F.CFA en 1942[385]. Si le stock à la fin de 1942 était de 703403 m, l'année suivante, à la même période, elle s'élevait à 3146 001 m grâce aux arrivages alliés. En 1944, le mouvement des tissus s'établissait comme suit :

Tableau 43 : Mouvement des tissus à Dakar en 1944[386]

Origines	Stocks au 01/02/1944	Importa tions	Utilisées pour confection	Expéditions sur Soudan, Sénégal Mauritanie	Stocks au 31/07/1944
Tissus Français	967258 m	86442 m	227737 m	96994 m	714681 m
Tissus alliés	2178147 m	7349174 m	1513785 m	6534514 m	1295170 m
Totaux	3175405 m	7435616 m	1741552 m	6531509 m	2009857 m

D'une manière générale, la population indigène a durement ressenti la pénurie des denrées alimentaires et des textiles qui se traduisit par des restrictions sensibles. En fait, pour l'administration, la priorité devait être accordée à la métropole et à la population européenne car « quand la maison brûle, on se s'occupe pas des écuries ; lorsque la France souffre, on ne s'occupe pas des colonies et quand les Blancs souffrent, on ne se soucie plus des Noirs »[387].

Ces discriminations aboutirent à une détérioration sensible des relations entre Blancs et Noirs. Les renseignements généraux rapportent une nervosité

385 A.N.S, FDDD,. Dossier 107.

386 ANS, 2G 44/60

387ANS, 13G 15/17. : Propos rapportés par les renseignements généraux, tenus par un légionnaire propagandiste lors d'une conférence tenue à la Chambre de Commerce de Dakar le 14 août 1942..

chez les indigènes qui se traduisit par divers incidents avec des Européens. Le 3 août 1942 plusieurs indigènes bousculèrent et frappèrent une Française au marché Kermel alors que plusieurs accrochages mettaient aux prises Européens et indigènes à la gare centrale[388]. Dans tous les cas, la population indigène, avec ses maigres rations souvent introuvables, étaient exposés à une sous-alimentation et à une malnutrition qui, du reste, furent autant de facteurs d'infiltration, de propagation et d'expansion des maladies.

C- Alimentation, santé et épidémies

Il est admis que les crises alimentaires et les épidémies sont largement solidaires. En effet, la réduction des consommations de subsistance du fait de la guerre occasionne une fragilité biologique qui ouvre la porte aux crises sanitaires. S'il est attesté que le taux optimum de rationnement défini en 1942 par l'Inspection des Services Sanitaires et Médicaux correspond à 2 520 calories par jour, il n'en demeure pas moins que, dans les faits l'insuffisance de la ration expose les hommes à l'emprise des disettes qui, dans la plupart des cas facilitent la propagation des épidémies. Or l'équivalence en calories des denrées rationnées donne un total de 1459 cal/jour pour les Européens (pain 250 g soit 610 cal ; 20 cal fournies par 50 cl de vin; 516 cal fournies par 60 g d'huile et 123 cal livrées par 25 g de sucre).

Pour les indigènes, la valeur calorifique était bien moindre. Dans les faits, les ration-types, retenues par les nutritionnistes n'ont qu'une valeur indicative et à l'heure des consommations, les rations ne semblent pas aussi copieuses qu'au moment des calculs. Ainsi, la ration mensuelle de l'indigène dépassait rarement 9 kg de denrées, plus 1 kg de pain, soit 10 kg de vivres de première nécessité par personne/mois.

Sur cette base, l'indigène dakarois était appelé à ne consommer que 333 g/jour, la moitié du taux rationnel journalier d'une personne, soit 700 g, reconnu officiellement. Dès lors, les rations indigènes, défavorisés, déséquilibrés n'assuraient pas les calories nécessaires à une activité. En tous cas, l'éventail de ces chiffres nous laisse l'impression d'une sous-alimentation aiguë. Le pronostic est donc défavorable. Durant la guerre, l'indigène Dakarois mangeait mal, se portait mal et était exposé aux épidémies. D'ailleurs, comment pourrait-il en être autrement avec les conditions d'hygiène lamentable (péril fécal, puces, poux, rats, sous-alimentation chronique) et l'entassement considérable des hommes.

En 1944, la peste revisita Dakar. L'épidémie est une habituée de la ville. Au début du siècle, elle frappa la ville ; pendant le premier conflit mondial, elle y sévit à l'état endémique ; au début des années trente, elle ravagea Dakar avec

388 ANS, 13G 15/17.

beaucoup de victimes. Le bacille de la peste fut découvert dans le cadavre d'un laptot décédé à l'hôpital le 21 avril 1944[389]. Le laptot avait été contaminé par des puces de rats attirés par la cargaison de viande congelée d'un cargo britannique, le « Kijura » torpillé dans les environs de Dakar mais qui avait réussit à gagner le port. Sans tarder, la maladie rebondit puis se diffusa rapidement. A la fin du mois de mai, l'épidémie se généralisa, puis déborda des limites de Dakar. Le 4 juin 1944 la ville fut déclarée contaminée de peste et isolée par un cordon sanitaire.

La carte de la localisation de l'épidémie laisse apparaître les milieux indigènes même si 61 cas furent enregistrés dans la partie européenne de la ville. En fait, les victimes furent plus importantes en milieu indigène : 17 cas à Niayes Thioker, 18 à Rebeuss, 298 dans la Médina, 18 à Fann et 3 cas à la Gueule Tapée moins touchée à cause de l'urbanisation entamée avec la construction de logements en location vente. Les requis de la deuxième portion du contingent furent aussi frappés par l'épidémie. Au total, d'avril à novembre 1944, il y eut 570 cas dont 512 mortels (509 Africains et 3 Européens) dans la circonscription.

Alors que les malades étaient enlevés par force de chez eux, les suspects restaient seuls, parqués dans les secteurs contaminés où ils étaient isolés, bloqués et surveillés. La vaccination fut rendue obligatoire et l'obtention, de même que le renouvellement de la carte d'alimentation subordonnée à la présentation d'une carte de vaccination anti-pesteuse. Cette mesure engendra la ruée et beaucoup d'indigènes se firent vacciner plusieurs fois sous des noms différents dans l'espoir de pouvoir obtenir leurs rations. Il y eut 168 000 vaccinations dont 142000 à Dakar même. La vaccination s'accompagna d'une campagne de destruction des rats, grands vecteurs de la maladie. En 1944, 23965 rats furent détruits. Le DDT, apporté par les Américains fut utilisé pour la désinfection tandis que les maisons en dur contaminées étaient désinfectées, les cases et paillotes brûlées. La peste, conséquence des promiscuités sociales, dues à la surcharge humaine et à l'insalubrité, devait faire place à la variole avec 386 cas dont 46 mortels et à la diphtérie (97 cas) qui frappèrent la ville par cortèges.

En outre, on ne peut s'empêcher d'épiloguer sur le sort des indigènes compte tenu des restrictions sévères. Sur la base rationnelle de 10 kg/mois au lieu de 21 kg, il est certain que les indigènes étaient sous-alimentés. Un coup d'œil sur la composition des rations africaine et européenne permet d'opposer calories chères et calories bon marché et met à nu le contraste entre les consommations de luxe chez les Européens et les niveaux de misère physiologique aggravés par la pénurie chez les Africains. Ces considérations aboutissent à une sociologie de l'alimentation : l'alimentation du riche, plus variée, fait appel à des calories chères avec un régime riche et protecteur d'une

389 ANS, 2G 44/8 : Service d'hygiène, Rapport annuel 1944.

part et, d'autre part celle du pauvre, peu variée, aux calories bon marché, sous l'emprise de la sous-alimentation et de la malnutrition.

Une enquête effectuée le 12 avril 1941 sur le coût de la vie à Dakar par le chef du Service Spécial de la Police et Sûreté chiffrait à 240 F.CFA la dépense allouée au poste de nourriture pour les travailleurs saisonniers à savoir les manœuvres, laptots et terrassiers. Seulement, 90 F de cette somme, soit 37,5 % était consacrée à l'achat de casse-croûte constituée de pain et d'arachides ; ce qui illustre la modicité et l'insuffisance des nourritures des manœuvres dakarois. Deux années plus tard, en 1943, le rapport médical dressé après l'inspection du chantier de l'aéroport de Dakar employant environ 3000 temporaires est terrifiant. La ration bien insuffisante (50 g de viande dont 15 à 25 de déchets à la place des 330 g prévus par travailleur) fit perdre à 75 % des effectifs 1 à 7 kg de poids. Il fut constaté, entre avril et juin, 400 cas d'invalidité, 20 décès, 80 cas d'œdèmes de famine, 123 cas d'ulcères phagédéniques, 26 cas de vers de Guinée. La conséquence, c'est que « tous ces indisponibles errent à leur fantaisie dans le camp et le lazaret laissant s'écouler, sur le sol, de leurs jambes ulcérées, du sang et des sérosités putrides...»[390]

Les rations alimentaires plus qu'insuffisantes, la pénurie, le retard accusé des salaires sur les prix entraînèrent une chute drastique du niveau de vie des travailleurs dakarois. Pourtant, la situation alimentaire ne s'était pas dégradée pour autant dans les villages traditionnels comme Ngor, Yoff, certainement à cause de leur mode de vie. En effet, agriculteurs et pêcheurs, ils ont su créer les conditions d'une autarcie comme du reste l'illustre ce tableau représentant la ration moyenne d'un adulte de Ngor en 1945.

Tableau 44 : Ration moyenne d'un adulte de Ngor - Ouakam (1945)

Denrée	Poids (g)	Protides	Limpides	Glucides	Calories
Mil ou sorgho (farine)	200	21	8,9	140,6	726,5
Pâte d'arachide	25	6,25	12,875	2,75	151,875
Pain de singe	50	1,8	0,33	20,25	91,17
Poisson sec	10	6,5	1,8		42,2
Laalo	10	10,5	0,52	1,37	14,36
Niébés	125	26,75	1,75	76	426,75
Légumes et mboum	150	3	0,5	25	116,5

390 ANS, K 224/26, Dispositions salariales de la main d'œuvre en AOF..

Manioc doux frais	1 100	12,5	2	275	1,160
Totaux		78,85	28,675	538,97	
Total calorique		315,40	258,075	2 155,88	
		2 729,355		2 729,355	

Source : J.L Bergouniou, *L'alimentation dans la presqu'île du Cap-Vert*, op cit. p 45

A la lumière de cet éclairage, il est permis de penser que l'ampleur de la pénurie et de la sous-alimentation a été sectorielle. Les villages traditionnels ont été moins touchés que les quartiers jouxtant le plateau (Médina, Rebeuss). Pratiquant l'agriculture et la pêche, ces villages ont dû moins ressentir la pénurie que la Médina, largement dépendante des importations vivrières et réceptacle de la main d'œuvre migratoire.

Au total, la sous-alimentation et la malnutrition des indigènes furent des facteurs d'infiltration, de propagation et d'expansion des maladies. Toute la guerre durant, l'humanité inférieure de la ville (les pauvres, les indigènes) fut la proie d'une crise biologique liée aux conditions alimentaires désastreuses.

D- La vie quotidienne à Dakar durant le second conflit mondial

A l'instar de tous les conflits, celui-ci occasionna des malheurs des peines et autres restrictions de toutes sortes qui modifièrent sensiblement la vie quotidienne. A l'euphorie des jours de fête d'avant guerre et au concert général d'enthousiasme à l'éclatement des hostilités, se substituèrent les dures réalités de la vie quotidienne. De toute évidence, l'état de guerre et l'isolement de Dakar occasionnèrent des difficultés matérielles réelles.

De bonne heure, les indigènes, pour l'essentiel, convergeaient vers la ville blanche, siège de l'administration, lieu d'emplacement des magasins (SCOA, CFAO,...) et offrant les opportunités d'emploi. Mais la pénurie énergétique avait poussé l'autorité coloniale à prendre des mesures afin d'économiser l'énergie. La circulation des véhicules fut réduite au strict minimum alors que celle des voitures de tourisme était interdite. La réduction des voitures engendra le développement des moyens hippomobiles. Ce genre de transport était assuré par une voiture attelée tirée par deux chevaux. Devant les passagers, au nombre de trois, voire quatre, se tenait le cocher. En période de chaleur ou d'hivernage, une toiture était placée à la tête des clients pour les préserver des intempéries (soleil, pluie). A défaut de moyens hippomobiles, c'était la marche qui d'ailleurs se généralisa pour devenir un air de temps.

Les ménages africains auront été les plus touchés par la pénurie et le ravitaillement était leur souci permanent. Avec la pénurie devenue chronique, la malnutrition et la sous-alimentation devinrent une structure de la vie quotidienne de plusieurs Dakarois. Il fallait s'habituer avec les insuffisances du quotidien. L'essentiel de la population africaine de Dakar, les indigènes, pour compléter une ration introuvable, dut se rabattre sur ce qui était immédiatement disponible : tubercules, produits de cueillette, céréales de secours, pastèques qui sont toujours les bienvenus aux mauvais jours.

Chaque jour, c'était la chasse aux grains, à la nourriture, même jusque dans les termitières de la banlieue supposées regorger de céréales notamment du mil cachées par les fourmis. La rareté du poisson consécutive à la pénurie de filets intensifia la pêche dans les lacs, étangs, mares et ruisseaux, faisant patauger enfants et adultes dans les eaux saumâtres, à la recherche, avec des lignes, de petites tilapies silures noires et autres cyclidés souvent maigres. Pour suppléer à la rareté de la viande, les populations locales s'adonnèrent à la lucrative chasse aux rats, aux oiseaux et à la pêche dans les mares, des tortues plates de petite taille alors que dans les cours d'eau permanents, étaient capturés des moules (muletta Nilotica) dont la chair, réputée être très coriace, était consommée par les indigènes. Décidément, en période de disette, on ne devise guère sur la qualité des nourritures ; c'est comme si les interdits et autres tabous alimentaires s'écroulaient devant la famine.

Les femmes dakaroises ressentirent péniblement la pénurie. Au petit matin, elles affluaient vers les magasins situés au centre de la ville (Toile d'Avion, SCOA, CFAO, Galeries Lafayette) à même de fournir des denrées. La file était leur lot quotidien et souvent les queues se mettaient en place la nuit dès deux heures. Mais souvent les ménagères rentraient à la maison, les calebasses vides, le coeur plein d'amertume. Le ravitaillement devenait dès lors un véritable cauchemar. La seule alternative restait le marché noir pour s'approvisionner. Mais les prix prohibitifs pratiqués dissuadaient bon nombre de ménages aux bourses fort maigres. Et pourtant, il fallait que la famille mangeât.

Alors, parures, bijoux, objets de valeur étaient mis en gage s'ils n'étaient pas bradés pour trouver du numéraire. Dans ces conditions, la misère s'était installée dans la plupart des foyers, facilitant l'infiltration des maladies qui frappèrent par cortèges. Ainsi, pendant toute la guerre, la vie des Dakarois fut perturbée par la modicité et l'insuffisance des nourritures sans parler des maladies. Ce qui entraîna des répercussions sur l'espérance de vie notamment chez les enfants en bas âge et les individus sans ressources, usés par la fatigue, le travail et l'âge, sans compter la pauvreté qui les empêche de se procurer ce qui est nécessaire à leur subsistance. En 1942, lorsque la pénurie atteignit son paroxysme, le repas de midi fut souvent supprimé. La prise en compte de la ration alimentaire dans le salaire avait poussé beaucoup d'indigènes à se faire embaucher dans les chantiers et entreprises le salaire, mais aussi et surtout dans l'espoir d'y trouver à manger.

La pénurie des textiles fut durement ressentie par la population autochtone. Souvent, il n'existait qu'une tenue vestimentaire portée à tour de rôle lors des sorties. Les témoignages locaux s'accordent sur l'usage d'emballages de sacs de farine pour se vêtir. En 1942, les boulangeries étaient devenues les principaux lieux d'approvisionnement en emballages. L'acheteur devait déposer à l'avance l'argent chez les boulangers. Une fois les sacs de farine ou de semoule vidés, les emballages pouvaient être livrés avant d'être lavés puis teints à l'indigo. Les bons d'achat de tissus n'étaient délivrés qu'en cas de décès pour la confection de linceuls ; certains n'hésitèrent pas à voler les linceuls en percale dans les tombeaux pour s'en revêtir ou les revendre.

Sous Vichy, il n'y avait pas de manifestations folkloriques et durant la nuit s'effectuaient des rafles partout dans la ville. L'établissement du gouvernement de Vichy fut suivi de répressions, d'intimidations, d'emprisonnements gratuits et toutes les libertés syndicales et politiques furent mises entre parenthèses. La municipalité de Dakar fut supprimée et remplacée par une délégation de fonctionnaires nommés. Après le ralliement, les difficultés furent amoindries. Les syndicats et les activités reprirent leurs activités et le conseil municipal de Dakar est rétabli dans ses fonctions le 20 mai 1943. Pourtant la situation alimentaire ne s'améliora pas. A l'euphorie de novembre 1942, suivit une longue période de déception : le ravitaillement promis n'arrivait pas toujours en quantités suffisantes et la guerre se prolongeait, faisant craindre une mobilisation. Dakar n'aura reçu que 20 000 t de nourriture en provenance des USA dans les neuf mois qui suivirent le ralliement.

Au total, la population dakaroise a durement ressenti les rigueurs de la guerre aussi bien sous Vichy que sous la France Libre. La population ne dut sa survie qu'à la débrouille, à la solidarité et à l'entraide qui permirent d'amortir l'ampleur de la pénurie au sein de la communauté. D'ailleurs, une bonne partie de la communauté lébou de Fann Hock, Médina, Gueule Tapée fut obligée de se replier vers les villages traditionnels où les activités agricoles et la pêche leur permettaient de vivre tant bien que mal.

E- Le coût de la vie à Dakar pendant la deuxième guerre mondiale : prix et salaires

L'entassement des hommes dans une région restreinte et dépendant, de surcroît, des produits importés, entraîna un accroissement considérable de la demande alors que l'offre devenait de plus en plus rare ou réservée. La pénurie et l'insuffisance des rations occasionnèrent, avec le développement du marché noir, une montée générale des prix qui draina derrière elle, le mouvement plus lent des salaires. En effet, de 1939 à 1945, les prix ne cessèrent de bouger vers le haut. Il est hors de doute que pénurie rime avec hausse des prix. Examinons l'évolution des prix en commençant par la denrée principale du « poste alimentaire » : le riz.

Une forte tension est observée durant toute la période. Parti de 0,85 F le kg en 1936, le prix du riz atteignit 2,50 F en 1939 ; cette tendance à la hausse s'affirma en 1942 où le kg de riz se négociait à 3 F en janvier. A partir de 1945, les prix s'emballent avec une ascension vertigineuse des cours qui passent de 8 F en mars à 10 F en novembre alors qu'au marché noir, il s'échange à prix d'or (20 F).

La même tendance est notée pour le pain dont le kg passe de 2,25 F en 1936 à 4 F en mars 1940 ; en 1943, les prix oscillent entre 7 et 8 F de novembre à septembre alors qu'à partir de 1944 s'amorce une montée sensible des cours qui atteignent 10 F en octobre. Quant au sucre, la flambée des prix a été impressionnante ; qu'on en juge les tendances : de 2,10 F en 1936, le kg passe en 1939 à 4,25 F ; les prix ont plus que doublé. En mars 1940, le cours du sucre était de 5 F ; à partir de 1941, le prix du sucre s'emballe et est coté à 7,75 F en février pour passer à 11,65 F une année plus tard, soit une inflation de 50,32 %. Le tableau récapitulatif suivant donne une idée sur l'évolution des prix entre 1941 et 1942.

Tableau : 45 Évolution des prix à Dakar de 1941 à 1942[391]

Désignation Des produits	1er trimestre 1941	3e trimestre 1942	Pourcentage d'augmentation
Pain	4,50 F	5F	11,11 %
Vin	4,35	11,35	160,91 %
Sucre	7,75	11,65	50,32 %
Riz ordinaire	2,80	4,50	60,71 %
MU (le kg)	2	3,35	67,5%
Percale	6	20,70	245%
Sandales	45	157	248,88 %
Chaussures indigènes (fabrication locale)	27,50	125	354,52 %

Si la hausse a été moindre pour le pain, elle a été plus sensible pour le sucre, le riz et le mil avec des pourcentages d'augmentation oscillant entre 50 et 70 %. Le litre de vin a enregistré une hausse vertigineuse de 162 % du fait de l'occupation de la métropole, principal fournisseur. Les augmentations record sont notées au niveau du mètre de percale et des sandales qui ont vu leur prix

391 ANS, FDDD, Dossier 107.

plus que tripler alors que les chaussures locales ont failli quintupler. Pourtant, les salaires ne suivirent guère la flambée des prix. Dans les faits, les salaires s'écrasent pendant la montée des prix.

Une plainte d'un fonctionnaire subalterne contre le coût élevé de la vie, rapportée par les renseignements généraux en date du 13 octobre 1939 est instructive à plus d'un titre[392]. Bénéficiaire d'un salaire de 450 F, marié et père de plusieurs enfants, ses frais mensuels étaient de 550 F répartis comme suit : 150 F consacrés à l'achat d'un sac de riz, 100 F pour un estagnon d'huile de 18 litres, 175 F pour les frais de ménage, 75 F pour le loyer et 50 F pour l'habillement. Ce qui fait un décalage de 100 F entre ses frais et son salaire.

Deux ans plus tard, une enquête faite à Dakar sur le coût de la vie par le chef du Service Spécial de Police et Sûreté le 12 avril 1941 aboutit à 1 300 F comme la dépense mensuelle d'une famille indigène composée du père (fonctionnaire, employé de commerce, ouvrier spécialisé), de la mère et de 3 enfants[393]. Toute la guerre durant, le poste alimentaire absorbait environ 50 % du budget du travailleur. A la lumière de ce décalage entre salaire et coût de la vie, l'on comprend mieux la succession, chez les salariés dakarois vivant à crédit, de périodes de « ripaille et de pénurie » au cours du mois avec des surconsommations les premiers jours du mois qui font progressivement place à un régime de carence au fur et à mesure que le mois se creuse.

Au total, les salaires n'ont pas pu rattraper les prix malgré des réajustements successifs. Ainsi, le taux minimum du salaire journalier des travailleurs indigènes, de 9 F (y compris la valeur de la ration pour une somme de 4 F) en mai 1940, fut porté à 11 F (dont 5 F pour la ration alimentaire) le 23 avril 1942 avant d'être fixé à partir du 13 mars 1943 à 12 F (y compris la ration alimentaire de 5 F).

Quant aux individus requis pour la corvée, à l'image de la deuxième portion du contingent, leurs conditions pécuniaires furent fixées par l'arrêté 390 du 12 février 1943. La prime journalière s'élevait à 1 F par journée effective de travail tandis que la prime était de 6 F pour les chefs d'équipe et les spécialistes; les cuisinières, logées avec leurs maris, recevaient 1 F par jour. Un prélèvement de 10 F était toutefois prévu sur le total de tout travailleur ayant effectué 20 jours au moins dans le mois. D'une manière générale, les tableaux suivant établis par l'inspecteur du travail, donnent les indices d'augmentation du coût de la vie de 1938 à 1944.

---

392 ANS, 21G 150/108 : Impressions recueillies sur le moral des populations 1939 -1940.
393 ANS, FDDD, Dossier 107.

Tableau 46 : Coût normal de la vie à Dakar (Européens)

Années	Célibataire	Ménage sans enfant	Ménage avec 1 enfant	Ménage avec 2 enfants
1938	20 220 F	27 410 F	32 525 F	35 640 F
1944	74 150 F	102 360 F	124 000 F	138 435 F
Augmentation de 1938 à 1944	256%	273,44 %	281%	288,4 %

Tableau : 47 Coût normal de la vie à Dakar (indigènes).

Années	Célibataire (A)	Couple (B)	Couple+1 *(C)	Couple+2 (D)	SMO (E)
1938	100	100	100	100	100
1939	125	126	127	128	114
1940	165	167	169	171	129
1941	197	202	206	209	143
1942	243	252	257	260	214
1943	306	314	321	326	171
1944	358	360	367	372	254

NB * Couple avec un enfant; SMO : Salaire minimum obligatoire

Tableau 48 : Salaire minimum obligatoire à Dakar 1938 -1943

Années	E/A	E/B	E/C	E/D
1938	100	100	100	100
1939	91	90	90	89
1940	78	77	76	75
1941	73	71	69	68
1942	88	85	83	82
1943	56	54	53	52
1944	71	71	69	68

Sources: 2 G44 /19; I. Thioub, op cit.

Le coût de la vie a été établi sur la base de la formule recommandée par le Bureau du Travail, à savoir les denrées, le chauffage, l'éclairage, l'eau, la glace, le logement, les divers (personnel domestique, entretien, soins corporels, distraction, impôts). Entre 1938 et 1944, le coût de la vie augmenté de 274 % chez les Européens contre 264 % chez les indigènes (258,43 % chez les célibataires, 259,75 % pour les ménages sans enfant, 267,39 % pour les ménages avec un enfant et 271,49 % pour le couple de deux enfants soit en moyenne 269 % pour les deux groupes confondus. D'une manière générale, le décrochement du coût de la vie par rapport aux salaires des indigènes dakarois allait entretenir une sous-alimentation et une malnutrition qui concourent à péjorer davantage leurs conditions de vie.

II- Les alternatives et les initiatives face à la pénurie

L'occupation de la métropole, le contrôle des océans par les forces alliées et la déconnexion des colonies rendaient aléatoire la suppléance du marché mondial. Il fallait dès lors parer au plus pressé. Les autorités s'y employèrent en développant des initiatives face à la pénurie alors que la population locale dut s'adapter à la conjoncture en déployant une kyrielle de stratégies qui, dans bien des cas, furent à la limite de la légalité.

A- Le retour à la terre et le développement de la production locale

L'intensification de la production locale pouvait être un élément de réponse à la pénurie devenue chronique. L'administration coloniale l'a si bien compris qu'elle s'attela, autant qu'elle le put au développement de toutes les branches de l'activité agricole locale capables d'apporter un appoint à l'approvisionnement de Dakar. Une telle politique devait passer par l'extension des surfaces cultivées et l'intensification des cultures vivrières.

Tableau 49 : Production agricole de la Circonscription en 1940 et 1941

Espèces cultivées	Superficies cultivées en ha		Production (en tonnes)	
	1940	1941	1940	1941
Arachides .	5000	4500	2800	1000
Mil	6000	400	5500	600
Manioc	300	500	500	2000
Riz	100	60	100	Néant
Patates	300	590	1000	2500
Maïs	300	150	100	Néant

Niébés	1500	2000	1130	500
Cultures. maraîchères	1000	1000	13000	15000
Cultures . fruitières	150	180	10	15

En 1940, la production totale, qui était de 24 000 t, tombe à 21 615 t, soit une diminution de l'ordre de 10 %. La baisse de la production de mil de 89 % est à l'image de la réduction sensible des superficies cultivées qui passent de 6 000 à 400 ha. Si les rendements en riz et maïs ont été nuls en 1941, par contre, les cultures maraîchères, fruitières, les productions de manioc et de patates connaissent des progressions notables ; alors que les cultures fruitières et légumières ont augmenté respectivement de l'ordre de 50 % et de 15 %, les patates ont progressé de 150 % tandis que les records ont été battus par la production de manioc qui a triplé. Dans ces conditions, le déficit observé au niveau des cultures céréalières a été compensé par les surplus substantiels dégagés par la production des légumineuses et des cultures maraîchères et fruitières. Le déficit de la production agricole est imputable à la grande sécheresse de 1941. Il faudra attendre 1943 pour se rendre à l'évidence des progrès réalisés par la production agricole.

Tableau 50 : Production agricole de la CDD en 1943.

Espèces cultivées	Banlieue de Dakar		Délégation Rufisque		Total	
	Superf. ha	Prod. en T	Super en ha	Prod. en T	Super. en ha	Prod. en T
Arachides	400	150	2000	600	2400	750
Mil	900	400	2500	1000	3400	1400
Manioc	180	900	150	750	330	1650
Patates	350	5000	1500	15 000	1850	20 000
Cultures maraîchères	600	10 000	400	6000	1000	16 000

Si les productions de riz, de maïs et niébés ont été dérisoires[394], par contre celle du mil a plus que doublé de 1941 à 1943 ; elle passe de 600 à 1 400 t. Entre 1941 et 1943, la production de patates a plus que sextuplé même si la culture du manioc a connu une certaine baisse. Pour stimuler la production

394 ANS, 2G 43/52.

agricole, l'administration coloniale prit nombre d'initiatives axées sur la distribution de graines de semences (mil, niébés) ; 15 600 boutures de manioc ont été distribuées en 1941 et 116 000 en 1943[395]. Par ailleurs, 900 pieds de manioc furent plantés en 1943 par le service de l'agriculture pour assurer la distribution de 60 000 boutures pendant la prochaine campagne agricole[396]. La même année, le Service de l'Agriculture procéda à la distribution à titre remboursable de semences vivrières constituées de 73,5 t d'arachide, 15,2 t de mil, 2 t de niébés et 142 kg de riz[397].

Dans le Jardin Botanique de Hann (« Toolu Buur »), furent pratiqués des essais de plantes nouvelles et de variétés adaptées. Même si plusieurs essais de variétés de riz local et de riz rouge du Soudan se soldèrent par des échecs, d'autres recherches aboutirent à la création de variétés de légumes de contre saison. Des essais portèrent sur la multiplication d'un dolique (dolichos sesquipedalis) voisin du haricot vert. D'ailleurs, la station de Hann réussit à mettre au point la sélection et la multiplication d'un hybride de tomate (entre la tomate cerise et la tomate merveille de marché) adapté à toute saison[398].

D'autre part, une station agricole fut créée à Sangalkam pour s'occuper de l'encadrement et de la vulgarisation agricole alors que des défrichements furent effectués à Bambilor accompagnés de forages de puits, de barrages et de canaux de dérivation. Ces initiatives furent couronnées par la création d'associations agricoles et le lancement d'un concours agricole pour récompenser les meilleurs producteurs.

La politique de promotion agricole fut élargie dans le domaine de la pêche. Dans ces conditions plusieurs mesures furent prises pour assurer un meilleur ravitaillement de la ville. Elles portèrent sur la création d'une coopérative de pêcheurs et d'entrepôts conditionnés dans les villages de pêcheurs pour une meilleure conservation, la promotion du fil de pêche de fabrication locale face à la pénurie de fils, la mise sur pied d'un service de camionnettes pour l'acheminement des prises. Mais les résultats furent décevants en dépit de l'acquisition par l'administration en 1943 de deux chalutiers, le "Pax Labor" et "Amiral Duperré".

Dans le domaine industriel, la SOFAC (Société Franco-Africaine de Conserves), après plusieurs tâtonnements, réussit à mettre au point à Rufisque, la fabrication de conserves de sardinelles à l'huile stérilisées afin de concourir au ravitaillement de la population, mais surtout de l'Afrique du Nord et de la métropole. Toutefois, la SOFAC connut des difficultés de ravitaillement en matières premières, entraînant du coup la fermeture de l'entreprise. En fait, les femmes Lébou, en vendant directement le poisson sur le marché dakarois, non

---

395 ANS, 2G 41/19.
396 ANS, 2G 43/52
397 Ibidem
398 ANS, 2G 43/52.

seulement contournèrent les mesures administratives de contrôle du marché tenté à partir de la coopérative mise en place durant la guerre, mais aussi et surtout privaient la SOFAC de matières premières.

Dans tous les cas, ni les mesures prises, ni l'existence d'une forte communauté de pêcheurs dans la presqu'île, ne purent empêcher la hausse des produits halieutiques durant la guerre. Au total, l'administration et les populations ont mobilisé des efforts afin d'impulser devant la pénurie devenue inquiétante, un nouveau dynamisme à la production locale. Le retour à la terre s'accompagna d'un changement dans les habitudes alimentaires.

B- Un changement dans les habitudes alimentaires

C'est durant la guerre que les tubercules et les produits de cueillette (fruits sauvages, herbes,...) bénéficièrent d'un accueil qui décida de leur gloire et de leur fortune. En réalité, toute pénurie chronique entraîne des choix ou des changements de régimes alimentaires. Dakar n'a pas dérogé à la règle. Il est certain que la menace de la disette qui plana sur la ville favorisa l'essor des tubercules à cause de leurs rendements élevés. Ainsi, les surfaces consacrées au manioc ont varié de 300 ha en 1940 à 500 ha en 1941[399], soit une augmentation de l'ordre de 66,66 %. Les superficies cultivées en patates en passant de 300 à 590 ha ont presque doublé. Pour la même période, la production de manioc a quadruplé et passe de 500 à 2 000 t alors que les patates ont connu une progression de 150 % avec une production qui passe de 1 000 à 2 500 t. En 1943, les records seront battus pour la production de patates de la Circonscription de Dakar qui a plus que sextuplé par rapport à 1941 lorsqu'elle passe de 2 500 à 20 000 t.

La pénurie des céréales a stimulé la culture des tubercules qui constituent une ressource de substitution et un rempart contre la disette. D'ailleurs, l'administration était convaincue que le développement de la production des tubercules pouvait atténuer l'ampleur de la pénurie. Elle s'y employa par la distribution de boutures de manioc et de patates. En 1941, 15,6 t de boutures de manioc furent distribuées[400] et 116 000 boutures en 1943[401]. Le service de l'agriculture avait planté 900 pieds de manioc en 1943 qui devaient fournir 60 000 boutures qui seront distribuées pendant la campagne agricole de 1944. En vérité, l'administration et les populations ont fourni de gros efforts pour impulser un nouveau dynamisme à la culture des tubercules qui s'intensifia durant toute la guerre. La production des patates qui est de 20 000 t en 1943,

399 ANS, 2G 41/19.
400 ANS, 2G 41/19.
401 ANS, 2G 43/52

soit le tonnage de la consommation de riz de Dakar d'avant-guerre est assez révélatrice de l'ampleur de cette culture.

Dans ces conditions, la pénurie de céréales (mil, riz, maïs) entraîna la surconsommation des tubercules, modifiant ainsi le régime alimentaire des populations locales. Les patates ou manioc étaient bouillis ou grillé ; ces tubercules pouvaient être découpés en morceaux, mis dans de l'eau chaude avant d'être cuisinés avec d'autres condiments (piments, tomates, sel,...). Partout dans la ville, foisonnait le commerce de repas (rôti de patates ou manioc). La production de tubercules a ainsi sensiblement atténué l'ampleur de la pénurie.

L'autre alternative à la pénurie devenue chronique fut le recours désespéré aux « aliments de famine » : cueillette, herbes, fruits sauvages. La pénurie de riz entraîna un repli vers les plats traditionnels notamment le sanglé (« laax »). Mais la rareté du lait fit rabattre les populations vers les sauces de substitution confectionnées à partir de feuilles ou de gousses de tamarinier, de gousses de néré (Parkia biglobossa), de fruits de sopô (Spondias monbin), de baobab, etc. Par ailleurs, la disette intensifia la culture des niébés, la consommation de fruits locaux comme le Parinari macrophyla et les pastèques.

La rareté du chou vert pommé engendra une utilisation maximale de feuilles diverses destinées à la confection des sauces de couscous : « nébedaay » (moringa pterygosperma), folioles de cassia tera, de stylochiton. Lorsque la pénurie atteignit son paroxysme en 1942, il n'y avait pas autre chose et l'on mangea en guise de sauce (« mboum ») des feuilles d'arachides, de niébé et encore celles de patates et celles de manioc que les populations savent pourtant toxiques. Dans les faits, les tabous alimentaires résistent mal en période de famine où les populations adoptent de nouveaux régimes plus par nécessité que par goût.

C- L'essor de l'artisanat et des combustibles de substitution

En réponse à la pénurie, les populations développèrent l'artisanat local et s'investirent dans la recherche d'énergies de substitution. En réalité, la pénurie ressuscita les vieilles traditions sur un fond de bouillonnement de bonnes idées. Les difficultés conjoncturelles stimulèrent l'inventivité dans tous les domaines et les hérésies économiques d'hier devinrent les réalités et les vérités du moment. En fait, c'est à la faveur de la guerre qu'on se rendit compte des potentialités locales. Jusqu'ici, l'État colonial, autant qu'il le put, favorisa la diffusion des produits manufacturés importés, entravant ainsi toute possibilité d'essor de l'artisanat local. Toutefois, la défaillance du marché mondial du fait de l'état de guerre réduisit les importations et créa les conditions d'un développement de certaines branches artisanales (chaussures indigènes, vannerie,...).

Dans un contexte de pénurie généralisée, l'artisanat traditionnel refit surface. La raréfaction des textiles stimula la réapparition des métiers à tisser alors que dans les forges, par une récupération et une utilisation maximale de la ferraille, les forgerons essayèrent de compenser la pénurie de quincaillerie. La pénurie de sacs consécutive à la rupture de l'approvisionnement métropolitain incita l'administration à créer la SOCOSAC (Société Coloniale du Sac) en 1943 et à mobiliser la main d'œuvre artisanale pour la confection des nattes à cet effet.

L'essor de l'artisanat fut récupéré par la puissance coloniale afin d'annihiler l'émergence d'une intelligentsia locale africaine, facteur de troubles et d'instabilité politique. L'autorité administrative ne songeait pas à autre chose lorsqu'elle notait que « l'artisanat, ainsi ressuscité, multiplierait les carrières à offrir aux élèves de nos écoles ; il élargirait l'élite indigène en la constituant, non seulement de fonctionnaires, de commis aux écritures, d'employés de commerce déracinés par leurs fonctions, mais aussi d'artisans indépendants, attachés à un métier revalorisé, transmissible de père en fils »[402].

Les propositions et les décisions de création d'un crédit artisanal en A.O.F. identique au crédit agricole et de sociétés de caution mutuelle, constituées sur le modèle de celles de la loi de 1917 restèrent au niveau des intentions. En réalité, derrière ces propositions, se profilaient les difficultés conjoncturelles générées par la pénurie. Dès que les hostilités prirent fin, celles-ci cessèrent d'exister et avec elles les conditions d'un essor de l'artisanat traditionnel, du reste liées à cette conjoncture.

La pénurie observée au niveau des produits d'importation n'a pas épargné le secteur énergétique. Les transports routiers et ferroviaires, les industries, tributaires d'énergie ressentirent considérablement la pénurie de combustibles et de carburants. La pénurie énergétique généra l'usage de plusieurs combustibles de substitution, notamment le charbon utilisé pour la marche des gazogènes. En 1941, la consommation de charbon a augmenté d'environ 1 000 t par mois, générant ainsi une déforestation à grande échelle[403]. La pénurie d'énergie dopa la recherche avec des essais, des tâtonnements, conceptions, imaginations, réussites et échecs.

Dans cette perspective, des essais furent menés avec l'usage de l'huile d'arachide comme carburant. Le procédé, mis au point par M. Volle et son mécanicien Fabre[404], concernait la transformation d'une huile brute d'arachide qui, raffinée et désacidifiée, fournissait 50 % de son poids en carburant, plus des coaltars propres à divers usages. Toutefois, les autorités responsables s'opposèrent à sa vulgarisation, arguant du fait que « quand la métropole

402 ANS, 2G 41/19.
403 Ibidem.
404 Paris – Dakar mercredi 11 février 1942.

manque d'huile de bouche, on ne va pas la donner aux moteurs »[405].Une autre tentative fut menée avec des tourteaux et coques d'arachide transformées en briquettes; mais l'inconvénient fut la fumée excessive qu'elles provoquaient, encrassant rapidement chaudières et machines, source d'interruptions prolongées. Somme toute, le problème énergétique resta entier. En réaction à la pénurie, l'administration recourut à des mesures autoritaires d'économie d'énergie : réduction au strict minimum de la circulation des voitures et des chemins de fer, interdiction de la circulation des voitures de tourisme, campagne de promotion des moyens hippomobiles dans la ville.

D- Fraude, marché noir et ravitaillement

La pénurie mit à rude épreuve la population dakaroise qui initia nombre de stratégies pour contourner les nouvelles dispositions réglementaires. La fraude et le ravitaillement clandestin rythmèrent le marché dakarois durant toute la guerre. En gros, les fraudes découlaient de l'imprécision avec laquelle étaient établis les permis d'achat. En fait, les quantités autorisées à l'achat étaient écrites en chiffres et plusieurs consommateurs modifiaient le bon d'achat sans rature ni surcharge et sans que le commerçant à qui il était destiné ne s'en aperçoive.

Avec la pénurie, c'était la montée des fraudes avec des modifications de tickets, maquillages, collages et recollages organisés par des trafiquants pratiquant en grand la falsification des coupons d'alimentation ou par des consommateurs pour augmenter leur ration. Par exemple, la falsification pouvait porter sur des tickets dont le nombre de rations est modifié par collage d'un demi ticket d'une autre denrée ; grâce à une telle subtilité, on pouvait recoller le chiffre 7 sur un autre coupon dont le montant de la ration était 6 pour le transformer en 67[406]. Par ce même procédé, un coupon 10 dont on a minutieusement recollé le chiffre 4 provenant d'un autre coupon pouvait être transformé en un coupon 104.

Pour y remédier, l'administration procéda à l'écriture en toutes lettres ainsi qu'en chiffres de la ration attribuée pour éviter toute confusion. Mais ces mesures furent contournées par les trafiquants qui procédèrent à des falsifications de tickets de Rufisque transformés en tickets de Dakar par collage de lettres. De tels procédés permettaient aux trafiquants de se présenter à nouveau avec une carte soit disant vierge et, ce faisant, s'approvisionner à plusieurs reprises.

Les commerçants n'étaient pas en reste et dans bien des cas, ils n'hésitèrent pas à gonfler les chiffres afin de justifier la vente et alimenter le

405 Ibidem.
406 ANS, FDDD, Dossier 56 : Service du contrôle des prix et stocks.

reste au marché noir. En 1945, les vols et pertes de titres d'alimentation atteignirent des proportions inquiétantes. Déclarations réelles pour les uns de bonne foi, fausses pour les autres, les coupons s'envolaient au gré du marché noir. L'instauration des cartes de priorité multiplia les abus et fraudes. En effet, les titulaires de ces cartes s'approvisionnaient à plusieurs reprise à défaut de les prêter à des amis. Dans cette atmosphère de pénurie généralisée, tout y joue : demandes de cartes accompagnées de certificats médicaux de complaisance, hommes de loi (gendarmes, policiers, douaniers) usant de l'uniforme et de leur fonction pour s'approvisionner en priorité dans le magasins, etc.

La pénurie occasionna la mise en place d'un important marché noir à Dakar. Dans les faits, l'acquisition de marchandises par les commerçants détaillants à des prix prohibitifs les poussait à vendre les denrées de première nécessité à des prix exorbitants, non sans exiger des suppléments illicites ou en faisant passer la marchandise au marché noir afin de pouvoir rentrer dans leurs fonds. Dans un contexte de pénurie généralisée, commerçants et trafiquants s'adonnèrent à des achats par intermédiaires avant de revendre les marchandises à des prix prohibitifs au lucratif marché noir. Le recours au marché noir restait la seule alternative pour se ravitailler malgré les prix élevés pratiqués.

Tableau 51 : Quantité et valeur des produits composant le minimum vital selon le lieu d'approvisionnement

Rubriques	QAR* (kg)	QAMP* (kg)	PDR* (Frs)	PDMP* (Frs)
Riz	3	4,5	33,0	112,5
Mil	0	15,0		150,0
Pain	4	0,5	40,0	10,0
Sucre	0,5	0,25	10,5	25,0
Huile	2,0	1,00	42,0	30,0
Savon	3	0,7	3,0	25,0
Viande, poisson Condiments			450,0	
Total			578,5	352,5

Source: ANS, K 325(26). NB QAR : quantités acquises au Service du rationnement ; QAMP : quantités acquises au marché parallèle ; PDR : prix denrées rationnées (consom. mensuelle) ; PDMP : prix denrées marché parallèle.

Des réseaux clandestins, avec des ramifications jusqu'à l'intérieur du Sénégal, ravitaillaient des commerçants, trafiquants par le biais de marchands ambulants. Mais le port et ses alentours constituaient le noyau principal du ravitaillement clandestin. Les marins, les douaniers et des employés n'étaient pas en reste. Les bars et cabarets, lieux de fréquentation des marins constituaient les endroits de prédilection des transactions qui s'intensifièrent avec l'arrivée des marchandises alliées consécutive au ralliement de l'AOF.

Les trafiquants, souvent des commerçants ou notables disposant d'une large surface financière acheminaient, après les transactions, les denrées et produits vers leurs domiciles où ils sont écoulés. La vente se déroulait nuitamment non sans prendre au préalable beaucoup de précautions et après des pourboires et des pots-de-vin versés aux rabatteurs et intermédiaires. Le ravitaillement clandestin avait étendu ses tentacules jusque dans les hôpitaux où certains employés, notamment les cuisiniers dissimulaient, la nuit aidant, des denrées destinées aux malades (surtout le lait) qu'ils écoulaient aux commerçants trafiquants ou aux consommateurs. Quant aux femmes restauratrices, elles s'investirent dans le ravitaillement clandestin grâce aux marchands ambulants souvent en provenance de l'hinterland sénégalais et aux commerçants levantins.

Les Libano - syriens profitèrent largement de la pénurie grâce à des prêts aux taux usuraires et des pratiques à la limite de la légalité. Dès que la situation s'y prêta, ils s'adonnèrent au lucratif marché noir. Ils payèrent les frais par de fortes amendes, des peines d'emprisonnement et des retraits de fonds de commerce. Plusieurs arrêtés portant fermeture de boutiques tenues par des Levantins furent pris à leur égard pour hausse illicite. Les sanctions atteindront leur paroxysme en 1943 quand deux commerçants libano - syriens écopèrent de sept ans, l'autre de quatre ans d'emprisonnement.

Pourtant, malgré les sanctions à l'encontre des trafiquants et des commerçants contrevenants, en dépit d'une kyrielle d'arrêtés, d'actes, de textes officiels dont il est permis de douter de l'efficacité, le marché noir et la tension des prix furent les dures réalités du marché dakarois depuis l'application des mesures de rationnement. En réaction à l'intensification de la fraude, *Clarté*, hebdomadaire du Parti Socialiste Sénégalais préconisa une augmentation raisonnable du taux des rations journalières de sorte que « le marché noir n'y gagnerait pas car il valait mieux se ravitailler au marché blanc, et non à ce marché noir si bien approvisionné de tout »[407].

---

407 *Clarté*, « Un mois de restrictions à Dakar », 7 juillet 1944.

E- Le réchauffement du front social en 1945 -1946

L'instauration du régime de Vichy à Dakar s'accompagna de la mise entre parenthèses de tous les droits syndicaux promulgués sous le Font Populaire par les lois des 11 et 20 mars 1937.[2] Les vannes politiques et syndicales ne furent rouvertes qu'après le passage de l'AOF dans le camp allié. Pourtant, autant qu'ils le purent, les travailleurs résistèrent contre la rigueur et les contraintes de la guerre et le coût de la vie.

Déjà, sous Vichy, les dockers du port de Dakar revendiquèrent des augmentations de salaires et débrayèrent le 6 mai 1940. Peu après, ils furent suivis par les vendeuses des marchés Kermel et Sandaga en protestation contre le contrôle excessif des prix et les tracasseries administratives, source de la chute de leurs revenus et bénéfices.[3] A la fin de la guerre, le coût de la vie fut l'équation centrale pour les travailleurs Dakarois. Selon une étude établie par l'Inspection du Travail, le coût normal de la vie des indigènes Dakarois s'établissait comme suit de 1938 à 1944 (dépenses annuelles en Frs).

Graphique 21 : Coût de la vie des indigènes Dakarois (1938-1944)

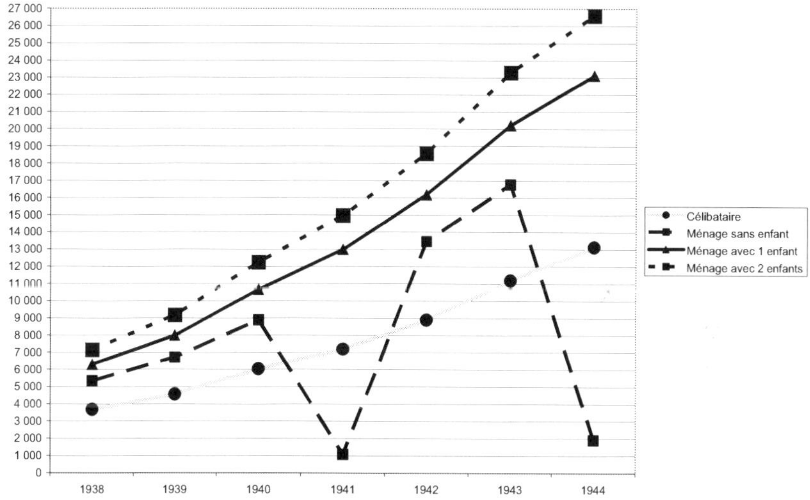

Source : ANS, 2G 44(19.)

Entre 1938 et 1944, le minimum vital ou plus précisément le coût normal de la vie avait augmenté globalement de 264 %. Cette augmentation a été de 258,43 % chez les célibataires, 259,75 % pour le ménage sans enfant, 267,39 % pour les ménages avec un enfant et 271,49 % pour les ménages avec deux enfants. Le réajustement des salaires le 1er mai 1943 ne put endiguer l'inflation et l'ascension vertigineuse du coût de la vie

Tableau 52 : Réajustement de salaires le 1er mai 1943

Hiérarchie	Solde au 16 juin 1940	Supplément provisoire de traitement	Solde au 1 mai 1940
Maître, ouvrier, calqueur ppl, écrivain principal			
Après 4 ans	14 000 F	8 000	22 000
Après 2 ans	13 000 F	8 000	21 000
Avant 2 ans	12 000 F	8 000	20 000

Source : *JO AOF,* 1943, arrêté 2 568 fixant les soldes annuelles des agents et des cadres locaux pour compter du 1er mai 1943.

Les augmentations, de 8 000 F pour chacune de ces trois catégories, représentent 57 % pour les cadres et agents ayant effectué 4 ans de service; 61,5 % pour ceux ayant deux ans d'ancienneté dans le travail et 66,6 % quand il s'agit d'agents n'ayant pas fait deux ans de service. En dépit de ces augmentations, l'ascension des prix entraîna derrière lui le train plus lent des salaires. Toute l'année 1945 fut rythmée par la présentation de plates - formes revendicatives et de cahiers de doléances. Le 3 décembre 1945, 2 800 dockers, métallurgistes et manœuvres du port donnèrent le ton en cessant toute activité durant cette période de traite. Le recours aux travailleurs de la deuxième portion du contingent ne réussit guère à combler le gap et l'administrateur de la Circonscription de Dakar fut obligé de procéder à un réajustement de 33 % du salaire minimum dans le port. La fin de la grève après cinq jours fut consacrée par une augmentation substantielle de la grille des salaires. L'ancienne grille, de 3 à 7,75 Frs l'heure fut élargie de 5 à plus de 20 F, alors que les dockers s'adjugent un salaire d'environ 7 Frs l'heure.

L'année 1946 débuta avec un mouvement de grève sans précédent[408]. Le 4 janvier 1946, le Syndicat des Employés du Commerce, d'Industrie et des Banques (EMCIBA) dirigé par Papa Jean Ka entama une grève immédiatement suivie par les ouvriers métallurgistes, les manœuvres et les employés du commerce de Dakar et de Rufisque. Les revendications, pour l'essentiel, étaient axées sur la demande d'un minimum vital africain identique à celui de l'Européen. La grève, coordonnée par l'Union des Syndicats Confédérés de Dakar (USCD) dirigé par Lamine Diallo se généralisa à partir du 14 janvier. Les

408 Guèye O, *La grève générale de 1946 au Sénégal*, Mémoire de maîtrise FLSH, Département d'Histoire UCAD 1990.

employés de bureaux, les manœuvres cessèrent toute activité, suivis des domestiques, des pêcheurs et des marchands de légumes qui boycottèrent le marché Kermel, lieu d'approvisionnement des Européens

La grève générale dura douze jours et ne prit fin qu'après des concessions des autorités coloniales. Les cadres communs secondaires et les cadres locaux obtinrent respectivement 50 et 25 % des taux d'indemnités des cadres généraux alors que l'USCD s'accorda sur un minimum vital de 7,40 F de l'heure. Pourtant, l'EMCIBA et les métallurgistes rejetèrent ces propositions et ne reprirent le travail respectivement que le 4 février et le 12 février. Ainsi, venait de prendre fin la grève générale (du 14 au 26 janvier 1946) et qui faisait partie d'une série de grèves de deux mois et demi et qui avait mobilisé environ 20 000 travailleurs Dakarois et Saint-Louisiens. Cette grève générale constitue une étape décisive dans le processus du mouvement d'émancipation au Sénégal.

CONCLUSION GÉNÉRALE

Le choix de la période allant de 1924 à 1945 est dicté par le fait que l'étude de cette séquence historique présente non seulement des enjeux théoriques et méthodologiques certains, mais elle révèle aussi la dimension sociale et politique liée à la gestion de la question du ravitaillement. La diversité des situations dicte et oriente la réaction des autorités coloniales qui devaient veiller à ce que les populations disposent tout au long de l'année des quantités de vivres nécessaires à leur subsistance. De cela, dépendent la paix intérieure et la stabilité du pouvoir colonial dans une ville stratégique comme Dakar.

De 1914 à 1930, le ravitaillement de la ville, une fois la crise de subsistance liée à la Grande Guerre dépassée est une donnée quotidienne et une question de routine à la limite. C'est une structure de la vie quotidienne. La source du ravitaillement dakarois est constituée par les terres proches, greniers d'accès faciles, prêtes à expédier vivres et bétail en direction de l'énorme « métropole ouest - africaine ». Dans les années trente, la grande dépression et la croissance démographique étalent la complexité et les nécessités de l'approvisionnement d'une ville au galop démographique rapide. Alors que les autorités et le patronat s'inquiétaient de la rareté et de la pénurie de main d'œuvre avant et pendant les années vingt, on découvre brusquement, qu'avec la crise économique, les estimations et les dénombrements administratifs font état de chiffres pléthoriques.

Dans les faits la crise économique rend massifs et définitifs des mouvements qui, jusqu'ici, se particularisaient par leur caractère limité et saisonnier. Dans cette perspective, la question du ravitaillement, aspect important de la vie matérielle, surgit brusquement et interpelle les autorités coloniales, les acteurs économiques et les populations locales. Durant cette période d'alerte, la pénurie guette. La réaction des autorités devient graduelle. Face à la saturation démographique, les services de sûreté et l'inspection du travail se chargent d'épurer la ville des flottants. On ferme les portes de la ville et on purge Dakar de ses bouches inutiles.

Pourtant, ni les amendes, ni les emprisonnements et interdictions de séjour, encore moins les lois contre l'hospitalité coutumière ou la concentration des flottants dans un caravansérail ne purent venir à bout de ce «fléau ». Les insuccès de ces mesures poussèrent l'administration à avoir une nouvelle approche et une nouvelle politique en utilisant ces bras désœuvrés dans le domaine agricole afin de développer la production locale.

C'est pendant la deuxième guerre mondiale que le péril s'aggrave avec la pénurie du ravitaillement. En réalité, l'économie coloniale, déjà éprouvée par la grande dépression des années trente, se trouva confrontée à de nouvelles difficultés dont les signes les plus visibles furent la raréfaction des produits importés et une baisse de la consommation. Autant que faire se peut, l'administration s'efforça de tenir en main le ravitaillement. Elle dut écarter les initiatives privées trop libres et créer un monopole du ravitaillement à son propre bénéfice, ou plutôt à celui des grandes firmes commerciales à son service et de la population européenne.

Devant la pénurie et la famine menaçante, les autorités prirent des mesures énergiques, souvent autoritaires (réquisitions massives, rationnement,...). Ces mesures s'accompagnèrent d'une politique d'abandon et d'exclusion des plus faibles exposés à la sous-alimentation, à la malnutrition et aux maladies. Dans ces conditions, la peste, une habituée de la ville pendant ce demi-siècle, rebondit et se diffusa au galop.

De surcroît, la contagion fut facilitée par l'insalubrité où la maladie sommeillait avant d'exploser au beau jour. Ainsi, toute la guerre durant, les maladies frappent par cortèges, ravageant ainsi la ville et laissant des vides humains dans les quartiers indigènes. En vérité, les épidémies ne s'aggravent qu'en période de difficultés matérielles et alimentaires. En définitive, la crise biologique pendant la guerre était liée aux conditions alimentaires nouvelles. Toute la période durant, le tableau dressé par la ville ne fut guère reluisant : pénurie, flambée des prix, malnutrition et sous-alimentation chronique accompagnées de violentes épidémies durement ressenties par les catégories sociales les plus faibles

La situation alimentaire fut d'autant plus préoccupante que la pénurie se prolongea bien au-delà du second conflit mondial. Le prolongement de la pénurie, imputable à l'accroissement des charges des puissances alliés, principaux fournisseurs, après la libération des pays anciennement occupés, est notifié par la circulaire du gouverneur général en date du 14 mars 1947 relative au maintien des mesures de rationnement. La circulaire souligne qu'il « convient donc d'être plus circonspect et de maintenir le "statu quo" en attendant une amélioration du ravitaillement qu'il n'est guère possible d'envisager prochaine en raison de la situation difficile dans laquelle nous nous trouvons par suite du déficit mondial des produits alimentaires »[409].

Dans tous les cas, le nationalisme et le mouvement ouvrier ont été largement favorisés par la nouvelle conjoncture issue de la guerre. En vérité, la « sociologie de Brazzaville » fondée sur les deux catégories que sont le paysan et l'évolué n'était plus de saison. L'accélération du processus d'industrialisation avec la guerre et l'augmentation du coût de la vie de 270 % entre 1938 et 1944 va créer les conditions de l'essor d'un prolétariat urbain qui allait marquer la conjoncture d'après-guerre. Dès la fin de 1945, débute une série de grèves qui atteindra son paroxysme avec la grève générale déclenchée à partir du 14 janvier 1946 pendant douze jours. Un an et demi plus tard, allait débuter la célèbre grève des cheminots du 10 octobre 1947 au 19 mars 1948.

---

409 ANS FDD Dossier 107 bis.

Ces grèves vont modifier la politique coloniale de l'après-guerre et l'État colonial fut obligé de prendre en compte la classe des prolétaires et de renoncer à la politique de gel et de blocage des salaires devenue caduque. D'ailleurs, la politique d'après-guerre fut profondément marquée par le programme du FIDES. Ainsi, entre 1947 et 1957, dans la répartition des crédits, Dakar émarge pour 7,5 milliards. Ce qui témoigna de l'importance toujours grandissante de cette localité dans le dispositif colonial français. De 1945 à 1954, 57 nouvelles unités industrielles de transformation seront implantées à dans la capitale fédérale.

La présence étude est révélatrice de la nature des relations de la ville avec son hinterland à travers le problème du ravitaillement dans un contexte colonial. Dakar, ouverte sur les campagnes, puise d'abord dans les greniers situés à ses portes. Elle met en évidence le contraste entre les villes, Dakar en particulier, bien approvisionnées et les campagnes supposées se suffire à elles-mêmes et pourtant frappées par la disette. Ce qui creuse ainsi, durant la guerre, le fossé entre la capitale de l'AOF mieux ravitaillée et les autres colonies où la famine sévit.. Témoin, ce télégramme du gouverneur de la Mauritanie qui nous apprend la mort de 70 personnes entre le 15 décembre 1942 et le 2 janvier 1942[410].

Par ailleurs, la présente étude nous offre l'exemple d'une ville dont l'économie est largement articulée au marché mondial. L'administration coloniale, jadis partisane d'une ouverture tout azimut de Dakar vers l'extérieur pour ses approvisionnements, se recroqueville dans l'espace colonial, développant du coup, avec les populations, des initiatives locales et des stratégies d'adaptation à la pénurie. En effet, l'occupation de la métropole, l'insécurité des océans du fait du blocus des Alliés et l'isolement des colonies dans le cocon de l'économie impériale sont autant de facteurs qui ont rendu, sinon impossible, du moins hypothétique la suppléance du marché mondial.

Au total, l'étude du ravitaillement de Dakar de 1942 à 1945 éclaire, dans sa globalité, les conditions d'approvisionnement, les transformations des modes de consommation alimentaires, les problèmes démographiques, sanitaires et sociaux de la ville. Elle ouvre dès lors des perspectives sur les questions de subsistance, aspect important de la vie matérielle, rarement abordées par l'historiographie africaine. D'autre part, le ravitaillement de Dakar est un moyen d'approche du Dakarois En effet, que l'homme, en milieu africain, soit assimilé à ce qu'il mange, la sagesse des proverbes le prouverait à elle seule : « la seule chose qui m'appartient, dit l'adage, c'est ce que je mange »[411].

---

410 ANS 17G 10/1 Notes et renseignements sur les conditions de vie des indigènes, 1943-1945.

411 Proverbe africain

Avec cette étude, nous espérons vivement combler un vide tout en dégageant de nouvelles pistes de recherche en histoire économique et sociale africaine en général, dakaroise en particulier.

ANNEXES

ANNEXE 1

Arrêté du Gouverneur Général de l'AOF règlementant le ravitaillement pendant la deuxième guerre mondiale

M°B/M.

-ARRETE N°2774/SE DU 7 AOUT 1942-

COPIE

LE GOUVERNEUR GENERAL, HAUT-COMMISSAIRE DE L'AFRIQUE FRANCAISE, COMMANDEUR DE LA LEGION D'HONNEUR,

VU, le décret du 18 Octobre 1904, réorganisant le Gouvernement général de l'Afrique Occidentale Française et l actes modificatifs subséquents;

VU, le décret du 25 Juin 1940, portant création du Haut-Commissariat de l'Afrique Française;

VU, le décret du 2 Janvier 1920, fixant le mode de promulgation et de publication des textes règlementaires en Afrique Occidentale Française;

VU, le décret du 2 Mai 1939, modifié par décret du 12 Janvier 1942, fixant les conditions d'application aux Col nies de la Loi du 11 Juillet 1938 sur l'organisation de la N tion en temps de guerre;

VU, l'arrêté général du 15 Septembre 1939, portant délégation de pouvoir aux Chefs de Colonie;

VU, la Loi du 14 Mars 1942, promulguée en Afrique Occidentale Française par arrêté général du 11 Mai 1942 codi fiant dans les Territoires relevant du Secrétariat d'Etat au Colonies : 1° la règlementation de l'importation, de l'expor tation, de la détention, de l'utilisation, de la mise en ven te de tous produits, matières, objets nécessaires aux besoin de ces Territoires; 2° la règlementation des prix;

La Commission permanente du Conseil de Gouverneme entendue;

-ARRETE-

TITRE PREMIER

-Déclaration des Stocks-

Article premier.- Est rendue obligatoire en Afriqu Occidentale Française la déclaration mensuelle des stocks de marchandises énumérées du tableau A de l'annexe I.-

Cette déclaration à laquelle sont astreints tous de tenteurs de plus de 20 kilos, 20 litres ou 20 paquets de ch cun des produits repris par le tableau A doit être établie e deux exemplaires. Elle est envoyée le premier de chaque mois et suivant le cas soit au chef de subdivision, soit au comma dant de cercle, soit à l'administrateur-maire. Ceux-ci conservent un exemplaire et transmettent l'autre au Gouverneme local.-

Ces transmissions sont faites, au plus tard, dans les cinq premiers jours du mois. Le Gouvernement local fait parvenir au plus tard le 20 de chaque mois, au besoin par vo télégraphique, le résultat global des déclarations par espèces.-

ARTICLE 2.- Les déclarations mensuelles (tableau A de l'annexe ..../.

doivent comporter obligatoirement :

1º)- La liste des marchandises détenues effectivement par le déclarant avec l'indication exacte du lieu de dépôt (il n'est pas nécessaire de reproduire toute la nomenclature du tableau A mais uniquement les produits ou objets réellement en stocks).-

Il doit être fait autant de déclarations qu'il y a de dépôts distincts;

2º)- Le total des sorties (exprimé suivant le cas en kilogrammes, litres ou paquets), effectuées au cours du mois considéré par ventes, réquisitions, transferts autorisés, etc... en face de chaque article.-

Les sorties doivent être intégralement justifiées par la présentation des tickets ou bons d'achat prévus aux articles suivants duprésent arrêté, des ordres de réquisitions, des autorisations de vente ou de transfert, etc...

Ces justifications sont à annexer aux déclarations mensuelles; les fonctionnaires désignés à l'article 1er ci-dessus, devront les conserver pendant six mois, pour les mettre, le cas échéant, à la disposition des brigades de contrôle, qui en feront la demande;

3º)- Les augmentations de stocks, avec indication de leur cause (importation directe, achats, transfets autorisés, fabrication, etc...) en face de chaque article. Pour les achats locaux l'adresse du fournisseur doit être indiquée.-

Les déclarations doivent être signées, dans chaque centre, par le détenteur responsable et quand il s'agit de sociétés, par le Directeur ou l'agent général dans le lieu de sa résidence et par l'agent chef de comptoir dans les autres localités.-

ARTICLE 3.- S'appliquent de plus aux approvisionnements des commerçants les dispositions particulières ci-après:

a)- Par stocks, il faut entendre les marchandises détenues par les commerçants en dépôt en entrepôt de douanes, dans les ports ou dans les gares ou en cours de transport à l'intérieur de la Fédération.-

Toutefois, les marchandises dans les ports, n'ayant pas encore été déclarées en douane, ne sont pas à comprendre dans les stocks. Elles doivent par contre y figurer dès qu'elles ont été déclarées même si elles sont placées en entrepôt fictif ou réel.-

b)- Les transitaires et commissionnaires sont tenus de déclarer les marchandises qu'ils détiennent au nom et pour le compte de leurs destinataires. La livraison de ces marchandises doit être précédée de la remise au Service de Contrôle des stocks d'une déclaration de transfert.-

c)- Les détenteurs de stocks tiennent sur un registre spécial, par chaque lieu de dépôt et pour chaque marchandise rationnée ou contingentée un compte indiquant:

1º Les stocks au jour de l'ouverture du compte ;
2º Les entrées inscrites sur la page de droite du registre

3º)- Les sorties inscrites sur la page de droite d registre de compte;

Pour les entrées, le registre indiquera leur origine (importation, achats sur place avec adresse du vendeur; transport avec indication du lieu de provenance, etc...).-

Pour les sorties, en gros ou demi-gros, le registre indiquera la date, le nom et l'adrèsse du destinataire, le moyen de transport utilisé.-

Pour les ventes au détail, les diminutions doivent être justifiées, sur simple demande, par la présentation de tickets ou bons d'achat.-

Pour permettre un contrôle des stocks aucun déplacement de marchandises ne sera commencé avant inscription de l'opération au registre de magasin tant à l'arrivée qu'au départ.-

Les comptes de magasin sont tenus en unités du système métrique suivant les indications reprises à la colonne 2 de la déclaration des stocks (tableau D) de l'annexe I.-

-.TITRE II.-

Règles générales applicables aux cessions en gros et demi-gr -.et tranzferts de stocks.-

ARTICLE 4.- En principe les mouvements de stocks d marchandises reprises à l'annexe I (achat, vente, remise à titre gratuit, transferts de stocks, etc...) ne seront autor sés qu'à l'intérieur d'un même secteur de répartition. Chaqu Colonie ou Territoire constitue un secteur de répartition. L Gouvernement de chaque Colonie est Chef de secteur de répartition, il peut déléguer ses fonctions à un fonctionnaire de son choix.-

Toutefois en ce qui concerne la Mauritanie tout ou partie des stocks pourront être constitués dans les escales du Sénégal et du Soudan, centres habituels de ravitaillement de cette Colonie. Ces stocks seront suivis pour le compte de la Mauritanie, par les Chefs de secteur de répartition au Sénégal et du Soudan.-

ARTICLE 5.- Les Chefs de secteur de répartition disposent des stocks dans leur secteur. Ils sont responsables d leur gestion.-

Ils peuvent bloquer tout ou partie des stocks, interdire ou prescrire toutes opérations les concernant, vente transferts, etc... Ils peuvent recourir à la réquisition pou réaliser ces ~~xxxxxxx~~ opérations. Toutefois, les ventes en gros ou demi-gros restent autorisées entre commerçants patentés, se livrant habituellement à la vente des marchandises considérées sous les réserves suivantes :

1º)- Ces ventes n'entraîneront en aucun cas la mis à la disposition directeur du consommateur d'une quantité quelconque de marchandises reprises à l'annexe I;

2º)- Le Chef de secteur de répartition sera avisé sans délai de la vente conclue;

3º)- Son autorisation expresse sera nécessaire, si la vente entraîne transfert de stocks d'un lieu à un autre du secteur. Elle peut être demandée et obtenue par la voie télégraphique.-

ARTICLE 6.- Le Gouverneur Général, Haut-Commissaire de l'Afrique Française, peut soit d'office, soit à la demande d'un Chef de secteur de répartition, autoriser ou ordonner tous mouvements: ventes, transferts, etc... d'un secteur à un autre ou prescrire dans un secteur déterminé le blocage de tout ou partie du stock.-

-.TITRE III.-

-Produits rationnés et contingentés-

ARTICLE 7.- Les marchandises suivantes font l'objet, dans les Territoires du Haut-Commissariat, des mesures de rationnement prévues ci-après :

- -Farine de froment;
- -Pain;
- -Riz, maïs, mil, semoules d'orge, de blé, de maïs farine de maïs, biscuits;
- -Sucres;
- -Vins;
- -Laits conservés et farines lactées;
- -Savon;
- -Bougies.

L'huile alimentaire est par ailleurs soumise à une réglementation spéciale.-

A)- RATIONNEMENT DANS LES COMMUNES COMMUNES -
-.MIXTES OU CENTRES IMPORTANTS.-

ARTICLE 8.- Dans les communes, communes-mixtes ou autres centres, désignés par arrêté des Gouverneurs, les marchandises énumérées à l'article 7 seront remises aux consommateurs contre des tickets détachés de cartes de consommation ou contre des bons d'achat collectifs.-

Toutefois dans les mêmes communes, communes-mixtes ou centres les Gouverneurs ou Chefs de Territoire peuvent, compte tenus des habitudes locales, décider par arrêté l'application à une partie de la population, du régime du bon d'achat prévu à l'article 28.-

-CARTES DE CONSOMMATION-

ARTICLE 9.- La carte de consommation peut être familiale ou personnelle.-

La carte familiale est réservée, sauf dérogation consentie par les autorités locales à titre tout à fait exceptionnel, aux populations autochtones et aux personnes qui vivent habituellement de la même manière.-

Le reste de la population reçoit des cartes individuelles.-

ARTICLE 10.- La carte familiale est valable pour le chef de famille, son ou ses épouses, ses enfants.

Elle est délivrée au chef de famille sur présentation des justifications régulières quant à la constitution de sa famille et au paiement des impôts.-

Les feuilles d'impôts sont annotées lors de la délivrance des cartes.-

La carte de consommation familiale doit indique le nom du chef de famille, le nombre des épouses et le nombre des enfants.-

Elle porte un numéro d'ordre.-

ARTICLE II.- La carte individuelle indique le nom du titulaire, sa résidence, son âge, son sexe et la nature de son travail. Elle porte un numéro d'ordre et comporte délivrance d'une feuille de coupons.-

ARTICLE I2.- Les naissances, les mariages, les décès et d'une manière générale tous les changements survenant dans la composition de la famille des titulaires de cartes familiales doivent être notifiés immédiatement aux autorités chargées de la délivrance des cartes.-

La carte individuelle doit être remise immédiatement aux autorités locale en cas de décès du titulaire.-

-DISPOSITIONS SPECIALES AUX VOYAGEURS-

ARTICLE I3.- Toute personne arrivant d'un Territoire ne dépendant pas du Haut-Commissariat de l'Afrique Française soit par mer, soit par voie aérienne ou transsaharienne reçoit au Bureau des Douanes d'arrivée pour les produits ci-dessous énumérés un certain nombre de tickets correspondant à ses besoins pour un mois sur la base des rations admises et dans les conditions de délivrance déterminées par le présent arrêté :

- -1º- Pain;
- -2º- Vin;
- -3º- Sucre;
- -4º- Lait de conserve;
- -5º- Savon;
- -6º- Huile alimentaire.-

Les tickets sont délivrés sur présentation du passeport, du sauf-conduit, de l'ordre de transport ou livret de solde; ces pièces sont annotées en conséquence.

Dès son arrivée au lieu de sa résidence définitive le voyageur doit demander une carte de consommation régulière.-

Au cas où le voyage entrepris durerait plus d'un mois des tickets supplémentaires seraient accordés par les autorités locales des lieux de passage sur justifications et pour une nouvelle période d'un mois.-

A l'arrivée à destination, l'intéressé reçoit le nombre de tickets correspondant strictement aux rations auxquelles il a droit jusqu'au plus proche renouvellement général des feuilles de tickets.-

ARTICLE I4.- Les personnes qui quittent le Territoire du Haut-Commissariat doivent au préalable remettre les cartes au Service qui sera désigné dans chaque por

Avec chaque carte doivent être remis, sous peine des pénalités prévues à l'article 43 tous les tickets correspondant à la période restant à courir.-

Les Compagnies de Navigation maritimes ou aériennes et de Transports Transsahariens ne doivent délivrer de billets de passage, individuel ou collectif, que sur présentation d'un certificat délivré par le Service compétent et attestant que les intéressés sont en règle.-

Pour permettre un contrôle efficace, les Compagnies de Transports désignées ci-dessus doivent, après chaque départ, adresser au Service du Contrôle la liste des passagers embarqués.-

Toutefois les personnes quittant la Colonie pour une période inférieure à un mois pourront déposer leur carte et tickets au Service chargé du contrôle des voyageurs.-

La même carte leur sera remise au retour après prélèvement des tickets correspondant à la durée de leur absence.-

ARTICLE 15.- Il ne sera pas délivré de cartes de consommation :

Aux militaires et assimilés des Armées de Terre de Mer et de l'Air; aux marins et personnel de la Marine marchande lorsqu'ils reçoivent leur nourriture des ordinaires, d'une administration militaire ou du bateau sur lequel ils travaillent;

Pourront obtenir une carte les militaires et marins présentant une attestation de leur chef de corps ou de leur commandant de bord certifiant qu'ils ne sont pas nourris.-

ARTICLE 16.- Les cartes de consommation ne peuvent être ni prêtées, ni cédées à titre gratuit ou onéreux.-

-T I C K E T S-

ARTICLE 17.- Sur présentation des cartes individuelles ou familiales, il est fait remise de feuilles de tickets pour les différents produits repris à l'article 7. Ces feuilles sont établies conformément aux modèles joints, leur couleur diffère suivant qu'il s'agit de feuilles destinées à être annexées à des cartes individuelles ou familiales.-

La feuille de tickets est valable un an pour le savon, le sucre.

Elle est valable un mois pour les autres produits rationnés.-

Toutefois pour faciliter les distributions, le consommateur peut recevoir en même temps les feuilles de tickets pour un trimestre.-

ARTICLE 18.- Les tickets sont valables dans tout le Territoire du Haut-Commissariat.-

Ils ne peuvent être utilisés que pendant le mois dont ils portent la référence.-

Aucune denrée énumérée à l'article 7 ne peut être remise par les commerçants si les tickets y donnant droit ne sont pas présentés encore attachés à leur feuille. En cas d'infraction à cette disposition, les commerçants sont passibles des mêmes peines que les consommateurs. Ils doivent s'assurer que les feuilles de tickets qui leur sont présentées portent bien le même numéro que la carte de consommation.-

Les tickets reçus par les commerçants sont remis par eux aux autorités compétentes en même temps que les déclarations mensuelles de stocks.-

Ces tickets doivent être collés par catégories sur des feuilles de papier. Pour faciliter le contrôle chaque feuille doit comporter 100 tickets au maximum.-

Tout ticket non remis dans les délais ne peut servir à la justification des stocks, ni donner lieu à remplacement de marchandises.-

-DISPOSITIONS PARTICULIERES AUX CARTES INDIVIDUELLES-

-DISPOSITION PARTICULIERE A CHAQUE PRODUIT-

ARTICLE 19.- Pour les titulaires de cartes individuelles, les rations sont, pour toutes les Colonies et Territoires du Haut-Commissariat de l'Afrique Française, fixées ainsi qu'il suit :

_1º-PAIN :

-pour les enfants jusqu'à 1 an : pas de ration;
-pour les enfants de 1 à 13 ans: 250 grammes par jour;
-pour les enfants de plus de 13 ans jusqu'à 20 ans : 250 grammes par jour;
-pour les adultes à partir de 20 ans : 250 grs par jour;
-pour les femmes enceintes, pour les femmes nourrices et travailleurs de force : 400 grammes par jour.-

-2º-FARINE : Par personne et par mois : 1 kg.500.grs.

Toutefois, les titulaires de cartes individuelles résidant en dehors des centres pourvus d'une boulangerie u effectuant des tournées en brousse pourront obtenir de la farine en échange des rations de pain pour les poids indiqué au paragraphe 1º ci-dessus diminué de 10 %.-

-3º-SUCRE : Par personne et par mois : 750 grammes.-

-4º- VIN :

-pour les travailleurs de force : 1 litre par jour;
-pour les hommes (au-dessus de 13 ans) : o 1.50 par jour;
-pour les femme (au-dessus de 13 ans) : o 1.30 par jour;
-pour les enfants de 7 à 13 ans : 1.20 par jour.-

-5º- SAVON: Par personne et par mois : 1 kg.500.-

ARTICLE 20.- Les Gouverneur fixeront par arrêté, compte tenu des ressources et stocks locaux, les taux des rations mensuelles de riz et de bougies. En aucun cas, la ration mensuelle de riz ne pourra être supérieure à 1 kilogramme par carte individuelle.-

-DISPOSITIONS SPECIALES POUR LES LAITS ET FARINES-
-LOCALES-

ARTICLE 21.- Les feuilles de tickets pour le lait conservé ou la farine lactée ne sont délivrées que sur présentation des pièces justificatives suivantes : livret de famille, ou extrait de naissance, certificat de vie et de présence à la Colonie pour les enfants de 1 à 7 ans, certificats médicaux pour les malades, pour les nourrissons et pour les enfants de plus de 7 ans.-

ARTICLE 22.- Le Gouverneur Général, Haut-Commissaire pourra accorder des autorisations exceptionnelles de vente des stocks menacés de détérioration.-

L'état du stock sera déterminé par un rapport du Chef du Service des Fraudes ou, à défaut de tout autre agent désigné par le Gouverneur, Chef de Territoire.

ARTICLE 23.- Le lait concentré sucré est en principe réservé aux nourrissons jusqu'à 12 mois inclusivement.-

Le lait concentré non sucré et le lait stérilisé sont réservés, à défaut de lait frais local aux enfants jusqu'à 7 ans et aux malades. La farine lactée est délivrée sur prescription médicale.-

ARTICLE 24.- Les certificats médicaux établis en application des dispositions de l'article 24 devront être déposés au Service des Cartes.-

Ils sont libellés de la façon suivante :

a) Pour les enfants au-dessus de 7 ans et les malades :
-1º- Age;
-2º- Diagnostic détaillé justifiant la prescription du lait;
-3º- Quantité de lait prescrite;
-4º- Durée de la prescription (15 jours au maximum pour les affections aiguës, 1 mois pour les chroniques).-

b) Pour les nourrissons jusqu'à 1 an :

-1º- Age;
-2º- Allaitement mixte ou allaitement artificiel complet;
-3º- Quantité de lait prescrite;
-4º- Durée de la prescription (1 mois).-

ARTICLE 25.- Ces certificat seront délivrés ou visés par les médecins fonctionnaires ou militaires habilités à cet effet par les Gouverneurs ou Chefs de Territoire.-

Les quantités allouées aux enfants seront fixées suivant les chiffres maximums du barème ci-après :

........../..

a)- Nourrissons: Lait concentré sucré :

1º & 2º mois.......................:	12 boîtes par mois.-
3º & 4º mois.......................:	15 boîtes par mois.-
5º à 7º mois.......................:	19 boîtes par mois.-
8º à 12º mois.......................:	20 boîtes par mois.-

b)- Enfants au-dessus d'un an :

-LAIT STERILISE-

12 à 15 mois.......................:	22 boîtes par mois.-
15 à 18 mois.......................:	16 boîtes par mois.-
18 mois à 2 ans.......................:	12 boîtes par mois.-
2 ans à 3 ans.......................:	10 boîtes par mois.-
3 ans à 5 ans.......................:	8 boîtes par mois.-
5 ans à 7 ans.......................:	6 boîtes par mois.-

-LAIT CONCENTRE NON SUCRE-

12 à 15 mois.......................:	11 boîtes par mois.-
15 à 18 mois.......................:	8 boîtes par mois.-
18 mois à 2 ans.......................:	6 boîtes par mois.-
2 ans à 3 ans.......................:	5 boîtes par mois.-
3 ans à 5 ans.......................:	4 boîtes par mois.-
5 ans à 7 ans.......................:	3 boîtes par mois.-

-DISPOSITIONS PARTICULIERES AUX CARTES INDIVIDUELLES
-POUR TRAVAILLEURS DE FORCE-

ARTICLE 26.- La carte de travailleurs de force donn droit à la ration forte de pain et de vin n'est accordée qu'aux personnes se livrant à des travaux manuels pénibles.

La liste de métiers et travaux donnant droit à cett carte sera fixée et complétée par décision du Gouverneur Général.-

Les autorités locales pourront accorder à titre pro soire des cartes de ce type à des travailleurs n'exerçant p un métier déjà classé.-

Pour permettre de réaliser l'unité de règlementatio elles rendront compte des métiers ainsi admis.-

Individuellement, les intéressés devront justifier, par un certificat de leur employeur, appartenir à une des c tégories pouvant bénéficier de la carte de travailleur de force.-

-b)-DISPOSITIONS PARTICULIERES AUX CARTES FAMILIALES

ARTICLE 27.- Le montant des rations à accorder aux titulaires de cartes familiales est fixé dans chaque Colonie ou Territoire du Haut-Commissariat par arrêté du Gouverneur Chef de Colonie ou Territoire.-

Toutefois, et sauf pour le riz, le taux des rations ne peut en aucun cas être supérieur à celui qui résulte des dispositions des articles 19 et suivants.-

Les titulaires de cartes familiales ne reçoivent pa de ration de vin.-

Pour le riz, les semoules, le maïs en graines ou en farine, le mil, les biscuits et autres produits destinés plus spécialement à la nourriture des autochtones les Gouverneurs ou Chefs de Territoire fixent par arrêté local le taux des rations et les conditions de rationnement/.

B)- RATIONNEMENT DANS LES LOCALITES AUTRES QUE COMMUNES, COMMUNES-MIXTES OU CENTRES DESIGNES PAR ARRETE DES GOUVERNEURS-

ARTICLE 28.- Pour toutes les personnes non titulaires d'une carte individuelle ou familiale, la délivrance des marchandises rationnées peut être subordonnée à la présentation de bons d'achat délivrés mensuellement par le commandant de cercle ou de subdivision dans la limite de contingent fixés périodiquement par le Gouverneur Chef de Secteur.-

Le montant de ces contingents ne peut en aucun cas dépasser le chiffre de la consommation actuelle.-

Les bons d'achat peuvent être collectifs ou individuels.-

Les bons d'achat collectifs sont délivrés aux chefs de de communautés indigènes à charge par eux d'assurer la répartition des denrées entre leurs administrés.-

Sur les bases indiquées ci-dessus des arrêtés locaux fixeront les modalités de répartition dans chaque Colonie ou Territoire du Haut-Commissariat.-

ARTICLE 29.- Les commandants de cercle ou de subdivision remettent aux personnes non titulaires de cartes de consommation et partant en voyage des bons, dits de déplacement, conformes au modèle joint, détachés d'un registre à souche, valables pour la durée du voyage et au maximum pour un mois.-

Ces bons de déplacement sont utilisables dans tous les territoires du Haut-Commissariat.-

Les commandants de cercle déduisent automatiquement du contingent qui leur est alloué pour un mois le total, pour chaque produit des bons de déplacement délivrés au cours du mois précédent.-

A leur expiration ces bons peuvent être renouvelés pour une période de 15 jours par l'autorité locale du lieu où se trouvent leurs titulaires.-

+

+ +

SATISFACTION DES BESOINS COLLECTIFS-

ARTICLE 30.- Pour la satisfaction des besoins collectifs, l'achat des marchandises rationnées est subordonné à la présentation de bons spéciaux délivrés par les autorités locales compétentes.-

Le montant de ces bons spéciaux ne peut en aucun cas être supérieur au montant des tickets remis, pour chaque produit, par les intéressés, pour justifier de la consommation du mois antérieur.-

Pour les hôpitaux, infirmeries, maternités et établ sements similaires les bons sont délivrés sur demande du Ch de l'établissement.-

Celui-ci joint à l'appui de sa demande, les tickets recueillis au cours du mois écoulé.-

-PRODUITS CONTINGENTES MAIS NON RATIONNES-

ARTICLE 31.- Les marchandises énumérées ci-dessous sont pas rationnées et peuvent de ce fait être délivrées sa tickets; leur consommation est cependant contingentée et limitée aux seules ressources du moment :

-Viandes salées ou préparées, d'importation (charcuterie, jambon, lard, etc...);
-Conserves de viandes et de poissons d'importation;
-Pâtes alimentaires d'importation;
-Pommes de terre d'importation;
-Légumes secs d'importation;
-Légumes frais d'importation;
-Fromage d'importation;
-Légumes conservés d'importation.-

ARTICLE 32.- L'importation et la répartition de ces marchandises, soumises au contrôle des stocks, donnent lieu aux formalités suivantes :

1º- Le contingent global est réparti entre les Colonies par le Gouvernement général (Direction des Services économiques) avis pris du Délégué général du Groupement professionnel du Commerce;

2º- Le contingent de chaque Colonie est réparti entre les distributeurs par le Gouverneur, Chef du secteur de répartition, avis pris du Délégué permanent du Groupement professionnel du Commerce.-

ARTICLE 33.- Ces répartitions s'effectuent sur document et sont communiquées au Service des Douanes du lieu d'importation qui débloque les marchandises sur justificati de l'expédition pour les Colonies et les localités prescrit

ARTICLE 34.- Sauf pour les envois n'ayant pas un caractère commercial les céréales réservées à l'alimentation des autochtones et provenant d'un Territoire de la Fédérati autre que celui où elles sont utilisées ne peuvent être mis à la consommation qu'après prise en charge par le Service d Stocks.-

-DISPOSITIONS PARTICULIERES-

ARTICLE 35.- Afin d'éviter les "files d'attente" et assurer une répartition équitable des marchandises rationné ou contingentées, les Gouverneurs Chefs de secteur peuvent décider par arrêté l'inscription obligatoire des consommateurs dans un magasin de leur choix.-

Chaque directeur, agent, agent général doit fournir aux commandants de cercle, administrateurs-maires ou maires la liste nominative des clients inscrits dans chacun de ses magasins.-

.........../..

Lorsque pour un produit contingenté à l'importation, l'inscription est rendue obligatoire, les importateurs en gros sont tenus de répartir les quantités reçues entre les détaillants au prorata du nombre de consommateurs inscrits chez chacun d'eux.-

-PATISSERIE - GATEAUX et CONFISERIE-

ARTICLE 36.- L'exposition et la vente des gâteaux, gisouits, pâtés en croûte, pâtisseries diverses européennes et indigènes et la consommation des mêmes produits dans les hôtels, cafés, restaurants et autres établissements ouverts au public sont interdites au moins trois jours par semaine.-

La vente de la confiserie est interdite les mêmes jours.

Des arrêtés locaux fixeront les conditions d'application de cette interdiction.-

-CONSOMMATION DE LA VIANDE-

ARTICLE 37.- L'exposition, la vente ou la mise en vente de la viande fraîche, réfrigérée, congelée, salée, préparée ou en conserve est interdite au moins deux jours consécutifs de chaque semaine.-

ARTICLE 38.- Il est également interdit de faire figurer les mêmes jours la viande ou les plats en contenant sous quelque forme et dans quelque proportion que ce soit dans les établissements ouverts au public, notamment les hôtels, pensions, restaurants, buffets, wagons-restaurants, cercles, cafés, cafés-brasseries, cantines, buvettes, bars, maisons de thé.-

ARTICLE 39.- Sont considérées comme viande pour l'application des articles précédents, les viandes de boeuf, de veau, de mouton, de chèvre, de cheval, de porc.-

ARTICLE 40.- Les boucheries, les charcuteries et les rayons de tous les établissements où il est vendu des viande fraîches, réfrigérées, salées, congelées, préparées ou en conserve, seront fermés pendant la même période ainsi que le pavillons de détail et places des halles, foires et marchés où la viande est débitée.-

ARTICLE 41.- Les dérogations aux dispositions de l'article 37 pourront être accordées par les Gouverneurs ou Chef de Territoire pour le ravitaillement des troupes et des navires.-

ARTICLE 42.- Des arrêtés locaux fixeront les modalités d'application des mesures prescrites aux articles 37 et 41 ci-dessus.-

-TITRE IV.-

-P E N A L I T E S-

ARTICLE 43.- Les infractions au présent arrêté sont passibles, conformément aux dispositions de l'article IO du décret du 2 mai 1939, des peines prévues à l'article 6 de la loi du 11 Juillet 1938 en ce qui concerne la déclaration des stocks et pour le reste des peines prévues par la loi du 14 mars 1942.-

ARTICLE 44.-

ARTICLE 44.- Les Gouverneurs des Colonies, l'Administrateur de la Circonscription de Dakar et Dépendances et le Commissaire de France au Togo sont chargés, chacun en ce qui le concerne, de l'exécution du présent arrêté qui sera enregistré, publié et communiqué partout où besoin sera./.

DAKAR, le 8 AOUT 1942.-

-.P. BOISSON.-

ANNEXE 2

Carte individuelle d'alimentation pendant la deuxième guerre mondiale

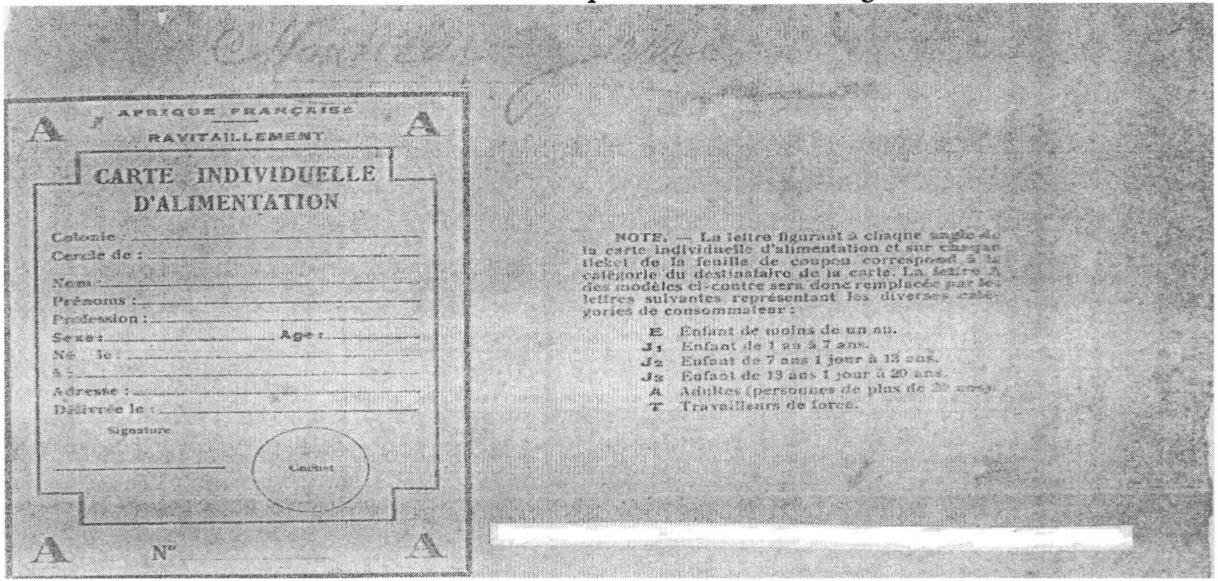

A AFRIQUE FRANÇAISE A

RAVITAILLEMENT

CARTE INDIVIDUELLE D'ALIMENTATION

Colonie : ____

Cercle de : ____

Nom : ____

Prénoms : ____

Profession : ____

Sexe : ____ Age : ____

Né le : ____

à : ____

Adresse : ____

Délivrée le : ____

Signature ____

Cachet

A N° ____ A

NOTE. — La lettre figurant à chaque angle de la carte individuelle d'alimentation et sur chaque ticket de la feuille de coupon correspond à la catégorie du destinataire de la carte. La lettre A des modèles ci-contre sera donc remplacée par les lettres suivantes représentant les diverses catégories de consommateur :

E Enfant de moins de un an.

J1 Enfant de 1 an à 7 ans.

J2 Enfant de 7 ans 1 jour à 13 ans.

J3 Enfant de 13 ans 1 jour à 20 ans.

A Adultes (personnes de plus de 20 ans).

T Travailleurs de force.

ANNEXE 3

Feuille de coupon d'alimentation en AOF pendant la deuxième guerre mondiale

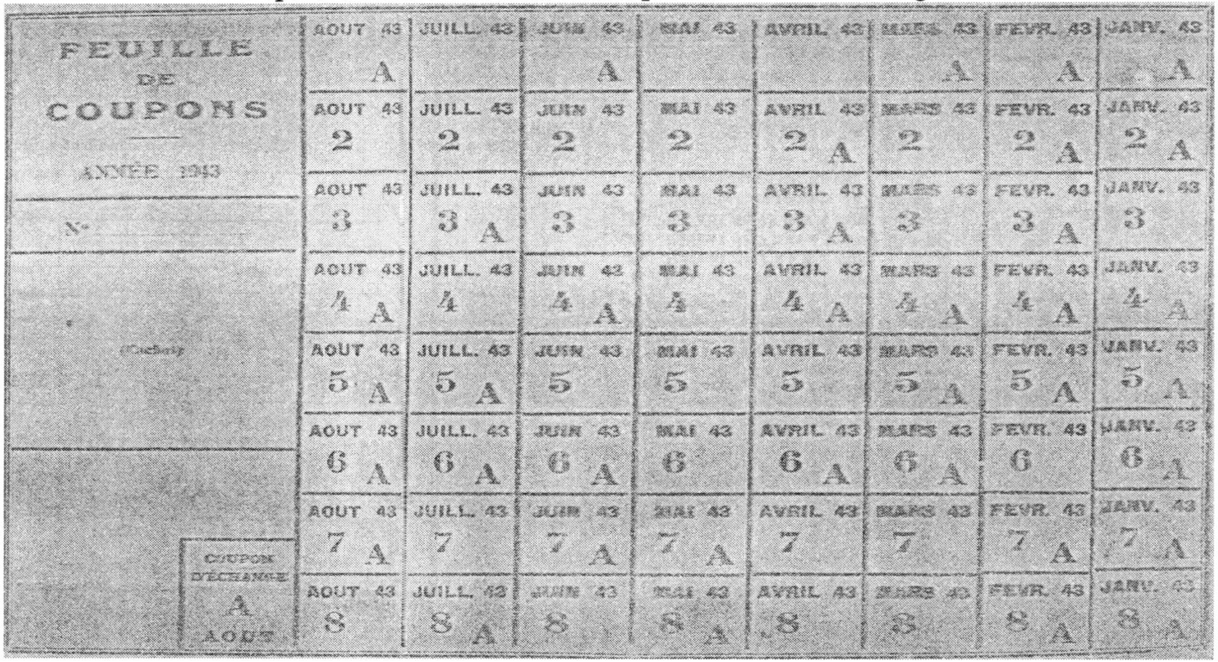

FEUILLE DE COUPONS — ANNÉE 1943 — N° — (Cachet)

AOUT 43	JUILL. 43	JUIN 43	MAI 43	AVRIL 43	MARS 43	FEVR. 43	JANV. 43
A		A			A	A	A
2	2	2	2	2 A	2	2 A	2 A
3	3 A	3	3	3 A	3	3 A	3
4 A	4	4 A	4	4 A	4 A	4 A	4 A
5 A	5 A	5	5	5	5 A	5 A	5 A
6 A	6 A	6 A	6	6 A	6 A	6	6 A
7 A	7	7 A	7 A	7	7	7 A	7 A
8	8 A	8	8 A	8	8	8 A	8 A

COUPON D'ÉCHANGE A AOUT

ANNEXE 4

Carnet de consommation familial en AOF indiquant la ration pendant la deuxième guerre mondiale

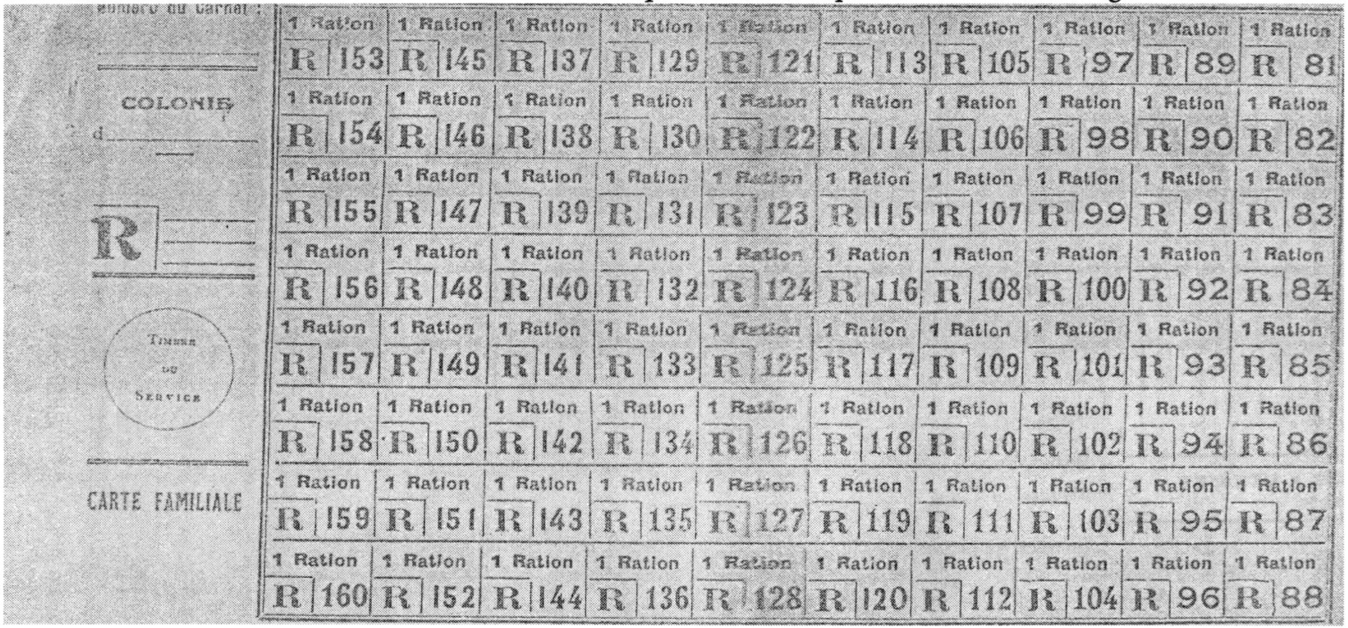

Numéro du Carnet :

COLONIE

d

R

Timbre du Service

CARTE FAMILIALE

1 Ration R 153	1 Ration R 145	1 Ration R 137	1 Ration R 129	1 Ration R 121	1 Ration R 113	1 Ration R 105	1 Ration R 97	1 Ration R 89	1 Ration R 81
1 Ration R 154	1 Ration R 146	1 Ration R 138	1 Ration R 130	1 Ration R 122	1 Ration R 114	1 Ration R 106	1 Ration R 98	1 Ration R 90	1 Ration R 82
1 Ration R 155	1 Ration R 147	1 Ration R 139	1 Ration R 131	1 Ration R 123	1 Ration R 115	1 Ration R 107	1 Ration R 99	1 Ration R 91	1 Ration R 83
1 Ration R 156	1 Ration R 148	1 Ration R 140	1 Ration R 132	1 Ration R 124	1 Ration R 116	1 Ration R 108	1 Ration R 100	1 Ration R 92	1 Ration R 84
1 Ration R 157	1 Ration R 149	1 Ration R 141	1 Ration R 133	1 Ration R 125	1 Ration R 117	1 Ration R 109	1 Ration R 101	1 Ration R 93	1 Ration R 85
1 Ration R 158	1 Ration R 150	1 Ration R 142	1 Ration R 134	1 Ration R 126	1 Ration R 118	1 Ration R 110	1 Ration R 102	1 Ration R 94	1 Ration R 86
1 Ration R 159	1 Ration R 151	1 Ration R 143	1 Ration R 135	1 Ration R 127	1 Ration R 119	1 Ration R 111	1 Ration R 103	1 Ration R 95	1 Ration R 87
1 Ration R 160	1 Ration R 152	1 Ration R 144	1 Ration R 136	1 Ration R 128	1 Ration R 120	1 Ration R 112	1 Ration R 104	1 Ration R 96	1 Ration R 88

ANNEXE 5

Carte de priorité à Dakar annulée pour raison de fraude

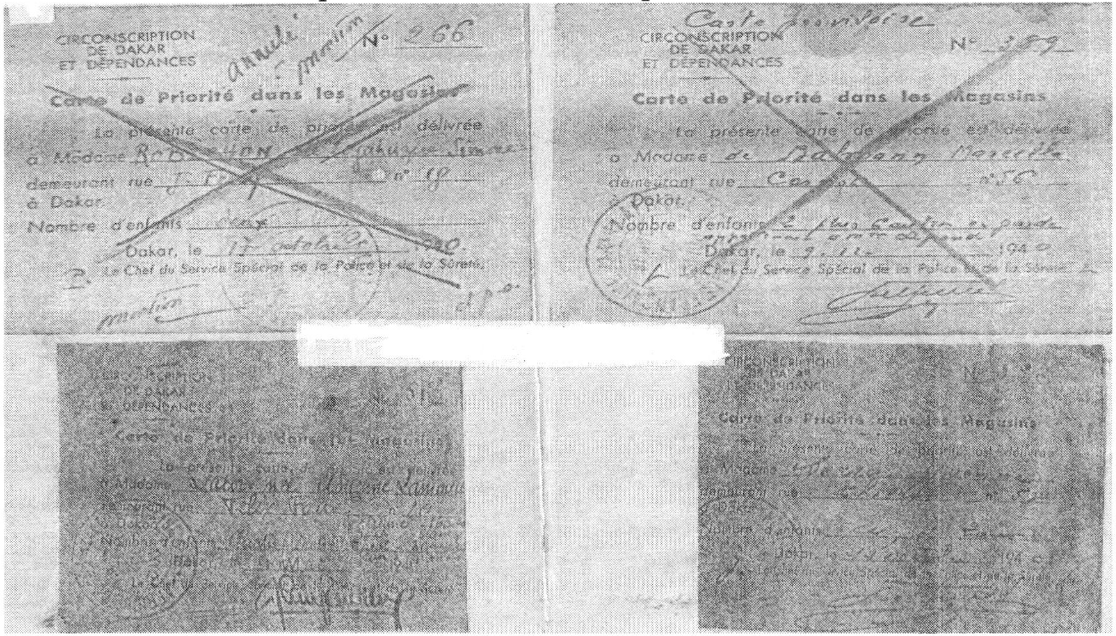

CIRCONSCRIPTION
DE DAKAR
ET DÉPENDANCES

N° 266

Carte de Priorité dans les Magasins

La présente carte de priorité est délivrée
à Madame
demeurant rue n°
à Dakar.
Nombre d'enfants
Dakar, le
Le Chef du Service Spécial de la Police et de la Sûreté,

Carte provisoire

CIRCONSCRIPTION
DE DAKAR
ET DÉPENDANCES

N°

Carte de Priorité dans les Magasins

La présente carte de priorité est délivrée
à Madame
demeurant rue n°
à Dakar.
Nombre d'enfants
Dakar, le 1940
Le Chef du Service Spécial de la Police et de la Sûreté,

ANNEXE 6

Carte de priorité à Dakar pendant la deuxième guerre mondiale

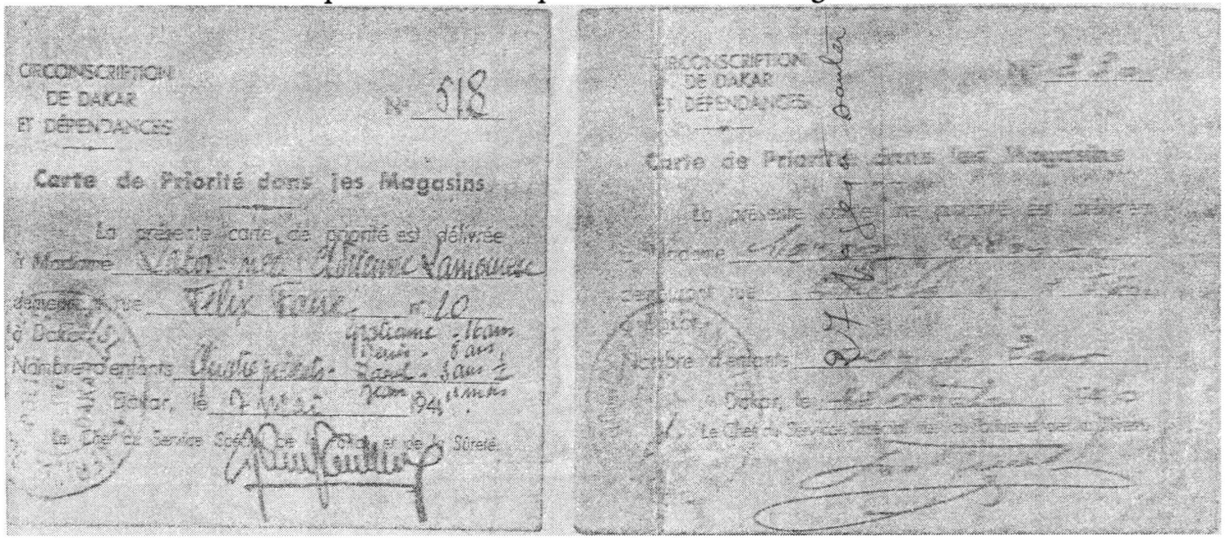

CIRCONSCRIPTION
DE DAKAR
ET DÉPENDANCES

N° 518

Carte de Priorité dans les Magasins

La présente carte de priorité est délivrée
à Madame
demeurant rue Félix Faure n° 10
à Dakar
Nombre d'enfants
Dakar, le
Le Chef du Service Spécial de la Police et de la Sûreté

CIRCONSCRIPTION
DE DAKAR
ET DÉPENDANCES

Carte de Priorité dans les Magasins

La présente carte de priorité est délivrée
à Madame
demeurant rue
à Dakar
Nombre d'enfants
Dakar, le
Le Chef du Service Spécial de la Police et de la Sûreté

SOURCES ET BIBLIOGRAPHIE

SOURCES ARCHIVISTIQUES

ARCHIVES NATIONALES DU SÉNÉGAL (ANS)

1. Fonds de la Délégation de Dakar et Dépendances (FDDD
2. Fonds AOF
a) Série G : Politique et administration générale (1782-1958)
b) Série K : travail, main d'oeuvre, esclavage (1807-1958)
c) SérieO (Avant 1920 : Transports et Transmissions)
d) Série P (Travaux Publics)
e) Série Q (Affaires économiques)
f) Série H : Santé (1826-1959)
2 Fonds Sénégal colonial
Dossier 35 (Fonds Sénégal colonial) : Projet de réglementation sur l'hygiène de l'alimentation. Novembre 1928 (1928-1938).
g) Série Q : affaires économiques (1782-1959)
h) Série B : Correspondance générale (1779-1959)
3. Fonds Sénégal ancien
D. Sénégal
4. Fonds chambre de commerce de Dakar (FCGD) (1907-1975).

ANSOM (Archives Nationales Section Outre-Mer-France)

A. OUVRAGES GÉNÉRAUX

1-Ouvrages économiques

Amin (S), *L'Accumulation à l'échelle mondiale.* IFAN. Dakar, Antrhopos, Paris, 1970.
Braudel (F.), *Civilisation matérielle, économie et capitalisme XVe s - XVIIe siècle. Tome 1 : Les structures du quotidien : le Possible et l'Impossible* ; Tome II : *Les jeux de l'échange.* Paris. A. Colin. 1979.
Mérat (L), *L'heure de l'économie dirigée d'intérêt général aux colonies.* Paris, Sirey, 1936.

2-Sur l'Afrique occidentale

Adotevi (S), *De Gaulle et les Africains* Ed. Chaka Paris 1990.
Amin (S), *L'Afrique de l'Ouest bloquée. L'économie politique de la colonisation,* 1880-1970, Paris 1971.
Arditi, *Les circuits de commercialisation des produits du secteur primaire en Afrique de l'Ouest.* Analyse bibliographique. 2 Tomes. Paris, 1975.
Becker (C), Mbaye (C), Thioub (I), s/d, *AOF : Réalités et héritages. Sociétés ouest-africaines et ordre colonial, 1895-1960.* 2 tomes. Direction des archives. Dakar, 1997.

Biarnès (P), *Les Français en Afrique noire - De Richelieu à Mitterrand.* Paris, A. Colin, 447.
Brouët- Willaumetz (E) *Commerce et traite des Noirs aux côtes occidentales d'Afrique.* Paris, Imprimerie Nationale, 1848.
Brunschwing (H), *L'Afrique Noire au temps de l'Empire Français,* Paris, 1988.
Charbonneau (J et R), *Marchés et marchands d'Afrique noire.* Paris 1961.
Coquery-Vidrovitch (C), *Afrique noire, permanences et ruptures.* Payot, Paris, 1985.
Deherme (M), *L'esclavage en AOF. Etude historique, critique et positive.* ANS K25, 1906.
Deschamps (H) et alii, *L'Afrique au XXe s,* PAris, Sirey, 1966, 908 p.
Durand (H), *Essai sur la conjoncture de l'Afrique noire* Paris, Dalloz, 1957.
Fernandès (V), *Description de la côte d'Afrique de Ceuta au Sénégal (1506-1507).* Publication du CEHS de l'AOF. Série A. N° 6, 1938.
François (G), *L'AOF.* Paris, Larose, 1907, 508 p.
Gauthier (E.F), *L'Afrique Occidentale.* Librairie Larose. Paris 1943
Héricé (M), *Mémoire présenté à M. Le Ministre de la Marine et des Colonies.* 1846.
Hopkins (AG), *An economic History of West Africa.* London 1973
Lacheroy (Colonel), *Les Libano-Syriens en AOF,* Paris, CEAA, 1953 ronéo.
Meillassouse (C), *L'évolution du commerce africain depuis le XIXe siècle en Afrique de l'Ouest,* Oxford University, 1971, pp 361-376.
Mollien (G), *Voyage dans l'intérieur de l'Afrique.* Paris 1830.
Richard - Molard (0), *L'Afrique Occidentale.* Berger-Levrault, Paris, 1953.
Suret-Canale J, *L'Afrique Occidentale et Centrale.* Tome II. *L'ère coloniale (1900-1945),* Paris, Ed. Sociales, 1964.
Thiam (I D), *Histoire du mouvement syndical africain 1790-1929.* L'Hamattan. 1993

3- Sur le Sénégal.

Amin (S), *Le monde des affaires sénégalais,* Paris, 1939.
Anfreville de la Salle (D), *Notre vieux Sénégal, son histoire, son Etat actuel, ce qu'il peut devenir.* Paris, A. Challamel, 1909.
Barbier (J), *L'économie de l'arachide au Sénégal,* Lille, 1960.
Barry (B) et Harding (L) s/d, *Commerce et commerçants en Afrique de l'Ouest.* Tome 1. *Le Sénégal.* L'Harmattan 1992.
Becker (C) et Martin (V), *Décrets, arrêtés et décisions concernant l'organisation administrative du Sénégal, 1887-1960,* Kaolack.
Bernard-Duquenet (N), *Le Sénégal et le Front Populaire.* Paris. L'Harmattan, 1985.
Boilat (abbé D), *Esquisses sénégalaises,* 1984, Paris, Karthala (1ère édition 1853, P. Bertrand)
Boumedouha (S), *The Lebanese in Senegal, a history of relationship between an immigrant community and its French and immigrant community and its French and african rubers.* Center of West Africa Studies. Universty or Birmingham. October, 1987.
Carrère (F) et Holle (P), *De la Sénégambie française,* Firmin Didat; Paris 1855.
Chaveau(J P), *La pêche piroguière sénégalaise : les leçons de l'histoire.* Dakar, CRODT, 1984.

David (P), *Les Navétanes. Histoire des migrants saisonniers en Sénégambie, des origines à nos jours,* NEA, 1980.
Desbordes (J.G), *L'immigration libano-syrienne.* Poitiers, 1938
Faidherbe (L), *Le Sénégal, La France dans l'Afrique Occidentale,* Paris, Hachette, 1889.
Founou - Tchwigoua (B), *Fondements de l'économie de traite au Sénégal.* Paris, Siriex, 1981.
Guiraud (X), *Arachide sénégalaise, monographie d'économie coloniale.* Paris 1937.
Hardy (G), *La mise en valeur du Sénégal,* Paris, 1921.
Hesseling (G), *Histoire politique du Sénégal. Institutions, droit et société.* Paris. Karthala, 1985.
Labat (P.J.B, *Nouvelle Relation de l'Afrique Occidentale,* 1728 Théodore Legras. 5 tomes, Paris, 1728.
Lakroum (M), *Le travail inégal. Paysans et salariés sénégalais face à la crise économique des années trente.* Paris. L'Harmattant. 1982.
Loti (P), *Le roman d'un spahi,* CalMann - Lévy, Paris£. 1881.
Marfaing (L), *L'évolution du commerce au Sénégal 1820-1930,* L'Harmattan, 1992.
Nguyen Van chi- Bonnardel (R), *Vie de relations au Sénégal. La circulation des biens.* Dakar, IFAN, 1978 ; 922 p.
Pélissier (G), *Les paysans du Sénégal. Les civilisations agraires du Cayor à la Casamance,* Saint-Yrieix, 1966, 940 p.
Sadji (A), *Nini, mulâtresse du Sénégal.* Paris 1988.
Sinou (A), *Villes du Sénégal au XIXe siècle 1992.* Karthala.
Thiam (I.D), *Histoire du mouvement syndical africain 1790-1929.* L'Harmattan. 1993.
Thiam (I.D), *Le Sénégal dans la guerre 14-18,* NEA, 1992.
Thilmans *(G), Le Sénégal dans l'oeuvre d'Olfried Dapper,* BIFAN, Tome XXXIII, Série B, N° 1971 pp 508-563, p 538.
Villard (A), *Histoire du Sénégal. Dakar,* M. ViaLe, 1943, 265 p.
Wesley Johnson Jr (G), *La naissance du Sénégal contemporain.* Karthala.

B. OUVRAGES SPECIALISES SUR DAKAR. ETUDES URBAINES ET SOCIALES

Angrand (A.P), *Les Lébous de la presqu'île du Cap-Vert.* Dakar 1946.
Bariroch (P), *Villes et Economie dans l'histoire,* Le Seuil, 1985..
Charpy (J), *La fondation de Dakar.* Paris. Larose 1958. 596 p.
Delcourt (J), *Naissance et croissance de Dakar.* Clairafrique, Dakar 1983.
Dubresson (A), *L'espace Dakar-Rufisque en devenir : de l'héritage urbain à la croissance industrielle.* Paris TD. ORSTOM N° 106,1979
Faure (C), *Histoire de la presqu'île du Cap-Vert et des origines de Dakar.* Paris, Larose, 1914.
Garnier (C), *Dakar.* Paris. Ed. du Temps. 1961.
Gouvernement général de l'AOF, *Circonscription de Dakar et Dépendances,* Paris. SEMC., 1931. Exposition coloniale internationale.
Groupe d'Etudes Dakaroises, *Dakar en devenir.* Près. Afr. Paris, 1968.

Haut Commissariat de la République en AOF ; *Recensement démographique de Dakar (1955). Résultats définitifs,* Paris, 1958.
Martin (V), *Etude socio-démographique de la ville de Dakar.* Mars 1992. Ministre du Plan. Direction de la Statistique, 143 p.
Mordal J, *La Bataille de Dakar,* Paris, Ozanne, 1956.
Ribot et Lafont, *Dakar, ses origines, son avenir.* Paris Larose, 1908.
Seck(A), *Dakar, métropole ouest-africaine.* Dakar. IFAN, 1970.
Vanlande (R), *Dakar,* Paris. J. Peyronnet et Cie, 1942.

C. ARTICLES DE REVUE

Arnaud C, *"Le ravitaillement de Dakar en produits maraîchers",* Annales de l'Université d'Abidjan. Séire G Géographie Tome *TV,* 1972, pp 96-146.
Bouche (D), *"Dakar pendant la deuxième guerre mondiale : problème de surpeuplement",* RFHOM TLXV 240,1978 pp 423-438.
Caille (Lt - C), *"Notes sur les peuples de la Mauritanie et de la Nigritie riverains du Sénégal",* Revue Coloniale Sept 1846, pp 1-10.
Coquery-Vidrovitch (C), *« Li'impact des intérêts coloniaux : SCOA et CFAO dans l'Ouest africain », Journal of African History,* N° XVI, 1975, pp 169-192.
Anfreville De la Salle (d'), *"Dakar et la colonisation française",* La Revue, juin 1912, De Coppet (M), *"Dakar, porte océane",* Journal de la Marine Marchande, 1938 Delmas (R), *"Dakar, station service de l'Atlantique",* Jour de la Marine March., 1953. Dresch (J), *"Villes d'Afrique Occidentale",* Cahiers d'Outre Mer, No, 2, pp 200-230. Gallais (J), *"Les villages lébous de la presqu'île du Cap-Vert,* Les Cahiers d'Outre-Mer, 1954, pp 137-154.
MBodj (M), *"Le Sine Saloum et l'arachide de 1887 à 1940",* in : Coquery-Vidrovitch (C), Sociétés Paysannes du Tiers-Monde, Lille, 1980.
MBodj (M), *"Un essai d'implantation agro-industrielle coloniale au Sénégal : la conserverie de Lyndiane. (Sine-Saloum), 1912-1919",* Entreprises et Entrepreneurs en Afrique. XIXe siècle. Tome I. Paris, L'Harmattan, 1983.
Pasquier (R), *"Les traitants du Sénégal au XIXe siècle,"* in Entreprises et Entrepreneurs en Afrique XIXe - XXe s", Tome I. Paris, L'Harmattan. 1983.
Pasquier (R), *"Villes du Sénégal au XIXe s,* RFHOM N° 168-169, pp 387-426,1960.
Richard-Molard (J), *"Ville d'Afrique noire",* France Outre-Mer, N°255, XII, 1995.
.Seck (A), "Dakar", *Travaux du département de Géographie* UCAD, N°9, 25p, 1966.
Thioub (I), *"Economie coloniale et rémunération de la force de travail : le salaire du manœuvre à Dakar de 1930 à 1954",* RFHOM, t LXXXI (1994), n° 305, pp 427 à 453.
Whittlesey (D), *"Dakar and the other Cape Verde Settlements",* Géographical Review, Vol XXXI, pp 609-638,1941.
Whittlesey (D), *"Dakar revisited",* Geograph. Review, Vol XXXVIII, 1948, 626-638.
Zinsou-Derlin (L), *"La Banque de l'Afrique Occidentale dans la crise",* RFHOM TLXIÏ (1976), N° 232-233, pp 506-517.

D. ETUDES SPECIALISEES SUR L'ALIMENTATION ET LES QUESTIONS DE SUBSISTANCE

Annales No5 *Enquêtes ouvertes.* Bulletin N°3 Septembre Octobre 1961 pp 976-986.

Aron (J.P), *"Biologie et alimentation au XVIIIe si et au début du XIXe s,* pp 971-976. *Annales* N°3. Mai-Juin 1961. Enquêtes ouvertes Bulletin N°l.

Bergouniou (J), *L'alimentation dans la presqu'île du Cap-Vert.* Dakar. ORANA. 1957

Braudel (F), *"Vie matérielle et comportements biologiques".* Annales N°3, Mai-Juin 1961 Bulletin Nol, Enquêtes ouvertes pp 545-549.

Chastenet (M), *"Les crises de subsistance dans les villages Soninké du cercle de Bakel de 1848 à 1945",* Cahiers d'Etudes Africaines, N°89-90 pp 5-36.

Chastenet (M), *La cueillette de plantes alimentaires en pays soninke, Sénégal depuis la fin du XIXème siècle. Histoire et devenir d'un savoir-faire.* In G. Dupre éd., Savoirs paysans et développement. Karthala-ORSTOM, 1991, pp. 253-287.

Copans 0) éd, *Sécheresse et famine au Sahel.* Tome 1 Paris. Maspéro, 1975.

Derrienic (J), *Famines et dominations en Afrique noire.* Paris L'Harmattan, 1977.

Dillon (G.C), Azoulay (G), *La sécurité alimentaire en Afrique* Paris. Karthala 1993.

Docteur Casanove, *"La nourriture indigène dans une ville africaineé* BCAF. Mai 1936, p. 289 - 293.

Gado (Boureima Alpha), *Crises alimentaires et stratégies de subsistance en Afrique sahélienne.* Burkina Faso, Mali, Niger. Paris, Univ. Paris VII Thèse de Doctorat d'histoire 1988.

Gottschalk (A), *Histoire de l'alimentation et de la gastronomie.* 1948.

Hermandinquer (JJ), *"En France aujourd'hui : données* quantitatives *sur les consommations alimentaires* "Annales N°3 Mai - Juin 1961. *Enquêtes* pp 553-564.

Madame Faucher, "L'alimentation chez les Lébous", *Organisme d'enquête sur l'étude anthropologique des populations indigènes de l'AOF, Alimentation. Nutrition,* s/d du Dr Léon Palès Rapport N°l. Sénégal. 1946. Direction Générale de la Santé Publique AOF.

Pasquier (R), *"Un aspect de l'histoire des villes du Sénégal : les problèmes de ravitaillement au XIXe siècle".* Cahiers du CRA N°6 pp 177-213,1987.

Perpillou (A), *Le ravitaillement des grandes villes.* CDU. Paris 1967.

Thomas (L-V), *« Essai sur la conduite négro-africaine du repas (l'alimentation comme fait humain total »* BIFAN B XXVII 3-4, 573-635

E. Mémoires et thèses inédits

Benga (N.A), *L'évolution politique de la ville de Dakar de 1924 à 1960.* Mémoire de maîtrise UCAD. 1989, 205 p.

Chappex (J.C), *Le port de Dakar.* Thèse de doctorat 3e cycle. Fac. Sc Ecom. et Jur. Univ. Dakar, 1967, 237 p.

Danfakha (P.W), *Equipement public et aménagement de la ville de Dakar 1930* -2957. Univ. Paris VÎT, 363 p. 1990.

Diop (A.B), *Société Toucouleur et migration.* Doctorat 3e cycle de Sociologie. Unive. Dakar. 1964.

Faye (CF), *La vie quotidienne à Dakar de 1945 à 1960. Approche d'une opinion publique.* Thèse de doctorat Univ. Paris VII, 1990, 580p.

Faye (O), *L'Urbanisation et les processus sociaux au Sénégal : typologie descriptive et analytique des déviances à Dakar d'après les sources d'archives de 1885 à 1985,* Dakar, UCAD, FLSH, 648 p. [thèse de Doctorat 3e cycle].

Lakroum (M), *Chemin de fer et réseaux d'affaires en Afrique Occidentale Française : Le Dakar-Niger 1883 - 1960.* Thèse d'Etat, Univ. Paris VII, 1987.

Mbodj (M), *Un exemple d'économie coloniale, le Sine-Saloum et l'arachide de 1887 à 1940 : culture arachidière et mutations sociales.* Thèse doctorat 3e cycle. Univ. Paris VII, 1978.

Ndao (M), *Le ravitaillement de la ville de Dakar pendant la deuxième guerre mondiale.* Mémoire maîtrise UCAD, 1991-1992.

Ndiaye (S.B), *La mise en place du réseau routier au Sénégal 1900-1940.* Mémoire maîtrise Univ. Dakar, 1978.

Pheffer (P.E), *Raibroads and aspects of social change in Sénégal 1878-1933.* Ph. D. Univ. of Pensylvania, 1975, 540p.

Sarr (M), *Louga, la ville et sa région. Essai d'intégration des rapports ville-campagne dans la problématique du développement.* Thèse de Doctorat 3e cycle Univ. Strasbourg.

Sinou (A), *Idéologie et pratiques de l'urbanisme dans le Sénégal colonial.* Thèse de Doctorat 3e cycle EHSS, 1985.

Thiam (I.D), *L'évolution politique et syndicale du Sénégal colonial de 1936 à 1940,* Thèse de Doctorat d'Etat. Paris 1982-1983.

Thioub (I), *Entreprises, Entrepreneurs et Etat dans une économie dépendante. Domination étrangère et marginalisation des autochtones (Dakar, Sénégal) 1930-1973.* Thèse de doctorat Univ. Paris VII, 1989.

Vanhaeverbeke (A), Rémunération du travail et commerce extérieur. *Essor d'une économie paysanne exportatrice et termes de l'échange des producteurs d'arachides au Sénégal.* Thèse de Doctorat 3e cycle. Université de Louvain, 1970.

Verrière (L), *La population du Sénégal, aspects quantitatifs.* Univ. Dakar. Thèse de Doctorat 3e cycle. Fac Sc. Ec et Jurd. 1966.

Liste des cartes et croquis

Carte 1
Carte de la presqu'île du Cap-Vert
dessinée par Faidherbe en 1853 17

Carte 2
Le ravitaillement de Dakar par l'hinterland
sénégalais 103

Carte 3
L'approvisionnement de Dakar par le continent africain 105

Carte 4
L'approvisionnement de Dakar en dehors du continent africain 109

Croquis 1
Schéma montrant le mouvement à double sens 111

Liste des tableaux

Tableau 1 : Évolution du mouvement commercial du Sénégal 36
Tableau 2 : Mouvement commercial du bureau des douanes de Dakar 37
Tableau 3 : Importations de voitures en 1934 et 1935....................................44
Tableau 4 : Nombre de voitures au Sénégal et dans la CDD 1925- 1939.........44
Tableau 5 : Population civiles européennes : rations journalières 60
Tableau 6 : Consommation journalière de farine par les boulangeries 63
Tableau 7 : Eaux de vie et alcools importés de 1926 à 1929 (litres). 65
Tableau 8 : Quantité de vins importés de 1926 à 1929 (litres). 65
Tableau 9 : Marchés périodiques 85
Tableau 10 : Productions d'arachide en 1938...99
Tableau 11 : Provenances des importations sénégalaises valeurs (francs) 106
Tableau 12 : Production et Exportation d'arachides_du Sénégal de 1840 à 1936 114
Tableau 13 : Production et besoins en mil 117
Tableau 14 : Mouvement général de la navigation au port de Dakar 123
Tableau 15 : Commerce général du port de Dakar en 1931 et 1932. Importations 125
Tableau 16 : Valeurs de produits d'importation (Fr.) en 1931 et 1932...........126
Tableau 17 : Évolution démographique de Dakar et du Sénégal 131
Tableau 18 : État civil de Dakar 1908-1945 134
Tableau 19 : Composition ethnique des indigènes de Dakar en 1938 138
Tableau 20 : Population de Dakar en 1938 142
Tableau 21 : Mouvement des importations de riz (en grains) de la colonie du Sénégal..144
Tableau 22 : Évolution des besoins alimentaires de Dakar de 1878 à 1945 (riz et viande) 147
Tableau 23 : Composition de la ration alimentaire des condamnés indigènes des prisons situées au siège des tribunaux français (22 février 1929) 157
et des travailleurs indigènes (12 avril 1929) 157
Tableau 24 : Rations journalières en 1936..158
Tableau 25 : Rations journalières en 1936 pour les populations civiles indigènes 158
Tableau 26 : Plan de ravitaillement de l'Armée en riz (1936) 159
Tableau 27 : Un plan de ravitaillement de l'armée en 1938............................160
Tableau 28 : Plan de ravitaillement en viande de boucherie (1936)................162
Tableau 29 : Plan de ravitaillement en riz (1937)...163
Tableau 30 : Plan de ravitaillement (1938) 163
Tableau 31 : État des ressources alimentaires stockées dans les magasins 168

de l'Intendance maritime au 1er avril 1936 168
Tableau 32 : Stocks déclarés dans les maisons de commerce 169
le 27 septembre 1938 169
Tableau 33 : État des principaux produits mis à la consommation 170
1er semestre de1938 170
Tableau 34 : Besoins des populations civiles en produits d'importation 172
de la première catégorie de la ville de Dakar en 1939 172
Tableau 35 : Bilan alimentaire de la ville (début 1939) 174
Tableau 36 : État des besoins des populations civiles de Dakar 179
au début de septembre 1939 179
Tableau 37 : Situation alimentaire de Dakar au 14 novembre 1940. 184
Tableau 38 : Tickets d'alimentation délivrés à Dakar de 1943 à 1945. 192
Tableau 39 : Consommation de lait en 1942 -1943 213
Tableau 40 : Consommation d'huile d'arachide (en t) Dakar 215
Tableau 41 : Consommation de sucre à Dakar 1941-1945 (en tonnes). 217
Tableau 42 : Mouvements aux abattoirs de Dakar de 1938 à 1944 220
Tableau 43 : Mouvement des tissus à Dakar en 1944 226
Tableau 44 : Ration moyenne d'un adulte de Ngor - Ouakam (1945) 229
Tableau : 45 Évolution des prix à Dakar de 1941 à 1942 233
Tableau 46 : Coût normal de la vie à Dakar (Européens) 235
Tableau : 47 Coût normal de la vie à Dakar (indigènes). 235
Tableau 48 : Salaire minimum obligatoire à Dakar 1938 -1943 235
Tableau 49 : Production agricole de la Circonscription en 1940 et 1941 236
Tableau 50 : Production agricole de la CDD en 1943. 237
Tableau 51 : Quantité et valeur des produits composant le minimum vital 243
selon le lieu d'approvisionnement 243
Tableau 52 : Réajustement de salaires le 1er mai 1943 246

Listes des graphiques

Graphique 1 :
Mouvement commercial de l'AOF de 1909 à 1919 22

Graphique 2 :
Trafic des marchandises sur la ligne Dakar-Saint-Louis de 1900 à 1902 40

Graphique 3 :
Exportations du marché de bétail de Louga 75

Graphique 4 :
Exportation d'arachide du Sénégal de 1840 à 1936 116

Graphique 5 :
Rémunération horaire du travailleur au Sénégal 133

Graphique 6 :
Comparaison du salaire moyen du salaire moyen
du paysan sénégalais et du manœuvre dakarois 134

Graphique 7 :
État civil de Dakar 1908-1945 135

Graphique 8 :
Évolution de la population française de Dakar 139

Graphique 9 :
Évolution de la population libano syrienne de Dakar 141

Graphique 10 :
Mouvement des importations de riz (en grains) du Sénégal 145

Graphique 11 :
Évolution des besoins alimentaires de Dakar de 1878 à 1945 148

Graphique 12 :
Consommation mensuelle de riz à Dakar 1941-1943 206

Graphique 13 :
Consommation mensuelle de mil à Dakar 1941-1943(kg) 207

Graphique 14 :
Consommation mensuelle de maïs à Dakar 1941-1943 (kg) 209

Graphique 15 :
Consommation mensuelle d'orge à Dakar 1941-1943 (kg)............................210

Graphique 16 :
Consommation mensuelle de farine à Dakar 1941-1943 (kg) 212

Graphique 17 :
Consommation mensuelle de semoule à Dakar 1941-1943 (kg) 212

Graphique 18 :
Consommation d'huile d'arachide à Dakar 1941-1943 (kg) 215

Graphique 19 :
Consommation mensuelle de sucre à Dakar 1941-1943 (kg) 218

Graphique 20 :
Quantité de viande consommée à Dakar de 1938 à 1944 (kg) 220

Graphique 21 :
Coût de la vie des indigènes Dakarois (1938-1944) 245

Liste des figures

Figure 1
Une vue du port de Dakar en 1867 34

Figure 2
Premier atterrissage à Ouakam de l'avion postal Bréguet 14,........................47

Figure 3
Préparation du couscous à Dakar 52

Figure 4
Le « marbat » de Louga ou marché aux bestiaux,.......................................74

Figure 5
Vue du magasin général (1901-1904),...81

Figure 6
Prédicateur au marché de Touba-Toul..87

Figure 7
Vendeuses de produits alimentaires au marché de Touba-Toul. 88

Figure 8
Le jour de l'inauguration du marché Sandaga 89

Figure 9
Photo du marché Kermel de Dakar en 1942...90

Figure 10
Un marché de Dakar au début du XXe siècle..90

Figure 11
Photo du marché aux poissons de Dakar1908-1910.......................................91

Figure 12
Dakar, retour du marché (1907). 92

Liste des annexes

Annexe 1
Arrêté du Gouverneur Général de l'AOF règlementant le ravitaillement...255

Annexe 2
Carte individuelle d'alimentation pendant la deuxième guerre mondiale 268

Annexe 3
Feuille de coupon d'alimentation pendant la deuxième guerre mondiale....269

Annexe 4
Carnet de consommation familial pendant la deuxième guerre mondiale...270

Annexe 5
Carte de priorité annulée pour raison de fraude 271

Annexe 6
Carte de priorité à Dakar pendant la deuxième guerre 272

Table des matières

INTRODUCTION 9
PREMIERE PARTIE : 13

CHAPITRE I :
LE DÉVELOPPEMENT ORGANIQUE DE LA VILLE 15
I- L'IMPACT DU RAVITAILLEMENT DANS LA FONDATION DE DAKAR 15
II - DU VILLAGE INDIGÈNE À LA VILLE MÉTROPOLE 19
III- LA PREMIÈRE GUERRE MONDIALE ET SES RÉPERCUSSIONS SUR L'APPROVISIONNEMENT DE LA VILLE 21
A- Le fléchissement des transactions 22
B- L'administration coloniale devant la pénurie : mesures prises et remèdes proposés 23
C- Les indigènes devant la pénurie 27
IV- LA RESTRUCTURATION ADMINISTRATIVE DE 1924 ET SES INCIDENCES 29
A- La réforme administrative et la modernisation des de la ville 29
B- La structure urbaine 31
V- LE DÉVELOPPEMENT DES INFRASTRUCTURES DE BASE 33
A- L'agrandissement du port et le développement du trafic portuaire 34
B- Le chemin de fer : du trafic national au trafic continental 38
C- Le trafic routier 41
D- Les liaisons aériennes 47

CHAPITRE II :
LES CONSOMMATIONS ALIMENTAIRES, LA LOCALISATION DU RAVITAILLEMENT ET L'ORGANISATION DU COMMERCE 49
I-LES RÉGIMES ET LES CONSOMMATIONS ALIMENTAIRES 49
A- Les régimes alimentaires 49
B- Données quantitatives sur les consommations alimentaires 60
C- Les échanges à l'échelle régionale 67
D- L'organisation du commerce local 78
II- LA GÉOGRAPHIE DES APPROVISIONNEMENTS DE LA VILLE 93
A- Les sources du ravitaillement dakarois 93
B- Dakar, ville service : l'horizon dakarois 109
C-Les limites du système d'approvisionnement en nourriture de Dakar .. 113

DEUXIEME PARTIE : 121

CHAPITRE I :
DE LA CRISE A L'AVÈNEMENT
DU FRONT POPULAIRE 1930 -1936 123
I. DAKAR FACE À LA CRISE ÉCONOMIQUE DES ANNÉES 1930 .123
A- Mouvement commercial et conjoncture : le fléchissement des échanges, indicateur de l'ampleur de la crise. 123
B- La crise et ses répercussions dans le monde des affaires dakarois 127
II- DU « DÉCOLLAGE » DÉMOGRAPHIQUE DE LA VILLE AUX PROBLÈMES DE SUBSISTANCE 129
A- L'estimation de la population dakaroise 129
B- Les composantes : une structure démographique dualiste 136
C- Une situation alimentaire précaire 142
D- Le volontarisme des autorités locales 149

CHAPITRE II :
LA POLITIQUE DE RAVITAILLEMENT SOUS LE FRONT POPULAIRE 155
I- POURSUITE ET CONSOLIDATION DE LA MOBILISATION ÉCONOMIQUE 155
A- Un plan de guerre : inventaire, recensement des forces et potentialités 155
B- La fixation de rations alimentaires de plus en plus réduites 157
II- VERS LA PÉNURIE 159
A- L'apparition des premiers plans de ravitaillement 159
B- Le réajustement et la réorganisation du commerce : la création du C.I.E.C 165
C- Le bilan général 166

TROISIEME PARTIE : 177

CHAPITRE I :
L'ADMINISTRATION COLONIALE A L'EPREUVE
DE LA PÉNURIE 179
I. LA SITUATION ALIMENTAIRE À L'ÉCLATEMENT DES HOSTILITÉS 179
A- La situation alimentaire 179
B- Le rôle et l'impact du ravitaillement dans la « bataille de Dakar » 180
C- Les stocks et les besoins en novembre 1940 184
D- Les blocus anglais et ses incidences sur l'approvisionnement de la ville 185

II- DIAGNOSTICS ÉTABLIS, REMÈDES PROPOSÉS :
L'ETAT COLONIAL FACE À LA PÉNURIE 186
A- La politique de ravitaillement sous le gouvernement de Vichy 187
B- La politique de ravitaillement sous la France Libre :
une continuité dans la gestion de la pénurie 198

CHAPITRE II
LES CONSOMMATIONS ALIMENTAIRES 205
I- LA CONSOMMATION INDIGÈNE 205
A- Les céréales principales 205
B- Les céréales supplétives 208
II- LA CONSOMMATION EUROPÉENNE 211
A- Le pain et la farine 211
B- Les produits laitiers et les matières grasses 213
C - Vins, fruits et légumes 216
D- Le sucre et le savon 217
E- La viande 219

CHAPITRE III
LES CONDITIONS DE VIE DES INDIGÈNES : DISCRIMINATION, INDIGENCE ET PAUVRETÉ 223
I- Les discriminations dans le ravitaillement 223
A- Une priorité accordée aux troupes 223
B- Les indigènes, laissés pour compte 224
C- Alimentation, santé et épidémies 227
D- La vie quotidienne à Dakar durant le second conflit mondial 230
E- Le coût de la vie à Dakar pendant la deuxième guerre mondiale :
prix et salaires 232
II- LES ALTERNATIVES ET LES INITIATIVES
FACE À LA PÉNURIE 236
A- Le retour à la terre et le développement de la production locale 236
B- Un changement dans les habitudes alimentaires 239
C- L'essor de l'artisanat et des combustibles de substitution 240
D- Fraude, marché noir et ravitaillement 242
E- Le réchauffement du front social en 1945 -1946 245

CONCLUSION GÉNÉRALE 249
ANNEXES 253
SOURCES ET BIBLIOGRAPHIE 273

L'HARMATTAN, ITALIA
Via Degli Artisti 15 ; 10124 Torino

L'HARMATTAN HONGRIE
Könyvesbolt ; Kossuth L. u. 14-16
1053 Budapest

L'HARMATTAN BURKINA FASO
Rue 15.167 Route du Pô Patte d'oie
12 BP 226
Ouagadougou 12
(00226) 76 59 79 86

ESPACE L'HARMATTAN KINSHASA
Faculté des Sciences Sociales,
Politiques et Administratives
BP243, KIN XI ; Université de Kinshasa

L'HARMATTAN GUINÉE
Almamya Rue KA 028
En face du restaurant le cèdre
OKB agency BP 3470 Conakry
(00224) 60 20 85 08
harmattanguinee@yahoo.fr

L'HARMATTAN COTE D'IVOIRE
M. Etien N'dah Ahmon
Résidence Karl / cité des arts
Abidjan-Cocody 03 BP 1588 Abidjan 03
(00225) 05 77 87 31

L'HARMATTAN MAURITANIE
Espace El Kettab du livre francophone
N° 472 avenue Palais des Congrès
BP 316 Nouakchott
(00222) 63 25 980

L'HARMATTAN CAMEROUN
Immeuble Olympia face à la Camair
BP 11486 Yaoundé
(237) 458.67.00/976.61.66
harmattancam@yahoo.fr

L'HARMATTAN SENEGAL
« Villa Rose », rue de Diourbel X G, Point E
BP 45034 Dakar FANN
(00221) 33 825 98 58
senharmattan@gmail.com

562749 - Avril 2014
Achevé d'imprimer par

1livre.com
du rêve à la réalité !

Made in United States
Orlando, FL
04 November 2026

90202669R00160